最优控制理论及应用

——基于MATLAB求解与实现

ZUIYOU KONGZHI LILUN JI YINGYONG

——JIYU MATLAB QIUJIE YU SHIXIAN

郭全民 编著

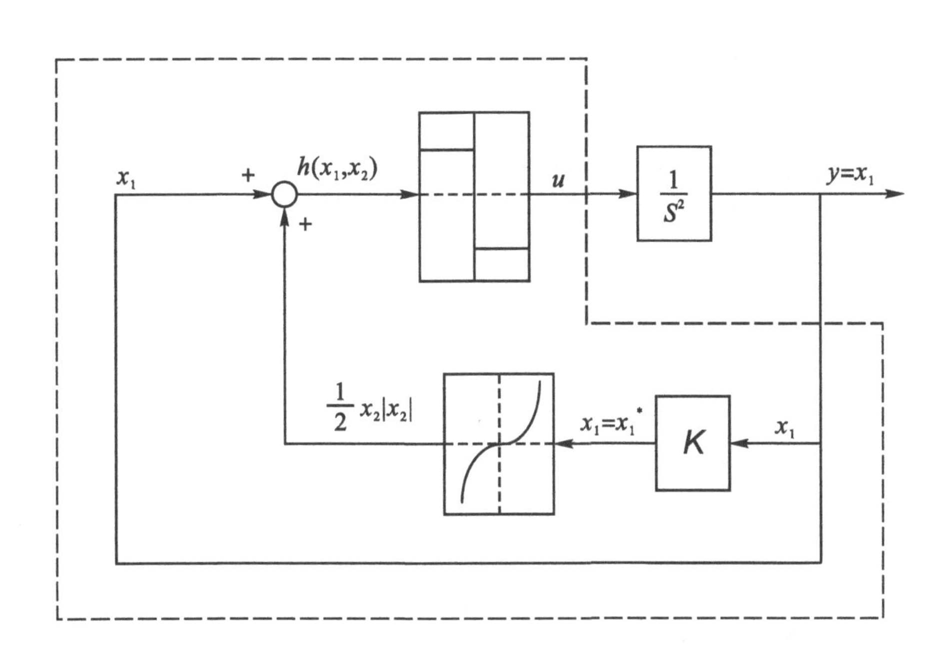

西安交通大学出版社
XI'AN JIAOTONG UNIVERSITY PRESS

内容简介

本书主要介绍最优控制的基础理论以及在实际工程中的应用。全书分为7章，包括最优控制理论的基础知识、变分法、极小值原理、动态规划、线性二次型最优控制以及最优控制理论在实际工程中的应用。书中包括大量的例题及相应的MATLAB求解程序，便于读者理解并掌握最优控制理论及应用。同时提供有数字资源，包含电子课件和所有MATLAB仿真代码。

本书可作为省属普通工科院校控制类专业的研究生教材和自动化及相关专业高年级本科生选修教材，也可供相关领域的科研人员和工程技术人员参考。

图书在版编目(CIP)数据

最优控制理论及应用：基于MATLAB求解与实现 / 郭全民，高嵩，邸若海编著. — 西安：西安交通大学出版社，2023.6

ISBN 978-7-5693-3282-7

Ⅰ. ①最… Ⅱ. ①郭… ②高… ③邸… Ⅲ. ①最佳控制—数学理论 Ⅳ. ①O232

中国国家版本馆CIP数据核字(2023)第102697号

书　　名　最优控制理论及应用——基于MATLAB求解与实现
编　　著　郭全民　高　嵩　邸若海
责任编辑　郭鹏飞
责任校对　邓　瑞

出版发行　西安交通大学出版社
(西安市兴庆南路1号　邮政编码710048)
网　　址　http://www.xjtupress.com
电　　话　(029)82668357　82667874(市场营销中心)
(029)82668315(总编办)
传　　真　(029)82668280
印　　刷　西安日报社印务中心

开　　本　787 mm×1092 mm　1/16　**印张**　14.625　**字数**　350千字
版次印次　2023年6月第1版　2023年6月第1次印刷
书　　号　ISBN 978-7-5693-3282-7
定　　价　45.00元

如发现印装质量问题，请与本社市场营销中心联系。
订购热线：(029)82665248　(029)82667874
投稿热线：(029)82668254　QQ：21645470
读者信箱：21645470@qq.com

前　言

最优控制是现代控制理论的主要分支。研究的主要问题为，根据已建立的被控对象的时域数学模型或频域数学模型，在容许范围内设计控制律，使得被控对象按预定要求运行，并使给定的某一性能指标达到最优值。从数学观点来看，最优控制理论研究的问题是求解一类带有约束条件的泛函极值问题。

现今最优控制理论不仅在实际控制系统中得到了广泛而成功的应用，在工业生产、经济管理与决策、国防军事等各个领域都得到了广泛应用。同时，最优控制理论自身在不断完善和充实的过程中，又产生了许多需要解决的理论和实践问题，因此，最优控制目前仍然是一个相当活跃的学科领域。

最优控制作为控制类硕士研究生的重要课程之一，国内学者陆续推出了一些优秀的最优控制教材，但整体而言，难度较大，对数学功底的要求较高，制约着省属普通高校的工科学生的学习。

因此，作者决定在多年教学实践中形成的最优控制讲义的基础上，编写一本适合省属普通高校工科学生学习的最优控制理论教材。在选材范围和数学工具的使用上，考虑工科学生的知识结构、数学基础以及教学需求，从工程应用的角度出发，系统地介绍最优控制理论，尽量避免大篇幅的数学论证；注重最优控制的基本理论学习和主要方法的掌握，以及正确运用最优控制理论去解决实际工程问题；特别介绍通过 MATLAB 软件编程求解最优控制问题的基本方法，并对每章的例题和实际工程应用给出相应的 MATLAB 求解程序。

全书分为 7 章，第 1 章介绍最优控制的发展历程，并通过具体实例讲解最优控制问题和基本思想。第 2 章介绍经典变分法的基本概念。第 3 章介绍变分法在最优控制中的应用。第 4 章介绍极小值原理，并给出最短时间控制、最小能量控制和时间能量综合控制的求解方法。第 5 章介绍最优性原理，并给出离散/连续系统的动态规划求解方法。第 6 章介绍线性二次型最优控制问题，并给出状态调节器、输出调节器和输出跟踪器的设计方法。第 7 章介绍最优控制理论在实际工程中的应用。

本书第 1 章由郭全民教授、高嵩教授编写，第 2 至第 5 章由郭全民教授编写，第 6 章由高嵩教授编写，第 7 章由邸若海副教授编写，第 2 至第 7 章的 MATLAB 求解程序由郭全民教授编写。全书由郭全民教授和高嵩教授整理定稿。在编写过程中，参考了许多作者的著作，在此对他们表示衷心的感谢！

本书内容已为控制科学及电子信息专业研究生、自动化类高年级本科生多次讲授，但由于作者水平有限，书中存在疏漏和不妥之处，恳请广大读者批评指正。

说明：书中的程序运行结果及相应的运行结果图均为程序的直接运行结果，其中的格式，正斜体都未做任何改动。

作者

2023 年 2 月

目　　录

绪论

第1章

1.1 最优控制的发展历程

控制论是由美国数学家维纳在20世纪40年代创立的一门学科，其标志是维纳于1948年出版的划时代著作《控制论》。维纳在《控制论》中提出了一个重要概念：反馈(feedback)，即将每一步输出的结果与理论值之误差重新作为输入对系统进行调节，使之实现最优状态。维纳创立的控制论，主要用时间序列观点处理信号的转换、提取、加工和预测，它依赖于系统的传递函数和频率特性，理论基础集中反映在“自动调节原理”方面。

1954年，我国著名科学家钱学森编著的《工程控制论》对当时的控制理论做了系统总结，并提出了一系列新的控制问题，为控制论的发展及其在自动控制中的应用起到了推动作用，成为控制论方面的经典著作。这一时期的控制论被称为“经典的控制理论”。

20世纪50年代末60年代初，空间技术的发展对自动控制提出了极高的要求，与此同时，数字计算机的发展满足了实时控制的要求。在生产与技术的推动下，控制理论在60年代初有了重大突破，研究控制系统的方法从单纯的使用频率域方法发展到使用状态空间方法(即时域方法)，形成了系统调节与控制一般规律的“现代控制论”。

最优控制理论是现代控制理论的重要组成部分，其形成与发展奠定了整个现代控制理论的基础。早在20世纪50年代初期，布绍(Bushaw)利用几何方法研究了伺服系统的最短时间控制问题，讨论了最优开关控制，给出了二阶线性定常系统时间最优控制问题的完整解答。钱学森在《工程控制论》中简单介绍了布绍的工作，并指出变分方法是最优控制器设计的数学方法。然而，由于经典变分方法只能解决容许控制属于开集的最优控制问题，而无法解决工程实践中容许控制属于闭集的最优控制问题。

为了适应工程实践的需要，促使控制学者开辟求解最优控制的新途径，20世纪50年代中期出现了现代变分理论，其中两种卓有成效的方法为动态规划和极小值原理。

1953—1957年，美国数学家、科学院院士贝尔曼（1920—1984年）为了优化多级决策问题的算法，依据最优性原理，发展了变分方法中的哈密顿-雅可比理论，逐步创立了动态规划方法，解决了容许控制有闭集约束的最优控制问题。1957年《动态规划》出版后，被迅速译成多国文字，该书在控制理论界和数学界有深远影响。

1956—1960年，苏联科学院院士、数学家庞特里雅金（1908—1988年）在力学哈密顿原理启发下，将最优控制问题正确地叙述为具有约束的非经典变分问题，同时以猜想的形式提出了解决该问题的数学方法——最大值原理，并且利用它讨论了布绍所研究的问题，证明了最优开关原理，显示了最大值原理在解决最优控制过程问题中的效用，到 1960 年完成了极大值原理的严格数学证明，其编著的《最佳过程的数学理论》是最优控制理论的奠基性著作。

1960—1963 年，美国数学家、电气工程师卡尔曼（1930—2016 年）深入研究了线性系统在二次性能指标下的最优控制问题，把它归结为黎卡提（Riccati）方程的求解，建立了最优线性反馈调节器的设计原理。整体上启发了状态空间上的最优控制与后来的状态空间 H－inf 控制理论。1960 年卡尔曼提出了状态空间的卡尔曼滤波方法，给出了离散线性滤波问题的递归解法，有效地控制了随机噪声。卡尔曼还在 1960 年首次提出了状态空间法的能控性，其利用对偶原理导出能观测性概念，在最优控制理论、稳定性理论和网络理论中起着重要作用。

1960 年，国际自动控制联合会（FAC）第一届世界大会在莫斯科举行。贝尔曼、卡尔曼、庞特里雅金等在大会上报告了他们各自的工作，引起了极大的重视，宣告了最优控制理论的诞生。

近年来，由于数字计算机的飞速发展和完善，逐步形成了最优控制理论中的数值计算法。当性能指标比较复杂，或者不能用变量显函数表示时，可以采用直接搜索法，经过若干次迭代，搜索到最优点。常用的数值计算法有邻近极值法、梯度法、共轭梯度法及单纯形法等。同时，由于可以把计算机作为控制系统的一个组成部分，以实现在线控制，从而使最优控制理论的工程实现成为现实。因此，最优控制理论提出的求解方法，既是一种数学方法，又是一种计算机算法。

时至今日，伴随描述系统模型的数学工具——微分方程的理论发展，最优控制理论研究无论在深度上，还是广度上都有了进一步的发展，形成了诸如分布参数系统最优控制、随机系统最优控制和切换系统最优控制等一系列研究领域。与此同时，计算机的快速发展为最优控制在工程领域的推广与应用奠定了坚实的基础。目前，最优控制仍是极其活跃的研究领域，并在国民经济和国防建设中继续发挥着重要作用。

1.2 最优控制问题的实例

最优控制在数学理论、国防军事和国民经济中都发挥着重要的作用，下面列举几个简单且广泛应用的例子。

例 1.1 最速降线问题。

这个问题最早是由伽利略于 1630 年提出，并首先由伯努利兄弟解决，这是古典变分学最经典的问题之一，这一问题的解决使变分学有了系统的理论。

在图 1－1 所示的空间内，连接定点 A 和 B 的曲线中，求一曲线，使质点在重力作用下，初速度为零时，沿此曲线从 A 滑行至 B 的时间最短（忽略摩擦和阻力的影响）。

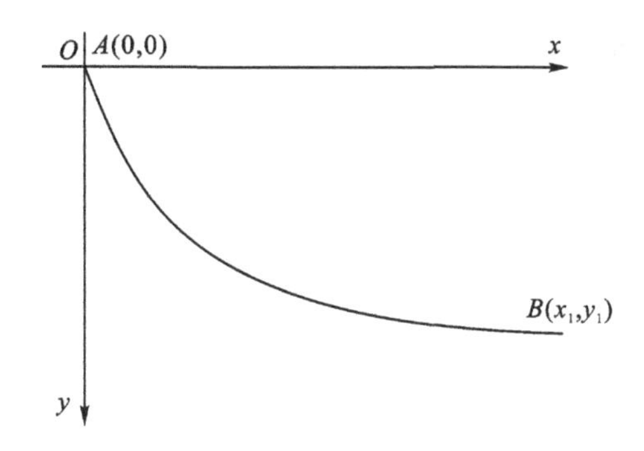

图 1-1　最速降线问题

解:先求下降时间 t 的解析表达式。将 A 点取为坐标原点,B 点取为 $B(x_1,y_1)$,m 是质点质量,l 为连接 A、B 一条光滑曲线 $y(x)$ 的弧长。根据能量守恒定律,质点在曲线 $y(x)$ 上任一点处的速度 v 满足:

$$\frac{1}{2}mv^2=mgy$$

由 $\mathrm{d}l=\sqrt{\mathrm{d}x^2+\mathrm{d}y^2}=\sqrt{1+\dot{y}^2(x)}\,\mathrm{d}x$ 可得

$$\mathrm{d}t=\frac{\mathrm{d}l}{v}=\sqrt{\frac{1+\dot{y}^2}{2gy}}\,\mathrm{d}x$$

可得质点自 A 点滑行到 B 点所需的时间为

$$t(y(x))=\int_0^{x_1}\sqrt{\frac{1+\dot{y}^2}{2gy}}\,\mathrm{d}x$$

最优控制问题是,在连接 A 和 B 的光滑曲线中,求出一条曲线 $y^*(x)$,在满足边界条件 $y(0)=0,y(x_1)=y_1$ 下,质点自 A 点滑行到 B 点所需的时间达到极小值。

例 1.2　最大面积问题。

渔轮进行围网作业,如图 1-2 所示。已知作业区海流速度 w 的大小和方向一定,渔轮相对海流的速度为 $\boldsymbol{v}$,其大小不变。求渔轮方位角 $\theta(t)$ 的最优变化律,使渔轮在给定时间 t_f 内所围的海域面积 A 最大。

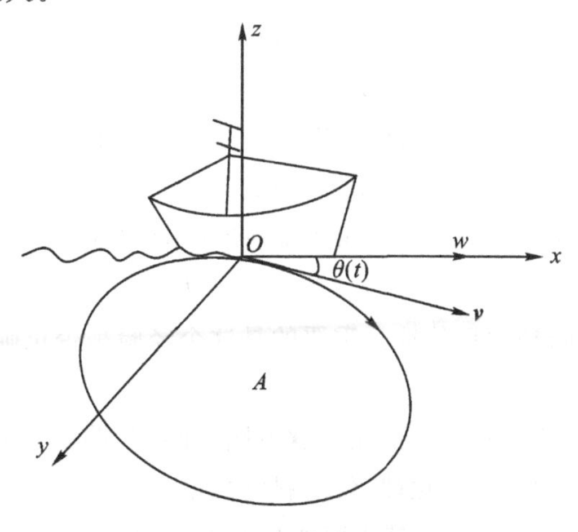

图 1-2　渔轮围网作业图

解:设海流速度 w 的方向为 x 轴,垂直方向为 y 轴,则渔轮的运动方程为

$$\begin{cases}\dot{x}(t)=v\cos\theta(t)+w\\ \dot{y}(t)=v\sin\theta(t)\end{cases}$$

渔轮围网面积为

$$A=\oint y(t)\mathrm{d}x(t)=\int_0^{t_f}y(t)\dot{x}(t)\mathrm{d}t$$

$$=\int_0^{t_f}y(t)[v\cos\theta(t)+w]\mathrm{d}t$$

初始条件与末端条件为

$$\begin{cases}x(0)=x(t_f)=x_0\\ y(0)=y(t_f)=y_0\end{cases}$$

最优控制问题是,设计渔轮方位角的最优变化律 $\theta^*(t)$,使渔轮运动方程的解满足初值条件与末端条件,并使渔轮所围的海域面积最大。

例 1.3 电梯最速升降问题。

这个问题是 Chebyshev 于 19 世纪在讨论起重机运行时提出的。

设有一部运送货物的电梯,现要把货物从地面运送到高为 H 的楼面,问电梯应该怎样运行才能把货物最快地运送到目的地。为了简化问题,假设电梯动力由具有一定转矩的可逆电动机提供,且电动机不运行时,电梯可静止在任何高度,同时忽略摩擦。

解:设电梯质量为 m,忽略货物质量,t 时刻离地面高度为 $x(t)$,电动机作用力为 $F(t)$。不考虑电动机所受重力,则电梯运动方程为

$$m\frac{\mathrm{d}^2x}{\mathrm{d}t^2}=F(t)$$

初始条件为,初始时刻电梯静止且位于地面,即

$$x(0)=0,x'(0)=0$$

末端条件为,终止时刻电梯静止且与地面的距离为 H,即

$$x(t_1)=H,x'(t_1)=0$$

控制约束条件(容许控制):

$$|F(t)|\leqslant F_{\max}$$

最优控制问题是,设计在满足控制约束条件下的电梯动力 $F^*(t)$,使得电梯运动方程的解满足初值条件和终值条件,并使时间 t_1 取得最小值。

根据经验,当 $x(t)\leqslant H/2$,应使电梯以最大加速度运动,因此 $F(t)=F_0$;当 $x(t)\geqslant H/2$ 时,电梯应以最大减速度运动,即 $F(t)=-F_0$;当 $x(t)=H$ 时,$F(t)=F_0=0$。以这种方式控制电动机,电梯将以最短时间到达目的地。重要的是这个经验是否正确,以及如何验证。

例 1.4 最小燃耗问题。

为了使宇宙飞船登月舱在月球表面实现软着陆,即登月舱到达月球表面时的速度为 0,要寻求登月舱发动机推力的最优变化律,使燃料消耗最少。

设飞船登月舱质量为 $m(t)$,离月球表面的高度为 $h(t)$,垂直速度为 $v(t)$,发动机推力为 $u(t)$。已知飞船登月舱不含燃料时的质量为 M,所载燃料质量为 F,登月舱登月时的初始高

度为 h_0，初始垂直速度为 v_0，月球表面的重力加速度为 g。登月舱在月球上实现软着陆的示意图如图 1－3 所示。

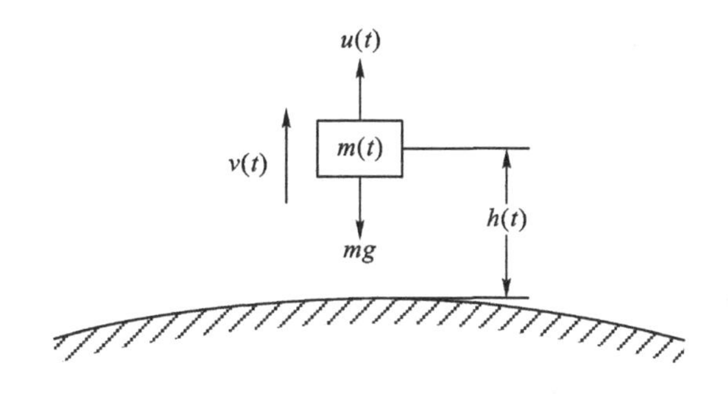

图 1－3　飞船登月舱软着陆示意图

解：飞船登月舱的运动方程为

$$\begin{cases} \dot{h}(t)=v(t) \\ \dot{v}(t)=\dfrac{u(t)}{m(t)}-g \\ \dot{m}(t)=-ku(t) \end{cases}$$

式中，k 为比例系数，表示推力与燃料消耗率的关系。

初始条件为

$$h(t_0)=h_0, v(t_0)=v_0, m(t_0)=M+F$$

末端条件为

$$h(t_f)=0, v(t_f)=0$$

式中，t_f 为登月舱发动机工作的末端时刻。

控制约束条件(容许控制)：

$$0\leqslant u(t)\leqslant u_{\max}$$

式中，$u_{\max}$ 为登月舱发动机最大推力。

燃料消耗为

$$m(0)-m(t_1)=k\int_0^{t_1}u(t)\mathrm{d}t$$

性能指标取为表征燃料消耗量的登月舱着陆时的质量，控制目标是使燃料消耗量最小，即飞船在着陆时的质量保持最大：

$$J(u)=m(t_f)$$

最优控制问题是，在满足控制约束条件下，寻求发动机推力最优变化律 $u^*(t)$，使登月舱运动方程的解满足初始条件和末端条件，并使飞船着陆时的质量为最大，从而使登月过程中燃料消耗量最小。

例 1.5　最优生产计划问题。

最优生产计划就是使生产总成本最小。设 $x(t)$ 为商品存货量，初始时刻为 x_0；$r(t)$ 为对商品的需求率，是已知函数且 $r(t)\geqslant 0$；$u(t)$ 为生产率，最大生产率为 A，由计划人员选取，因此是控制变量；$h[u(t)]$ 为单位时间的生产成本，是生产率 $u(t)$ 的函数；b 是单位时间储存单位商品的费用。

解：$x(t)$满足如下的状态方程：

$$\dot{x}(t)=-r(t)+u(t)$$

初始状态为

$$x(0)=x_0\geqslant 0$$

控制约束：控制变量为生产率 $u(t)$。从 $x(t)$的实际意义来看，首先 $u(t)$必须使

$$x(t)\geqslant 0$$

其次，生产能力有限制：

$$0\leqslant u(t)\leqslant A$$

另外，为了保证满足商品需求，必须有

$$A>r(t)$$

由 $t=0$ 到 t_f的总成本为

$$J(u)=\int_0^{t_f}\{h[u(t)]+bx(t)\}\mathrm{d}t$$

最优控制问题是，在满足控制约束条件下，寻找最优控制 $u^*(t)$，使状态方程的解满足初始条件，并使给定的性能指标(总成本)最小。

1.3　最优控制问题的数学描述

1.3.1　最优控制问题的基本组成

最优控制是一门工程背景很强的学科分支，研究的问题都是从大量实际问题中提炼出来的。从上述最优控制实例的分析可知，任何一个最优控制问题均应包含系统数学模型、状态变量的边界条件与目标集、控制作用的容许范围以及性能指标的形式等四个方面内容。

1. 系统数学模型

系统的数学模型即系统的微分方程，反映了动态系统在运动过程中所应遵循的物理或化学规律。在集中参数情况下，动态系统的运动规律可以用一组一阶常微分方程即状态方程来描述，即

$$\dot{\boldsymbol{x}}(t)=\boldsymbol{f}[\boldsymbol{x}(t),\boldsymbol{u}(t),t] \tag{1-1}$$

式中，$\boldsymbol{x}(t)$表示 n 维状态向量；$\boldsymbol{u}(t)$表示为 r 维控制向量；$\boldsymbol{f}(\cdot)$是 $\boldsymbol{x}(t)$、$\boldsymbol{u}(t)$和 t 的 n 维函数向量；t 是实数自变量。式(1-1)可以概括一切具有集中参数的受控系统数学模型，如下线性定常系统、线性时变系统和定常非线性系统都是式(1-1)系统的一种特例。

$$\dot{\boldsymbol{x}}(t)=\boldsymbol{A}\boldsymbol{x}(t)+\boldsymbol{B}\boldsymbol{u}(t)$$

$$\dot{\boldsymbol{x}}(t)=\boldsymbol{A}(t)\boldsymbol{x}(t)+\boldsymbol{B}(t)\boldsymbol{u}(t)$$

$$\dot{\boldsymbol{x}}(t)=\boldsymbol{f}[\boldsymbol{x}(t),\boldsymbol{u}(t)]$$

2. 状态变量的边界条件与目标集

动态系统的运动过程，是系统从其 n 维状态空间的一个状态转移到另一个状态，其运动

轨迹在状态空间中形成一条轨线 $\boldsymbol{x}(t)$。为了确定要求的轨线 $\boldsymbol{x}(t)$，需要确定轨线的两点边界值。因此，要求确定初始状态 $\boldsymbol{x}(t_0)$ 和终端状态 $\boldsymbol{x}(t_f)$，这是求解状态方程式(1-1)必需的边界条件。

在最优控制问题中，初始时刻 t_0 和初始状态 $\boldsymbol{x}(t_0)$ 通常是已知的，但是末端时刻 t_f 和终端状态 $\boldsymbol{x}(t_f)$ 视具体问题而异，可以固定，也可以自由。例如，在流水线生产过程中，t_f 是固定的；在飞机快速爬升时，仅规定爬升的终端高度 $\boldsymbol{x}(t_f)=\boldsymbol{x}_f$，而 t_f 是自由的，要求 t_f-t_0 越小越好。

一般地说，对终端的要求可以用如下的终端等式或不等式约束条件来表示，即

$$\begin{aligned}&\boldsymbol{N}_1[\boldsymbol{x}(t_f),t_f]=0\\&\boldsymbol{N}_2[\boldsymbol{x}(t_f),t_f]\leqslant 0\end{aligned}\tag{1-2}$$

实际上，终端约束规定了状态空间的一个时变或非时变的集合，此种满足终端约束的状态集合称为目标集 $\boldsymbol{M}$，可表示为

$$\boldsymbol{M}=\{\boldsymbol{x}(t_f):\boldsymbol{x}(t_f)\in\boldsymbol{R}^n,\boldsymbol{N}_1[\boldsymbol{x}(t_f),t_f]=0,\boldsymbol{N}_2[\boldsymbol{x}(t_f),t_f]\leqslant 0\}\tag{1-3}$$

为简单起见，也将终端约束式(1-2)称为目标集。若末端状态是固定的，即 $\boldsymbol{x}(t_f)=\boldsymbol{x}_f$，则目标集 $\boldsymbol{M}$ 退化为 n 维状态空间中一个点，仅有一列元素 $\boldsymbol{x}_f$；若终端状态 $\boldsymbol{x}(t_f)$ 满足某些约束条件，则目标集 $\boldsymbol{M}$ 为 n 维状态空间中的某个 r 维超曲面上；若终端状态 $\boldsymbol{x}(t_f)$ 不受约束，则目标集 $\boldsymbol{M}$ 扩展到整个 n 维空间，或称终端状态自由。

3. 控制作用的容许范围

控制向量 $\boldsymbol{u}(t)$ 的各个分量 $u_i(t)$ 往往是具有不同物理属性的控制量。在实际控制系统中，存在两类控制：一类是变化范围受限制的控制，如例 1.4 的发动机推力，这一类控制属于某一闭集；另一类是变化范围不受限制的控制，如例 1.2 中的渔轮方位角，这一类控制属于某一开集。

在实际控制问题中，大多数控制量受客观条件限制只能取值于一定范围。典型的控制约束为幅值约束，如控制分量幅值约束为

$$\begin{aligned}&0\leqslant\boldsymbol{u}(t)\leqslant m\\&|u_i|\leqslant m_i,i=1,2,\cdots,r\end{aligned}\tag{1-4}$$

控制总幅值约束为

$$u_1^2+u_2^2+\cdots+u_i^2=m^2,i=1,2,\cdots,r\tag{1-5}$$

其中，m_i 和 m 均为常数。式(1-4)和式(1-5)都规定了控制空间 $\boldsymbol{R}^r$ 中的一个闭集。

由控制约束条件所规定的点集称为控制域(即控制向量 $u(t)$ 的取值范围)，并记为 $\boldsymbol{R}_u$。凡在闭区间 $[t_0,t_f]$ 上有定义，且在控制域 $\boldsymbol{R}_u$ 内取值的每一个控制函数 $\boldsymbol{u}(t)$ 均称为容许控制，并记为 $\boldsymbol{u}(t)\in\boldsymbol{R}_u$。通常假定容许控制 $\boldsymbol{u}(t)\in\boldsymbol{R}_u$ 是一有界连续函数或分段连续函数。

需要指出，控制域为开集或为闭集，其处理方法有很大差别。后者的处理较难，结果也很复杂。

4. 性能指标

在状态空间中，可采用不同的控制律 $\boldsymbol{u}(t)$ 去实现从给定初始状态 $\boldsymbol{x}(t_0)$ 到要求的末态

$\boldsymbol{x}(t_f)$(或目标集 $\boldsymbol{M}$)的转移。为了在各种可行的控制律中找出一种效果最好的控制，就需要首先建立一种评价控制效果好坏或控制品质优劣的性能指标函数。

性能指标(又称为性能泛函、目标函数或代价函数)是衡量系统在任一容许控制作用下，性能优劣的尺度，其内容与形式取决于最优控制问题所要完成的主要任务。

不同的控制问题，有不同形式的性能指标。然而，即使是同一个最优控制问题，其性能指标的选取也可能因设计者的着眼点而异。例如，有的要求时间最短，有的注重燃料最省，有的时间与燃耗兼顾。

尽管不能为各种各样的最优控制问题规定一个性能指标的统一格式，但是通常情况下，对连续系统时间函数性能指标可以归纳为以下三种类型。

1)综合型性能指标

综合型性能指标也称为复合型性能指标。对控制过程中的状态 $\boldsymbol{x}(t)$、控制 $\boldsymbol{u}(t)$ 及控制过程结束后的末端状态 $\boldsymbol{x}(t_f)$ 均有要求，是最一般的性能指标形式

$$J[\boldsymbol{u}(\cdot)] = \Phi[\boldsymbol{x}(t_f),t_f] + \int_{t_0}^{t_f} L[\boldsymbol{x}(\tau),\boldsymbol{u}(\tau),\tau]\mathrm{d}\tau \tag{1-6}$$

式中，Φ 为标量函数，与终端时间 t_f 及终端状态 $\boldsymbol{x}(t_f)$ 有关，$\Phi[x(t_f),t_f]$ 称为终端性能指标；L 为标量函数，是向量 $\boldsymbol{x}(t)$ 和 $\boldsymbol{u}(t)$ 的函数，称为动态性能指标；J 为标量，对每个控制函数都有一个对应值；$\boldsymbol{u}(\cdot)$ 表示控制函数整体，而 $\boldsymbol{u}(t)$ 表示 t 时刻的控制向量。

综合型性能指标的泛函极值问题称为波尔扎(Bolza)问题，用来描述具有终端约束下的最小积分控制，或在积分约束下的终端性能指标最小控制。

2)积分型性能指标

若不计终端性能指标，则式(1-6)称为积分型性能指标，表示在整个控制过程中，状态 $\boldsymbol{x}(t)$ 和控制 $\boldsymbol{u}(t)$ 应达到某些要求。

$$J[\boldsymbol{u}(\cdot)] = \int_{t_0}^{t_f} L[\boldsymbol{x}(\tau),\boldsymbol{u}(\tau),\tau]\mathrm{d}t \tag{1-7}$$

积分型性能指标的泛函极值问题称为拉格朗日(Lagrange)问题，它更强调系统的过程要求。在自动控制中，要求调节过程的某种积分评价为最小(或最大)就属于这一类问题。

例如。

(1)最短时间控制。取 $L[\boldsymbol{x}(t),\boldsymbol{u}(t),t]=1$，为标量函数，则有

$$J = \int_{t_0}^{t_f} \mathrm{d}t = t_f - t_0$$

(2)最少燃耗控制。取 $L[\boldsymbol{x}(t),\boldsymbol{u}(t),t]= \sum_{j=1}^{m} |u_j(t)|$，则有

$$J = \int_{t_0}^{t_f} \sum_{j=1}^{m} |u_j(t)| \mathrm{d}t$$

(3)最小能量控制。取 $L[\boldsymbol{x}(t),\boldsymbol{u}(t),t]=\boldsymbol{u}^{\mathrm{T}}(t)\boldsymbol{u}(t)$ ，则有

$$J = \int_{t_0}^{t_f} \boldsymbol{u}^{\mathrm{T}}(t)\boldsymbol{u}(t)\mathrm{d}t$$

3)终端型性能指标

若不计动态性能指标,式(1-6)形式如下

$$J[\boldsymbol{u}(\cdot)] = \Phi[\boldsymbol{x}(t_f), t_f] \tag{1-8}$$

称为终端型性能指标,也称为末值型性能指标。表示系统在控制过程结束后,末端状态$\boldsymbol{x}(t_f)$应达到某些要求。例如,在导弹截击目标的问题中,要求弹着点的散布度最小。末端时刻t_f可以固定,也可自由,视最优控制问题的性质而定。

末值型性能指标的泛函极值问题称为迈耶尔(Mayer)问题。这要求找出使终端的某一函数为最小(或最大)值的$\boldsymbol{u}(t)$,终端处某些变量的最终值不是预先规定的。

以上讨论表明,所有最优控制可以用上述三种类型的性能指标之一来表示,而综合性问题是更普遍的情况。通过引入合适的辅助变量进行简单处理,三者可以互相转换。

综上所述,性能指标与系统所受的控制作用和系统的状态有关,但是它不仅取决于某个固定时刻的控制变量和状态变量,而且与状态转移过程中的控制向量$\boldsymbol{u}(t)$和状态曲线$\boldsymbol{x}(t)$有关,因此性能指标是一个泛函。

1.3.2　最优控制的含义

最优控制,就是将最优控制问题抽象成一个数学问题,并用数学语言严格地表示出来,可分为静态最优和动态最优两类。

静态最优是指在稳定工况下实现最优,反映系统达到稳态后的静态关系。系统中各变量不随时间变化,而只表示对象在稳定工况下各参数之间的关系,其特性用代数方程来描述。大多数的生产过程受控对象可以用静态最优控制来处理,并且具有足够的精度。

静态最优控制一般可用一个目标函数$J=f(x)$和若干个等式约束条件或不等式约束条件来描述。要求在满足约束条件下,使目标函数J为最大或最小。

动态最优是指系统从一个工况变化到另一个工况的变化过程中,应满足最优要求。在动态系统中,所有的参数都是时间的函数,其特性可用微分方程或差分方程来描述。

动态最优控制要求寻找出控制作用的一个或一组函数(而不是一个或一组数值),使性能指标在满足约束条件下为最优值。这样,目标函数不再是一般函数,而是函数的函数。因此,在数学上属于泛函求极值的问题。

根据以上最优控制问题的基本组成部分,动态最优控制问题的数学描述如下。

设系统状态方程为

$$\dot{\boldsymbol{x}}(t) = \boldsymbol{f}[\boldsymbol{x}(t), \boldsymbol{u}(t), t] \tag{1-9}$$

在满足一定的约束条件下,使系统从已知初态$\boldsymbol{x}(t_0)$转移到要求的末态$\boldsymbol{x}(t_f)$,并使目标函数

$$J[\boldsymbol{u}(\cdot)] = \Phi[\boldsymbol{x}(t_f), t_f] + \int_{t_0}^{t_f} L[\boldsymbol{x}(t), \boldsymbol{u}(t), t]\mathrm{d}t \tag{1-10}$$

为最小的最优控制向量$\boldsymbol{u}^*(t)$。

1.3.3 最优控制的求解方法

最优控制研究的主要问题是根据建立的被控对象的数学模型，选择一个容许的控制律，使得被控对象按预定要求运行，并使给定的某一性能指标达到极小值(或极大值)。

静态最优问题的目标函数是一个多元普通函数，求解静态最优控制问题经常采用经典微分法、线性规划、分割法(优选法)和插值法等。

动态最优问题的目标函数是一个泛函，求解动态最优控制问题常用的方法有经典变分法、极小值原理、动态规划和线性二次型最优控制法等。对于动态系统，当控制无约束时，采用经典微分法或经典变分法；当控制有约束时，采用极大值原理或动态规划；如果系统是线性的，性能指标是二次型形式的，则可采用线性二次型最优控制问题求解。

应当指出，在求解动态最优问题中，若将时域$[t_0, t_f]$分成许多有限区域段，在每一分段内，将变量近似看作常量，那么动态最优化问题可近似按分段静态最优化问题处理，这就是离散时间最优化问题。显然分段越多，近似的精确程度越多。所以，静态最优和动态最优问题不是截然分立，毫无联系的。

最优控制问题也可以分为确定性和随机性两大类。在确定性问题中，没有随机变量，系统的参数都是确定的。在这里仅介绍确定性最优控制问题。

本书的学习内容包括最优控制的基本概念、最优控制中的变分法、极大值原理、动态规划以及线性二次型最优控制问题。

经典变分法

第2章

在动态最优控制中，由于目标函数是一个泛函数，因此求解动态最优化问题可归结为求泛函极值。变分法是研究泛函极值的一种经典方法，与数学物理中的许多问题有着密切的联系。从17世纪末开始，经典变分法逐渐发展成一门独立的数学分支，并应用于经典力学、空气动力学、光学和电磁理论等方面。目前，在控制理论方面有着广泛的应用。

2.1 变分法的基本概念

泛函可简单理解为“函数的函数”，经常以定积分的形式出现。如同一般函数求极值时微分或导数起的重要作用，研究泛函极值时变分起着同样的重要作用。求泛函的极大值和极小值问题都称为变分问题，求泛函极值的方法称为变分法。因此，变分法是研究泛函极值的一种方法，它的任务是求泛函的极大值和极小值。

在最优控制中，泛函可用来泛指控制系统期望达到的目标、指标和准则，因此常称为“目标函数”或“性能指标”等。

2.1.1 泛函

1. 泛函

设对自变量 t，存在一类函数 $\{x(t)\}$。如果对于每个函数 $x(t)$，有一个 J 值与之对应，则变量 J 称为依赖于函数 $x(t)$ 的泛函数，简称泛函，记为

$$J=J[x(t)]$$

泛函规定了数 J 与函数 $x(t)$ 的对应关系。这里的自变量仍是一个函数，因此，泛函可简单地理解为“函数的函数”，它是普通函数概念的一种扩充。

需要指出，$J[x(t)]$ 中的 $x(t)$ 应理解为某一特定函数的整体，而不是对应于 t 的函数值 $x(t)$。函数 $x(t)$ 称为泛函 J 的宗量，为强调泛函的宗量（自变量）$x(t)$ 是函数的整体，有时将泛函表示为

$$J=J[x(\cdot)]$$

由上述泛函定义可见，泛函为标量，其值由函数的选取而定。例如，函数的定积分是一个泛函。设

$$J[x(t)]=\int_0^1 x(t)\,\mathrm{d}t$$

当 $x(t)=\frac{1}{2}t$ 时，有 $J[x(t)]=1$；当 $x(t)=\cos t$ 时，有 $J[x(t)]=\sin 1$。

在最优控制问题中，若取如下形式的积分型性能指标：

$$J=\int_{t_0}^{t_f} L[\boldsymbol{x}(t),\dot{\boldsymbol{x}}(t),t]\mathrm{d}t \tag{2-1}$$

则 J 的数值取决于 n 维向量函数 $\boldsymbol{x}(t)$，故式(2-1)为泛函，常称为积分型性能指标泛函。

2. 泛函的连续性

对于任何一个给定的正数 ε，可找到一个正数 δ，当 $|x(t)-x_0(t)|<\delta$，$|\dot{x}(t)-\dot{x}_0(t)|<\delta$，…，$|x^k(t)-x_0^k(t)|<\delta$ 时，有

$$|J[x(t)]-J[x_0(t)]|<\varepsilon$$

那么，就说泛函 $J[x(t)]$ 在 $x_0(t)$ 处是 k 阶接近的连续函数。

3. 线性泛函

若连续泛函 $J[x(t)]$ 满足条件：

$$J[x_1(t)+x_2(t)]=J[x_1(t)]+J[x_2(t)]$$
$$J[kx(t)]=kJ[x(t)]$$

则称为线性泛函。式中，k 为任意常数；$x_1(t)$ 和 $x_2(t)$ 是函数空间中的函数。

2.1.2 泛函变分

研究泛函的极值问题，需要采用变分法。变分在泛函研究中的作用，如同微分在函数研究中的作用一样。泛函的变分与函数的微分，其定义式几乎完全相当。

1. 宗量的变分

为了研究泛函的变分，应首先研究宗量的变分。泛函宗量 $x(t)$ 的变分是指两函数之差，即

$$\delta x(t)=x(t)-x_0(t)$$

这里 $x(t)$ 和 $x_0(t)$ 是属于同一函数类 $\{x(t)\}$ 中两个不同的函数。因此，$\delta x(t)$ 也是独立自变量 t 的函数。

2. 泛函变分的定义

当宗量函数 $x(t)$ 有变分 $\delta x(t)$ 时，连续泛函 $J[x(t)]$ 的增量可表示为

$$\begin{aligned}\Delta J&=J[x(t)+\delta x(t)]-J[x(t)]\\&=L[x(t),\delta x(t)]+r[x(t),\delta x(t)]\end{aligned} \tag{2-2}$$

式中，$L[x(t),\delta x(t)]$ 是泛函增量的线性主部，是 $\delta x(t)$ 的线性连续泛函；$r[x(t),\delta x(t)]$ 是关于 $\delta x(t)$ 的高阶无穷小。

因此，把第一项 $L[x(t),\delta x(t)]$ 称为泛函的变分，并记为

$$\delta J=L[x(t)+\delta x(t)] \tag{2-3}$$

由此可知，泛函的变分是泛函增量的线性主部，所以泛函的变分也可以称为泛函的微分。当泛函具有微分时，其增量 ΔJ 可用式(2-2)表达时，则称泛函是可微的。

3. 泛函变分的求法

定理 2-1 连续泛函 $J[x(t)]$ 的变分等于泛函 $J[x(t)+\alpha\delta x(t)]$ 对 α 的导数在 $\alpha=0$ 时的值，即

$$\delta J=\frac{\partial}{\partial\alpha}J[x(t)+\alpha\delta x(t)]\Big|_{\alpha=0}=L[x(t)+\delta x(t)] \tag{2-4}$$

证明：因为可微泛函的增量为

$$\begin{aligned}\Delta J&=J[x(t)+\alpha\delta x(t)]-J[x(t)]\\&=L[x(t),\alpha\delta x(t)]+r[x(t),\alpha\delta x(t)]\end{aligned}$$

由于 $L[x(t),\alpha\delta x(t)]$ 是 $\alpha\delta x(t)$ 的线性连续函数，因此，有

$$L[x(t),\alpha\delta x(t)]=\alpha L[x(t),\delta x(t)]$$

又由于 $r[x(t),\alpha\delta x(t)]$ 是 $\alpha\delta x(t)$ 的高阶无穷小量，所以，有

$$\lim_{\alpha\to 0}\frac{r[x(t),\alpha\delta x(t)]}{\alpha}=\lim_{\alpha\to 0}\frac{r[x(t),\alpha\delta x(t)]}{\alpha\delta x(t)}\delta x(t)=0$$

于是，

$$\begin{aligned}\delta J&=\frac{\partial}{\partial\alpha}J[x(t)+\alpha\delta x(t)]\Big|_{\alpha=0}=\lim_{\Delta\alpha\to 0}\frac{\Delta J}{\Delta\alpha}=\lim_{\alpha\to 0}\frac{\Delta J}{\alpha}\\&=\lim_{\alpha\to 0}\frac{L[x(t),\alpha\delta x(t)]+r[x(t),\alpha\delta x(t)]}{\alpha}\\&=\lim_{\alpha\to 0}\frac{L[x(t),\alpha\delta x(t)]}{\alpha}+\lim_{\alpha\to 0}\frac{r[x(t),\alpha\delta x(t)]}{\alpha}\\&=L[x(t),\delta x(t)]\end{aligned}$$

由此可见，利用函数的微分法则，就可以方便地计算泛函的变分。

4. 泛函变分的规则

由变分定义可知，泛函的变分是一种线性映射，因而其运算规则类似于函数的线性运算。设 L_1 和 L_2 是函数 x、$\dot{x}$ 和 t 的函数，则有如下变分规则：

(1) $\delta(L_1+L_2)=\delta L_1+\delta L_2$

(2) $\delta(L_1\cdot L_2)=L_1\delta L_2+L_2\delta L_1$

(3) $\delta\int_a^b L[x,\dot{x},t]dt=\int_a^b\delta L[x,\dot{x},t]\mathrm{d}t$

(4) $\delta\dot{x}=\frac{\mathrm{d}}{\mathrm{d}t}\delta x$

2.1.3 泛函极值

1. 泛函极值的定义

如果泛函 $J[x(t)]$ 在任何一条与 $x(t)=x_0(t)$ 接近的曲线上的值不小于 $J[x_0(t)]$，即

$$J[x(t)]-J[x_0(t)]\geqslant 0$$

则称泛函 $J[x(t)]$ 在曲线 $x_0(t)$ 上达到极小值，其中，$x_0(t)$ 称为泛函 $J[x(t)]$ 的极小值函数或极小值曲线。若

$$J[x(t)]-J[x_0(t)]\leqslant 0$$

则称泛函 $J[x(t)]$ 在曲线 $x_0(t)$ 上达到极大值，其中，$x_0(t)$ 称为泛函 $J[x(t)]$ 的极大值函数

或极大值曲线。

2. 宗量函数的接近度

若两个函数 $x(t)$ 和 $x_0(t)$ 相接近，就是对于任意 t，两个函数都相近，即满足

$$|x(t)-x_0(t)|\leqslant\varepsilon$$

式中，ε 是一个很小的正数。

满足此条件的两个函数称为具有零阶接近度。而泛函 $J[x(t)]$ 在 $x_0(t)$ 上达极值，这种极值称为弱极值。

若两个函数之差的绝对值和它们导数之差的绝对值同时都很小，即同时满足

$$\begin{cases}|x(t)-x_0(t)|\leqslant\varepsilon\\|\dot{x}(t)-\dot{x}_0(t)|\leqslant\varepsilon\end{cases}$$

则称 $x(t)$ 与 $x_0(t)$ 两个函数具有一阶接近度。而泛函在 $x_0(t)$ 达极值，此时称泛函 $J[x(t)]$ 具有强极值。

显然，一阶接近度必具备零阶接近度，强极值必为弱极值，但反之不成立。根据一阶接近度的概念，很容易推广，即同时满足

$$\begin{cases}|x(t)-x_0(t)|\leqslant\varepsilon\\|\dot{x}(t)-\dot{x}_0(t)|\leqslant\varepsilon\\\qquad\vdots\\|x^{(k)}(t)-x_0{}^{(k)}(t)|\leqslant\varepsilon\end{cases}$$

则称 $x(t)$ 与 $x_0(t)$ 两个函数具有 k 阶接近度。

3. 泛函极值的必要条件

定理 2-2 若可微泛函 $J[x(t)]$ 在 $x_0(t)$ 上达到极小(大)值，则在 $x(t)=x_0(t)$ 上，有

$$\delta J=0 \tag{2-5}$$

证明： 对于给定的 $\delta x(t)$，$J[x_0(t)+\alpha\delta x(t)]$ 是实变量 α 的函数。根据假设可知，若泛函 $J[x_0(t)+\alpha\delta x(t)]$ 在 $\alpha=0$ 时达到极值，则在 $\alpha=0$ 时导数为零，即

$$\frac{\partial}{\partial\alpha}J[x_0(t)+\alpha\delta x(t)]\bigg|_{\alpha=0}=0 \tag{2-6}$$

式(2-6)的左边部分就等于泛函 $J[x(t)]$ 的变分，加之 $\delta x(t)$ 是任意给定的，所以上述假设是成立的。

式(2-6)表明，泛函一次变分为零，是泛函达到极值的必要条件。

需要指出，本节对泛函性质的分析讨论，可推广应用于包含多变量函数的泛函

$$J[\boldsymbol{x}(t)]=J[x_1(t),x_2(t),\cdots,x_n(t)]$$

例 2.1 试求泛函 $J=\int_{t_1}^{t_2}x^2(t)\mathrm{d}t$ 的变分。

解：方法一 由泛函增量表示式(2-2)可得

$$\begin{aligned}\Delta J&=J[x(t)+\delta x(t)]-J[x(t)]\\&=\int_{t_1}^{t_2}[x(t)+\delta x(t)]^2\mathrm{d}t-\int_{t_1}^{t_2}x^2(t)\mathrm{d}t\\&=\int_{t_1}^{t_2}2x(t)\delta x(t)\mathrm{d}t+\int_{t_1}^{t_2}[\delta x(t)]^2\mathrm{d}t\end{aligned}$$

泛函增量的线性主部为

$$L[x(t)+\delta x(t)]=\int_{t_1}^{t_2}2x(t)\delta x(t)\mathrm{d}t$$

所以

$$\delta J=\int_{t_1}^{t_2}2x(t)\delta x(t)\mathrm{d}t$$

方法二　由定理 2-1,泛函的变分为

$$\begin{aligned}\delta J&=\frac{\partial}{\partial\alpha}J[x(t)+\alpha\delta x(t)]\Big|_{\alpha=0}=\frac{\partial}{\partial\alpha}\int_{t_1}^{t_2}[x(t)+\alpha\delta x(t)]^2\mathrm{d}t\Big|_{\alpha=0}\\&=\int_{t_1}^{t_2}\frac{\partial}{\partial\alpha}[x(t)+\alpha\delta x(t)]^2\mathrm{d}t\Big|_{\alpha=0}=\int_{t_1}^{t_2}2[x(t)+\alpha\delta x(t)]\delta x(t)\mathrm{d}t\Big|_{\alpha=0}\\&=\int_{t_1}^{t_2}2x(t)\delta x(t)\mathrm{d}t\end{aligned}$$

从上面的求解可知,两种方法的结果是一样的。

上述两种求解方法,可用 MATLAB 来实现,代码如下:

```
*************************** Ex2-1-1.mlx***************************
%定义符号型(sym)变量
syms x(t) deltax(t)   t1 t2;
%泛函增量:
L=x(t)^2
J=int(L,t,t1,t2)
L1=subs(L,x(t),(x(t)+deltax(t)))
J1=int(L1,t,t1,t2)
DeltaJ=J1-J
DeltaJ=expand(DeltaJ)
%线性主部为泛函增量的一次项:
[c,L] = coeffs(DeltaJ)
deltaJ=c(1) * L(1)
*************************** END ***************************
```

运行程序结果显示:

deltaJ =

$$\int_{t_1}^{t_2}2\mathrm{deltax}(t)x(t)\mathrm{d}t$$

```
*************************** Ex2-1-2.mlx***************************
%定义符号型(sym)变量
syms x(t) deltax(t) alpha  t1 t2;
%泛函增量变分
L=x(t)^2
J=int(L,t,t1,t2)
```

```
L1=subs(L,x(t),(x(t)+alpha*deltax(t)))
J1=int(L1,t,t1,t2)
deltaJ=diff(J1,alpha)
deltaJ=expand(deltaJ)
deltaJ=subs(deltaJ,alpha,0)
***************************END***************************
```

运行程序结果显示：

deltaJ =

$$\int_{t_1}^{t_2} 2\mathrm{deltax}(t)x(t)\mathrm{d}t$$

2.2 固定端点的变分问题

固定端点问题，是指状态空间中曲线的起点和终点都是已知固定的。因为终端的状态已固定，即 $x(t_f)=x_f$，其性能指标中的终值项就没有存在的必要了。故在此种情况下仅需讨论积分型性能指标泛函。

2.2.1 欧拉(Euler)方程

定理 2-3 已知容许曲线 $x(t)$的始端状态 $x(t_0)=x_0$ 和终端状态 $x(t_f)=x_f$，则使积分型性能指标泛函

$$J=\int_{t_0}^{t_f} L[x(t),\dot{x}(t),t]\mathrm{d}t$$

取极值的必要条件是容许极值曲线 $x^*(t)$ 满足如下欧拉方程：

$$\frac{\partial L}{\partial x}-\frac{\mathrm{d}}{\mathrm{d}t}\frac{\partial L}{\partial \dot{x}}=0 \tag{2-7}$$

及边界条件：

$$x(t_0)=x_0 \text{和} x(t_f)=x_f \tag{2-8}$$

式中，$L[x(t),\dot{x}(t),t]$及 $x(t)$在$[t_0,t_f]$上至少两次连续可微。

证明： 设 $x^*(t)$是满足条件 $x(t_0)=x_0$，$x(t_f)=x_f$，使泛函 J 达到极值的极值曲线，$x(t)$是$x^*(t)$在无穷小 $\delta x(t)$邻域内的一条容许曲线，如图 2-1 所示。

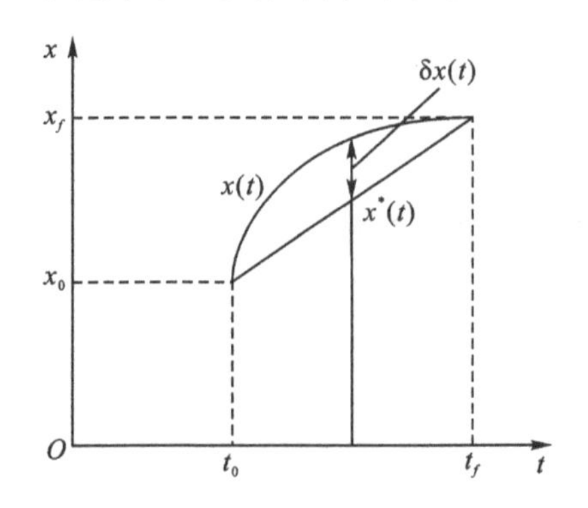

图 2-1 固定端点的情况

则 $x(t)$和 $x^*(t)$之间有如下关系：

$$\begin{cases} x(t)=x^*(t)+\delta x(t) \\ \dot{x}(t)=\dot{x}^*(t)+\delta\dot{x}(t) \end{cases}$$

泛函增量：

$$\begin{aligned} \Delta J &= J[x^*(t)+\delta x(t)]-J[x^*(t)] \\ &= \int_{t_0}^{t_f}\{L[x^*(t)+\delta x(t),\dot{x}^*(t)+\delta\dot{x}(t),t]-L[x^*(t),\dot{x}^*(t),t]\}\mathrm{d}t \end{aligned}$$

对于泛函 $L[x(t),\dot{x}(t),t]$，若具有连续偏导数，则在 $\delta\boldsymbol{x}(t)$邻域内，就有如下泰勒(Taylor)级数展开式，即

$$\Delta J = \int_{t_0}^{t_f}\left\{\frac{\partial L}{\partial x}\delta x(t)+\frac{\partial L}{\partial \dot{x}}\delta\dot{x}(t)+r[x^*(t),\dot{x}^*(t),t]\right\}\mathrm{d}t \tag{2-9}$$

式中，$r[x^*(t),\dot{x}^*(t),t]$为泰勒展开式中的高次项。

由变分定义可知，取式(2-9)主部可得泛函 J 的变分为

$$\delta J = \int_{t_0}^{t_f}\left[\frac{\partial L}{\partial x}\delta x(t)+\frac{\partial L}{\partial \dot{x}}\delta\dot{x}(t)\right]\mathrm{d}t \tag{2-10}$$

对式(2-10)的右边第二项利用分部积分法，可得

$$\int_{t_0}^{t_f}\frac{\partial L}{\partial \dot{x}}\delta\dot{x}(t)\mathrm{d}t = \frac{\partial L}{\partial \dot{x}}\delta x(t)\Big|_{t_0}^{t_f}-\int_{t_0}^{t_f}\frac{\mathrm{d}}{\mathrm{d}t}\frac{\partial L}{\partial \dot{x}}\delta x(t)\mathrm{d}t \tag{2-11}$$

将式(2-11)代入式(2-10)，可得

$$\delta J = \int_{t_0}^{t_f}\left[\frac{\partial L}{\partial x}-\frac{\mathrm{d}}{\mathrm{d}t}\frac{\partial L}{\partial \dot{x}}\right]\delta x(t)\mathrm{d}t+\frac{\partial L}{\partial \dot{x}}\delta x(t)\Big|_{t=t_0}^{t=t_f}$$

令 $\delta J=0$，并考虑到 $\delta x(t)$是一个满足 $\delta x(t_0)$和 $\delta x(t_f)$的任意可微函数，故可得如下欧拉方程：

$$\frac{\partial L}{\partial x}-\frac{\mathrm{d}}{\mathrm{d}t}\frac{\partial L}{\partial \dot{x}}=0$$

及横截条件

$$\frac{\partial L}{\partial \dot{x}}\Big|_{t=t_f}\delta x(t_f)-\frac{\partial L}{\partial \dot{x}}\Big|_{t=t_0}\delta x(t_0)=0 \tag{2-12}$$

式(2-7)为欧拉方程，又称欧拉-拉格朗日方程，是无约束及有约束泛函存在极值的必要条件之一，与函数的性质有关。

式(2-12)为横截条件方程，与函数性质和边界条件有关。由于在 t_0和 t_f固定，$x(t_0)$和 $x(t_f)$不变的情况下，必有 $\delta x(t)=0$ 和 $\delta x(t_0)=0$，因此，式(2-12)所示的横截条件方程，在两端固定的情况下，退化为已知边界条件：

$$x(t_0)=x_0 \text{和} x(t_f)=x_f$$

对式(2-7)欧拉方程左边的第二项求全导数，可得

$$\frac{\mathrm{d}}{\mathrm{d}t}\frac{\partial L[x(t),\dot{x}(t),t]}{\partial \dot{x}}=\frac{\partial}{\partial x}\frac{\partial L}{\partial \dot{x}}\frac{\mathrm{d}x}{\mathrm{d}t}+\frac{\partial}{\partial \dot{x}}\frac{\partial L}{\partial \dot{x}}\frac{\mathrm{d}\dot{x}}{\mathrm{d}t}+\frac{\partial}{\partial t}\frac{\partial L}{\partial \dot{x}}\frac{\mathrm{d}t}{\mathrm{d}t}=\frac{\partial^2 L}{\partial x\partial \dot{x}}\frac{\mathrm{d}x}{\mathrm{d}t}+\frac{\partial^2 L}{\partial \dot{x}^2}\frac{\mathrm{d}\dot{x}}{\mathrm{d}t}+\frac{\partial^2 L}{\partial t\partial \dot{x}}$$

则式(2-7)欧拉方程可表示为

$$\frac{\partial^2 L}{\partial \dot{x}^2}\frac{\mathrm{d}\dot{x}}{\mathrm{d}t}+\frac{\partial^2 L}{\partial x\partial \dot{x}}\frac{\mathrm{d}x}{\mathrm{d}t}+\frac{\partial^2 L}{\partial t\partial \dot{x}}-\frac{\partial L}{\partial x}=0$$

或

$$L_{\dot{x}\dot{x}}\ddot{x}+L_{x\dot{x}}\dot{x}+L_{t\dot{x}}-L_x=0 \tag{2-13}$$

式中

$$L_{\dot{x}\dot{x}}=\frac{\partial^2 L}{\partial \dot{x}^2},L_{x\dot{x}}=\frac{\partial^2 L}{\partial x\partial \dot{x}},L_{t\dot{x}}=\frac{\partial^2 L}{\partial t\partial \dot{x}},L_x=\frac{\partial L}{\partial x}$$

由此可见,在一般情况下,欧拉方程是一个时变的二阶非线性微分方程。求泛函 J 的极值归纳为求这个微分方程的解,其解就是极值曲线 $x^*(t)$。

因为欧拉方程是一个二阶微分方程,所以其通解有两个任意常数,可由式(2-12)横截条件给出的两点边界值来确定。

应当指出,欧拉方程是泛函极值的必要条件,而不是充分条件。

例 2.2 设泛函

$$J[x(t)]=\int_0^{\pi/2}[\dot{x}^2(t)-x^2(t)]\mathrm{d}t$$

已知边界条件为 $x(0)=0,x(\pi/2)=2$。求使泛函达到极值的最优曲线 $x^*(t)$。

解: 因 $L(x,\dot{x})=\dot{x}^2-x^2$,故:

$$\frac{\partial L}{\partial x}=-2x,\ \frac{\partial L}{\partial \dot{x}}=2\dot{x},\ \frac{\mathrm{d}}{\mathrm{d}t}\frac{\partial L}{\partial \dot{x}}=2\ddot{x}$$

则欧拉方程为

$$\ddot{x}(t)+x(t)=0$$

对其进行拉氏变换,可得

$$s^2X(s)-sx'(0)-x(0)+X(s)=0$$

整理后有

$$X(s)=\frac{sx'(0)+x(0)}{s^2+1}=\frac{s}{s^2+1}x'(0)+\frac{1}{s^2+1}x(0)$$

进行拉式反变换,可得

$$x(t)=c_1\cos t+c_2\sin t$$

代入已知边界条件 $x(0)=0$ 和 $x(\pi/2)=2$,可求出 $c_1=0,c_2=2$,则有

$$x^*(t)=2\sin t$$

故最优曲线是正弦信号。

因此针对例 2.2 中的问题,可由 MATLAB 求解,代码如下。

```
*************************** Ex2-2.mlx ***************************
%定义符号型(sym)变量
syms x(t) Dx(t)
%欧拉方程
L=Dx^2-x^2
Lx =diff(L, x)
LDx=diff(L, Dx)
OL=Lx-diff(LDx,t)==0
```

```
Dx=diff(x,t)
OL=simplify(OL)
OL=subs(OL)
%代入条件解得
x(t) = dsolve(OL,'x(0)==0','x(pi/2)==2','t')
Dx=subs(Dx)
L=subs(L)
J=subs(L)
J=int(L,t,0,pi/2)
%最优轨线为
ezplot(x, [0, pi/2])
hold on
title('\itx\rm(\itt\rm)=2sin(\itt\rm)')
xlabel('\itt')
ylabel('\itx\rm(\itt\rm)')
hold off
**************************** END **************************
```

运行程序结果显示：

x(t) = 2sin(t)

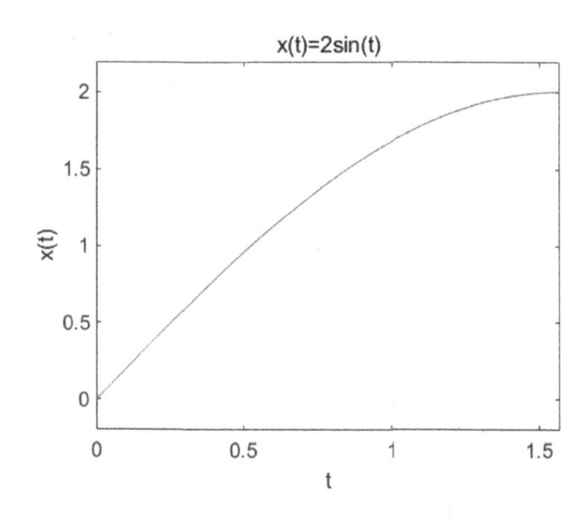

图 2-2　最优轨线 $x(t)=\sin(t)$

2.2.2　泛函极值的充分条件

从泛函极值的必要条件——欧拉方程，求得的极值曲线 $x^*(t)$究竟是极大值还是极小值曲线，还需进一步判断。如同函数极值的性质可由二阶导数的符号来判定一样，泛函极值的性质可由二阶变分 $\delta^2 J$ 的符号来判定。

若两个函数存在无穷小量的差异，则 $x(t)$的一次变分可写成 $\delta x(t)=x(t)-x^*(t)$ 。对于泛函 $L[x(t),\dot{x}(t),t]$，若具有三阶以上的连续偏导数，则在满足欧拉方程的极值曲线 $x(t)$邻域内，有如下泰勒(Taylor)展开式：

$$\begin{aligned}\Delta J &= J[x^*(t)+\delta x(t)]-J[x^*(t)]\\ &=\int_{t_0}^{t_f}\{L[x^*(t)+\delta x(t),\dot{x}^*(t)+\delta\dot{x}(t),t]-L[x^*(t),\dot{x}^*(t),t]\}\mathrm{d}t\\ &=\int_{t_0}^{t_f}\left[\frac{\partial L}{\partial x}\delta x(t)+\frac{\partial L}{\partial \dot{x}}\delta\dot{x}(t)\right]\mathrm{d}t\\ &\quad+\frac{1}{2}\int_{t_0}^{t_f}\left[\frac{\partial^2 L}{\partial x^2}\delta x\cdot\delta x+\frac{\partial^2 L}{\partial\dot{x}\partial x}\delta\dot{x}\cdot\delta x+\frac{\partial^2 L}{\partial x\partial\dot{x}}\delta x\cdot\delta\dot{x}+\frac{\partial^2 L}{\partial\dot{x}^2}\delta\dot{x}\cdot\delta\dot{x}\right]\mathrm{d}t+\cdots\end{aligned}$$

定义泛函的二次变分为泰勒级数展开的二次项：

$$\delta^2 J=\frac{1}{2}\int_{t_0}^{t_f}\left[\frac{\partial^2 L}{\partial x^2}(\delta x)^2+2\frac{\partial^2 L}{\partial x\partial\dot{x}}\delta x\delta\dot{x}+\frac{\partial^2 L}{\partial\dot{x}^2}(\delta\dot{x})^2\right]\mathrm{d}t \tag{2-14}$$

故

$$\Delta J=\delta J+\delta^2 J+\cdots \tag{2-15}$$

由此可见，泛函的二次变分并不等于对泛函的一次变分再取一次变分。

当 $x^*(t)$为泛函 J 的极值曲线时，$\delta J=0$ 是泛函 J 取极值的必要条件，其充分条件为，当二次变分 $\delta^2 J$ 为正时，泛函 J 有极小值；当二次变分 $\delta^2 J$ 为负时，泛函 J 有极大值。泛函的二次变分式(2-14)可写成矩阵形式：

$$\delta^2 J=\frac{1}{2}\int_{t_0}^{t_f}[\delta x\quad\delta\dot{x}]\begin{bmatrix}\dfrac{\partial^2 L}{\partial x^2} & \dfrac{\partial^2 L}{\partial x\partial\dot{x}}\\ \dfrac{\partial^2 L}{\partial x\partial\dot{x}} & \dfrac{\partial^2 L}{\partial\dot{x}^2}\end{bmatrix}\begin{bmatrix}\delta x\\ \delta\dot{x}\end{bmatrix}\mathrm{d}t \tag{2-16}$$

如果式(2-16)中的矩阵是正定的，则泛函 J 为极小值；若矩阵是负定的，则泛函 J 为极大值。

由于二次变分 $\delta^2 J$ 是一个积分式，通过直接积分来判别极值的性质很不方便。为此，下面引入勒让德(Legender)条件。

若对式(2-14)被积函数的第二项进行分部积分，因 $\delta\dot{x}=\dfrac{\mathrm{d}}{\mathrm{d}t}\delta x$，则有

$$\begin{aligned}2\int_{t_0}^{t_f}\frac{\partial^2 L}{\partial x\partial\dot{x}}\delta x\delta\dot{x}\mathrm{d}t&=2\int_{t_0}^{t_f}\left(\frac{\partial^2 L}{\partial x\partial\dot{x}}\delta x\right)\mathrm{d}\delta x\\ &=2\frac{\partial^2 L}{\partial x\partial\dot{x}}(\delta x)^2\bigg|_{t_0}^{t_f}-2\int_{t_0}^{t_f}\delta x\left(\frac{\partial^2 L}{\partial x\partial\dot{x}}\delta x\right)'\mathrm{d}t\\ &=-2\int_{t_0}^{t_f}\delta x\left(\frac{\mathrm{d}}{\mathrm{d}t}\frac{\partial^2 L}{\partial x\partial\dot{x}}\cdot\delta x+\frac{\partial^2 L}{\partial x\partial\dot{x}}\delta\dot{x}\right)\mathrm{d}t+2\frac{\partial^2 L}{\partial x\partial\dot{x}}(\delta x)^2\bigg|_{t_0}^{t_f}\end{aligned}$$

整理可得

$$2\int_{t_0}^{t_f}\frac{\partial^2 L}{\partial x\partial\dot{x}}\delta x\delta\dot{x}\mathrm{d}t=-\int_{t_0}^{t_f}\frac{\mathrm{d}}{\mathrm{d}t}\frac{\partial^2 L}{\partial x\partial\dot{x}}(\delta x)^2\mathrm{d}t+\frac{\partial^2 L}{\partial x\partial\dot{x}}(\delta x)^2\bigg|_{t_0}^{t_f}$$

由于两端固定，有 $\delta x(t_0)=\delta x(t_f)=0$，将上式代入式(2-14)可得

$$\delta^2 J=\frac{1}{2}\int_{t_0}^{t_f}\left(\frac{\partial^2 L}{\partial x^2}-\frac{\mathrm{d}}{\mathrm{d}t}\frac{\partial^2 L}{\partial x\partial\dot{x}}\right)(\delta x)^2\mathrm{d}t+\frac{1}{2}\int_{t_0}^{t_f}\frac{\partial^2 L}{\partial\dot{x}^2}(\delta\dot{x})^2\mathrm{d}t$$

根据 $x^*(t)$为泛函 J 的极值曲线的充分条件：当二次变分 $\delta^2 J$ 为正时，有极小值。则有当$\dfrac{\partial^2 L}{\partial x}-\dfrac{\mathrm{d}}{\mathrm{d}t}\dfrac{\partial^2 L}{\partial x\partial\dot{x}}\geqslant 0$，$\dfrac{\partial^2 L}{\partial\dot{x}^2}>0$ 或$\dfrac{\partial^2 L}{\partial x}-\dfrac{\mathrm{d}}{\mathrm{d}t}\dfrac{\partial^2 L}{\partial x\partial\dot{x}}>0$，$\dfrac{\partial^2 L}{\partial\dot{x}^2}\geqslant 0$ 时，泛函 J 取极小值。

例 2.3　求泛函

$$J=\int_0^1(\dot{x}^2+12xt)\mathrm{d}t$$

满足边界条件 $x(0)=0, x(1)=1$ 的极值函数 $x(t)$,并判别泛函极值的性质。

解: 因 $L=\dot{x}^2+12xt$,则有

$$\frac{\partial L}{\partial x}=12t,\ \frac{\partial L}{\partial \dot{x}}=2\dot{x},\ \frac{\mathrm{d}}{\mathrm{d}t}\frac{\partial L}{\partial \dot{x}}=2\ddot{x}$$

代入欧拉方程,并整理

$$\ddot{x}=6t$$

对其进行拉式变换

$$S^2X(S)-Sx'(0)-x(0)=\frac{6}{S^2}$$

整理可得

$$X(S)=\frac{1}{S}x'(0)+\frac{1}{S^2}x(0)+6\times\frac{1}{S^4}$$

对其进行拉式反变换

$$x(t)=x'(0)+x(0)t+6\times\frac{t^3}{3!}=c_1+c_2t+t^3$$

代入边界条件 $x(0)=0, x(1)=1$,可得:$c_1=0, c_2=0$

故极值函数为 $x(t)=t^3$

由$\frac{\partial^2 L}{\partial x^2}=0$,$\frac{\partial^2 L}{\partial x\partial \dot{x}}=0$,$\frac{\partial^2 L}{\partial \dot{x}^2}=2$,有$\frac{\partial^2 L}{\partial x}-\frac{\mathrm{d}}{\mathrm{d}t}\frac{\partial^2 L}{\partial x\partial \dot{x}}=0$,$\frac{\partial^2 L}{\partial \dot{x}^2}=2>0$

所以,泛函 J 有极小值。泛函 J 极值为

$$\begin{aligned}J_{\min}&=\int_0^1(\dot{x}^2+12xt)\mathrm{d}t=\int_0^1[(3t^2)^2+12t^3\cdot t]\mathrm{d}t\\&=\int_0^1[9t^4+12t^4]\mathrm{d}t=21\int_0^1 t^4\mathrm{d}t=21\left.\frac{t^5}{5}\right|_0^1=\frac{21}{5}\end{aligned}$$

针对例 2.3 中的问题,可由 MATLAB 求解,代码如下。

```
*************************** Ex2 - 3.mlx***************************
%定义符号型(sym)变量
syms x(t) Dx(t)
%欧拉方程
L=Dx^2+12*x*t
Lx =diff(L, x)
dtLDx =diff(diff(L, Dx),t)
L2x =diff(Lx, x)
LxLDx =diff(Lx, Dx)
L2Dx =diff(diff(L, Dx), Dx)
dtLxLDx =diff(LxLDx, t)
Euler=Lx-dtLDx==0
Dx=diff(x,t)
```

```
Euler=subs(Euler)
%代入条件解得
x(t) = dsolve(Euler,'x(0)==0','x(1)==1','t')
Dx=subs(Dx)
L=subs(L)
%由勒让德条件得
R1=L2x-dtLxLDx
R2=L2Dx
if((R1>=0&&R2>0)||(R1>0&&R2>=0)) %则泛函 J 有极小值
   Jmin=int(L,t,0,1)
end
if((R1<=0&&R2<0)||(R1<0&&R2<=0)) %则泛函 J 有极大值
   Jmax=int(L,t,0,1)
end
%最优轨线为
ezplot(x, [0, pi/2])
hold on;
title('x(t)=t^3')
xlabel('t');
ylabel('x(t)');
hold off
*************************** END ***************************
```

运行程序结果显示：

$x(t) = t^3$

$Jmin = \frac{21}{5}$

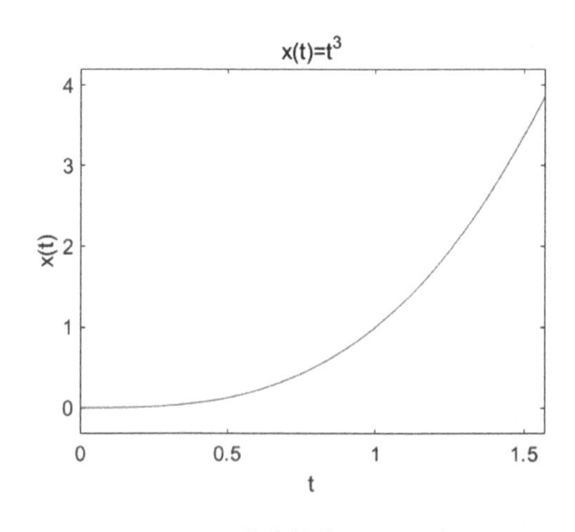

图 2-3　最优轨线 $x(t)=t^3$

2.2.3　几种典型泛函的欧拉方程

一般来说欧拉方程式是一个非线性二阶微分方程,并不是在所有情况下都能得到封闭解。但在下列几种特殊情况下,可以得到它的封闭解。

(1)L 不依赖于 $\dot{x}$,即 $L=L(x,t)$。此时$\frac{\partial L}{\partial \dot{x}}\equiv 0$,欧拉方程为$\frac{\partial L(x,t)}{\partial \dot{x}}=0$,这个方程以隐函数形式给出 $x(t)$,但它一般不满足边界条件,因此,变分问题无解。

(2)L 不依赖 x,即 $L=L(\dot{x},t)$。欧拉方程为

$$\frac{\mathrm{d}}{\mathrm{d}t}\frac{\partial L(\dot{x},t)}{\partial \dot{x}}=0 \tag{2-17}$$

将式(2-17)积分一次,可得首次积分$\frac{\partial L(\dot{x},t)}{\partial \dot{x}}=c_1$,由此可求出 $\dot{x}=\boldsymbol{\varphi}(c_1,\mathrm{t})$,积分后得到可能的极值曲线族,即

$$x=\int \boldsymbol{\varphi}(c_1,t)\mathrm{d}t$$

例 2.4　求泛函 $J(x)=\int_1^2(\dot{x}^2t^2+\dot{x})\mathrm{d}t$,满足边界条件 $x(1)=1,x(2)=2$ 的极值曲线。

解:函数 L 不依赖于 x,其欧拉方程为

$$\frac{\mathrm{d}}{\mathrm{d}t}L_{\dot{x}}=0$$

积分得

$$L_{\dot{x}}=c$$

而

$$L_{\dot{x}}=2\dot{x}t^2+1$$

$$2\dot{x}t^2+1=c$$

$$\dot{x}=\frac{c-1}{2t^2}=\frac{c_1}{t^2}$$

所以

$$x(t)=-\frac{c_1}{t}+c_2$$

代入边界条件:

$$x(1)=-c_1+c_2=1,x(2)=-\frac{c_1}{2}+c_2=2$$

得

$$c_1=2,\quad c_2=3$$

则所求的极值曲线为

$$x(t)=-\frac{2}{t}+3$$

针对例 2.4 中的问题,可由 MATLAB 求解,代码如下。

```
*************************** Ex2 - 4.mlx ***************************
% 定义符号型(sym)变量
syms x(t) Dx(t) C1
```

```
%欧拉方程
L=Dx^2 * t^2+Dx
dLDx =diff(L, Dx)
Dx=diff(x,t)
dLDx=subs(dLDx)
%代入条件解得
eq1=dLDx==C1
co1 = x(1)==1
x(t)=dsolve(eq1,co1)
C1=solve(subs(x,t,2)==2,C1)
x=subs(x)
%最优轨线为
ezplot(x, [1, 2])
hold on;
title('x(t)=3-2/t')
xlabel('t');
ylabel('x(t)');
hold off
*************************** END ***************************
```

程序运行结果：

x(t) =

$$3-\frac{2}{t}$$

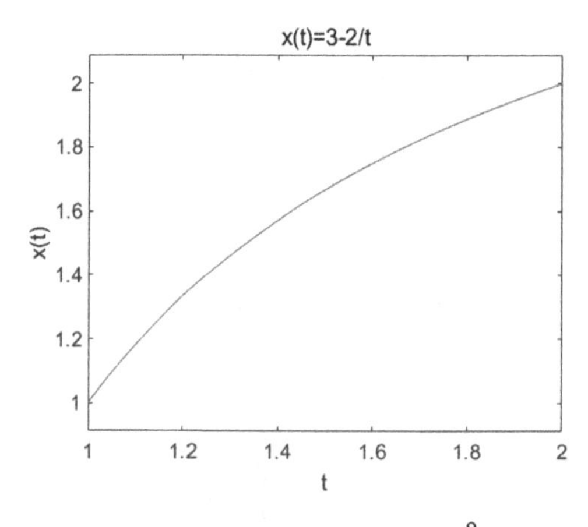

图 2-4　最优轨线 $x(t)=3-\frac{2}{t}$

(3)L 只依赖于 $\dot{x}$，即 $L=L(\dot{x})$。这时 $L_x=0,L_{t\dot{x}}=0,L_{x\dot{x}}=0$，代入式(2-13)所示的欧拉方程为

$$\ddot{x}L_{\dot{x}\dot{x}}=0$$

则有 $\ddot{x}=0$ 或 $L_{\dot{x}\dot{x}}=0$。如果 $\ddot{x}=0$,可得含有两个参数的直线族 $x=c_1t+c_2$。另外若 $L_{\dot{x}\dot{x}}=0$ 有一个或几个实根时,则除了上面的直线族外,又得到含有一个参数 c 的直线族 $x=kt+c$,它包含于上面含有两个参数的直线族 $x=c_1t+c_2$ 中,于是,在 $L=L(\dot{x})$ 情况下,极值曲线必然是直线族。

例 2.5 求泛函 $J=\int_{t_0}^{t_f}\sqrt{1+\dot{x}^2}\,\mathrm{d}t$ 满足边界条件 $x(t_0)=x_0, x(t_f)=x_f$ 的极值曲线。

解: 被积函数 L 依赖于 $\dot{x}$,其欧拉方程为

$$\frac{\mathrm{d}}{\mathrm{d}t}L_{\dot{x}}=0$$

积分得

$$L_{\dot{x}}=c$$

而

$$L_{\dot{x}}=\frac{\dot{x}}{\sqrt{1+\dot{x}^2}}$$

所以

$$\frac{\dot{x}}{\sqrt{1+\dot{x}^2}}=c$$

式中,c 为待定的积分常数。

整理上式可得

$$\dot{x}=c_1$$

c_1 为另一常数。对上式积分可得方程的通解:

$$x(t)=c_1t+c_2$$

由此可见,所求的极值曲线是给定两点 $A(x_0,t_0)$ 和 $B(x_f,t_f)$ 之间的直线。

(4)L 只依赖于 x 和 $\dot{x}$,即 $L=L(x,\dot{x})$。在这种情况下,欧拉方程的首次积分为

$$L-\dot{x}L_{\dot{x}}=c \tag{2-18}$$

式中,c 是待定的积分常数。

证明: 将式(2-18)左边对 t 求全导数,有

$$\frac{\mathrm{d}}{\mathrm{d}t}(L-\dot{x}L_{\dot{x}})=L_x\dot{x}+L_{\dot{x}}\ddot{x}-\ddot{x}L_{\dot{x}}-\dot{x}L_{\dot{x}x}\dot{x}-\dot{x}L_{\dot{x}\dot{x}}\ddot{x}=\dot{x}(L_x-\dot{x}L_{\dot{x}x}-\ddot{x}L_{\dot{x}\dot{x}})$$

由于 L 不依赖于 t,这时有 $L_{t\dot{x}}=0$,故式(2-13)所表示的欧拉方程可简化为

$$L_x-\dot{x}L_{x\dot{x}}-\ddot{x}L_{\dot{x}\dot{x}}=0$$

可得

$$\frac{\mathrm{d}}{\mathrm{d}t}(L-\dot{x}L_{\dot{x}})=0$$

对上式两边积分,则有

$$L-\dot{x}L_{\dot{x}}=c$$

例 2.6 最速降线问题。

在例 1.1 最速降线问题中,求得的质点自空间 $A\,(0,0)$ 点滑行到 $B\,(x_1,y_1)$ 点所需的时间为

$$t(y(x))=\int_0^{x_1}\sqrt{\frac{1+\dot{y}^2}{2gy}}\,\mathrm{d}x$$

则最速降线问题的数学提法，在 xOy 平面上确定一条满足边界条件：$y(0)=0$，$y(x_1)=y_1$ 的极值曲线 $y=y(x)$，使泛函

$$J(y(x))=\int_0^{x_1}\sqrt{\frac{1+\dot{y}^2}{2gy}}\,\mathrm{d}x$$

达到极小值。

解：被积函数为

$$L=\sqrt{\frac{1+\dot{y}^2}{2gy}}$$

L 不含自变量 x，由它的首次积分式(2-18)，得

$$L-\dot{y}L_{\dot{y}}=\sqrt{\frac{1+\dot{y}^2}{2gy}}-\frac{\dot{y}^2}{\sqrt{2gy(1+\dot{y}^2)}}=c$$

化简上式得

$$\frac{1}{\sqrt{2gy(1+\dot{y}^2)}}=c \text{ 或 } y=\frac{c_1}{1+\dot{y}^2}$$

式中，$c_1=\dfrac{1}{2gc^2}$。

用参数法求解，令 $\dot{y}=\cot\dfrac{\theta}{2}$，则上式化为

$$y=\frac{c_1}{1+\dot{y}^2}=c_1\sin^2\frac{\theta}{2}=\frac{c_1}{2}(1-\cos\theta)$$

又因

$$\mathrm{d}x=\frac{\mathrm{d}y}{\dot{y}}=\frac{c_1\sin\dfrac{\theta}{2}\cos\dfrac{\theta}{2}\mathrm{d}\theta}{\cot\dfrac{\theta}{2}}=\frac{c_1}{2}(1-\cos\theta)\mathrm{d}\theta$$

积分得

$$x=\frac{c}{2}(\theta-\sin\theta)+c_2$$

由边界条件 $y(0)=0$，可知 $c_2=0$，故得

$$\begin{cases} x=\dfrac{c_1}{2}(\theta-\sin\theta) \\ y=\dfrac{c_1}{2}(1-\cos\theta) \end{cases}$$

这是摆线(圆滚线)的参数方程。式中，$c_1/2$ 为滚动圆半径，常数 c_1 可利用另一边界条件 $y(x_1)=y_1$ 来确定；θ 称为滚动角。

针对例 2.6 中的问题，可由 MATLAB 求解，代码如下。

```
************************** Ex2-6.mlx **************************
%定义符号型(sym)变量
syms y(x) Dy(x) x g c C1 C2 theta m
%欧拉方程
```

```
L=sqrt((1+Dy^2)/(2*g*y))
eq =L-Dy*diff(L, Dy)
eq=simplify(eq)
eq=subs(eq,y,m)
eq= collect(eq,m)==c
m=solve(eq,m)
y=m
%参数法求解
Dy(x)=cot(theta/2)
y=subs(y)
y=simplify(y)
dydtheta=diff(y,theta)
dxdtheta=dydtheta/Dy(x)
dxdtheta=simplify(dxdtheta)
x=int(dxdtheta,theta)+C2
C2=solve(subs(x,theta,0)==0,C2)
x=subs(x)
y=subs(y)
%最优轨线为
c=sqrt(1/40);g=10; %给定c,g,则滚动圆半径为1
x(theta)=subs(x)
y(theta)=subs(y)
theta=0:0.1:6*pi;
plot(x(theta),y(theta))
hold on
xlabel('\itx\rm(\it\theta\rm)')
ylabel('\ity\rm(\it\theta\rm)')
hold off
```

**************************END**************************

程序运行结果：

x=

$$\frac{\theta-\sin(\theta)}{4c^2 g}$$

y=

$$-\frac{\cos(\theta)-1}{4c^2 g}$$

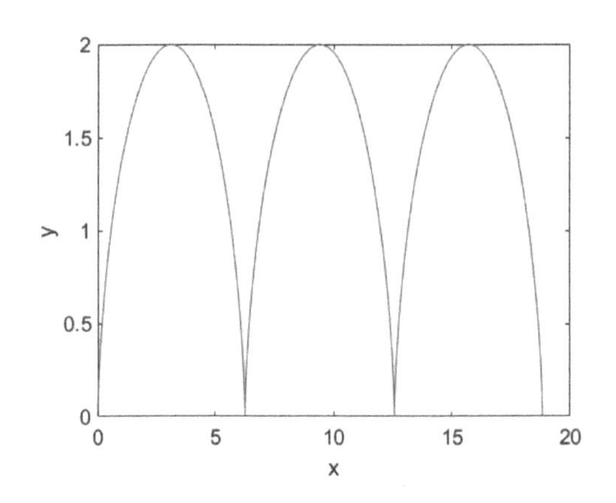

图 2-5 最优轨线 $x(\theta)=\theta-\sin(\theta)$和 $y(\theta)=1\cos(\theta)$

2.2.4 多变量系统的泛函

以上阐述的单变量欧拉问题，可以推广到多变量系统中。设多变量系统的积分型性能指标泛函为

$$J=\int_{t_0}^{t_f}L[\boldsymbol{x}(t),\dot{\boldsymbol{x}}(t),t]\mathrm{d}t$$

式中，$\boldsymbol{x}(t)$为系统的 n 维状态向量，$\boldsymbol{x}(t_0)=\boldsymbol{x}_0$。

求多变量泛函 J 的极值，同单变量时一样，可推导出极值存在的必要条件为满足如下欧拉方程：

$$\frac{\partial L}{\partial \boldsymbol{x}}-\frac{\mathrm{d}}{\mathrm{d}t}\frac{\partial L}{\partial \dot{\boldsymbol{x}}}=0 \tag{2-19}$$

及横截条件：

$$\left(\frac{\partial L}{\partial \dot{\boldsymbol{x}}}\right)^{\mathrm{T}}\bigg|_{t=t_f}\delta\boldsymbol{x}(t_f)-\left(\frac{\partial L}{\partial \dot{\boldsymbol{x}}}\right)^{\mathrm{T}}\bigg|_{t=t_0}\delta\boldsymbol{x}(t_0)=0 \tag{2-20}$$

式中，$\frac{\partial L}{\partial \boldsymbol{x}}=\left[\frac{\partial L}{\partial x_1},\frac{\partial L}{\partial x_2},\cdots,\frac{\partial L}{\partial x_n}\right]^{\mathrm{T}}$，$\frac{\partial L}{\partial \dot{\boldsymbol{x}}}=\left[\frac{\partial L}{\partial \dot{x}_1},\frac{\partial L}{\partial \dot{x}_2},\cdots,\frac{\partial L}{\partial \dot{x}_n}\right]^{\mathrm{T}}$

式(2-19)为多变量的欧拉方程，它是一个二阶矩阵微分方程，其解就是极值曲线 $\boldsymbol{x}^*(t)$。

例 2.7 求泛函 $J(x_1,x_2)=\int_0^{\frac{\pi}{2}}[2x_1x_2+\dot{x}_1^2+\dot{x}_2^2]\mathrm{d}t$，在条件 $x_1(0)=x_2(0)=0$，$x_1\left(\frac{\pi}{2}\right)=1$，$x_2\left(\frac{\pi}{2}\right)=-1$ 下的极值曲线。

解：本例为含有两个变量 x_1、x_2 系统的泛函求极值问题。此时欧拉方程为

$$\begin{cases}\dfrac{\partial L}{\partial x_1}-\dfrac{\mathrm{d}}{\mathrm{d}t}\dfrac{\partial L}{\partial \dot{x}_1}=0\\[2ex]\dfrac{\partial L}{\partial x_2}-\dfrac{\mathrm{d}}{\mathrm{d}t}\dfrac{\partial L}{\partial \dot{x}_2}=0\end{cases}$$

被积函数为

$$L=2x_1x_2+\dot{x}_1^2+\dot{x}_2^2$$

可求得

$$\frac{\partial L}{\partial x_1}=2x_2,\ \frac{\partial L}{\partial \dot{x}_1}=2\dot{x}_1,\ \frac{\mathrm{d}}{\mathrm{d}t}\frac{\partial L}{\partial \dot{x}_1}=2\ddot{x}_1$$

$$\frac{\partial L}{\partial x_2}=2x_1,\ \frac{\partial L}{\partial \dot{x}_2}=2\dot{x}_2,\ \frac{\mathrm{d}}{\mathrm{d}t}\frac{\partial L}{\partial \dot{x}_2}=2\ddot{x}_2$$

欧拉方程可表示为

$$\begin{cases}\ddot{x}_1-x_2=0\\ \ddot{x}_2-x_1=0\end{cases}$$

对上述第一个方程求导两次，再由第二个方程将 x_2 消去，得

$$x_1^{(4)}-x_1=0$$

对其进行拉式变换：

$$S^4X_1(S)-S^3x_1^{(3)}(0)-S^2x_1^{(2)}(0)-Sx_1^{(1)}(0)-x_1(0)-X_1(S)=0$$

整理可得

$$X(S)=\frac{c_1}{S-1}+\frac{c_2}{S+1}+\frac{c_3S}{S^2+1}+\frac{c_4}{S^2+1}$$

上式中，c_1，c_2，c_3 和 c_4 为待定常数，对其进行拉式反变换可得

$$x_1=c_1\mathrm{e}^t+c_2\mathrm{e}^{-t}+c_3\cos t+c_4\sin t$$

对上式求导两次，得

$$x_2=c_1\mathrm{e}^t+c_2\mathrm{e}^{-t}-c_3\cos t-c_4\sin t$$

利用给定的端点条件，可求出：

$$c_1=c_2=c_3=0,c_4=1$$

因此，曲线 $\begin{cases}x_1=\sin t\\ x_2=-\sin t\end{cases}$ 是泛函的一条极值曲线。

针对例 2.7 中的问题，可由 MATLAB 求解，代码如下。

```
**************************** Ex2 - 7.mlx****************************
% 定义符号型(sym)变量
syms x1(t) x2(t) Dx1(t) Dx2(t) C1
% 欧拉方程
L=2 * x1 * x2+Dx1^2+Dx2^2
Lx1 =diff_x(L, x1)
LDx1 =diff_x(L, Dx1)
dtLDX1 =diff(LDx1,t)

Lx2 =diff_x(L, x2)
LDx2 =diff_x(L, Dx2)
dtLDx2 =diff(LDx2,t)

Euler1=Lx1-dtLDX1==0
```

```
Dx1=diff(x1,t)
Euler1=subs(Euler1)
Euler1=simplify(Euler1)

Euler2=Lx2-dtLDx2==0
Dx2=diff(x2,t)
Euler2=subs(Euler2)
Euler2=simplify(Euler2)
%代入条件解得
[x1(t) x2(t)]=dsolve(Euler1,Euler2,'x1(0)==0,x1(pi/2)==1,x2(0)==0,x2(pi/2)==-1')
%最优轨线为
fplot(x1, [0, pi/2])
hold on;
fplot(x2, [0, pi/2])
title('x1(t)=sin(t) and x2(t)=-sin(t)')
xlabel('t');
ylabel('x(t)');
hold off
*************************** END **************************
```

程序运行结果：

x1(t) =sin(t)

x2(t) =-sin(t)

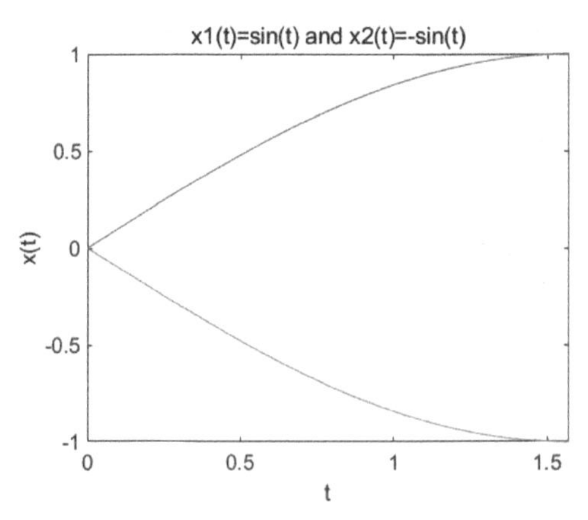

图 2-6 最优轨线 $x_1(t)=\sin(t)$ **和** $x_2(t)=-\sin(t)$

2.3　可变端点的变分问题

固定端点的变分问题是最简单的情况。在实际工程问题中，经常碰到另一类变分问题——可变端点的变分问题，即曲线的始端或终端是变动的。典型例子是导弹的拦截问题，拦截器为了实现对导弹的拦截，在某一时刻拦截器运动曲线的终端必须与导弹运动曲线相遇。如果导弹的运动曲线已知为 $\boldsymbol{\varphi}(t)$，而拦截器的运动曲线为 $\boldsymbol{x}(t)$，则在 $t=t_f$时刻必须有 $\boldsymbol{x}(t_f)=\boldsymbol{\varphi}(t_f)$，即拦截器的状态位置与导弹的状态位置相重合。

不失一般性，假定始端的时刻 t_0和状态 $\boldsymbol{x}(t_0)$都是固定的，即 $\boldsymbol{x}(t_0)=\boldsymbol{x}_0$；终端时刻 t_f可变，终端状态 $\boldsymbol{x}(t_f)$受到终端边界线的约束。假设沿着目标曲线 $\boldsymbol{\varphi}(t_f)$变动，即应满足 $\boldsymbol{x}(t_f)=\boldsymbol{\varphi}(t_f)$，所以终端状态 $\boldsymbol{x}(t_f)$是终端时刻 t_f的函数，如图 2－6 所示。

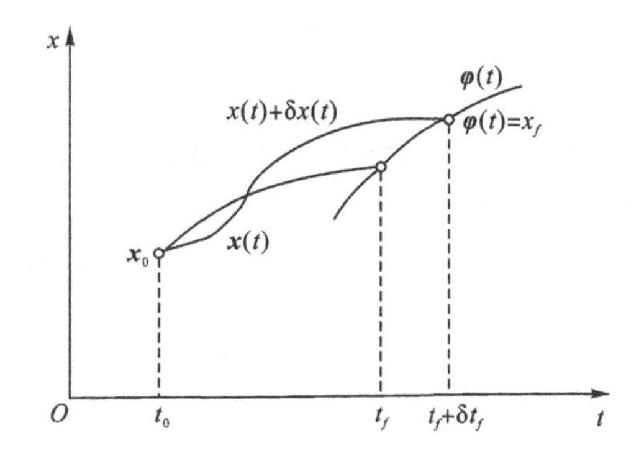

图 2－7　终端可变边界的情况

由图 2－7 可知，当状态曲线的终端时间 t_f是可变时，变分 δt_f不等于零。

因此，这类问题的提法是，寻找一条连续可微的极值曲线 $\boldsymbol{x}^*(t)$，它由给定的点$(t_0,\boldsymbol{x}_0)$到给定曲线 $\boldsymbol{x}(t_f)=\boldsymbol{\varphi}(t_f)$上的点$[t_f,\boldsymbol{\varphi}(t_f)]$，使性能指标泛函

$$J=\int_{t_0}^{t_f}L[\boldsymbol{x}(t),\dot{\boldsymbol{x}}(t),t]\mathrm{d}t$$

达到极值。式中，$\boldsymbol{x}(t)$表示 n 维状态向量；t_f是一待定的量，如图 2－8 所示。

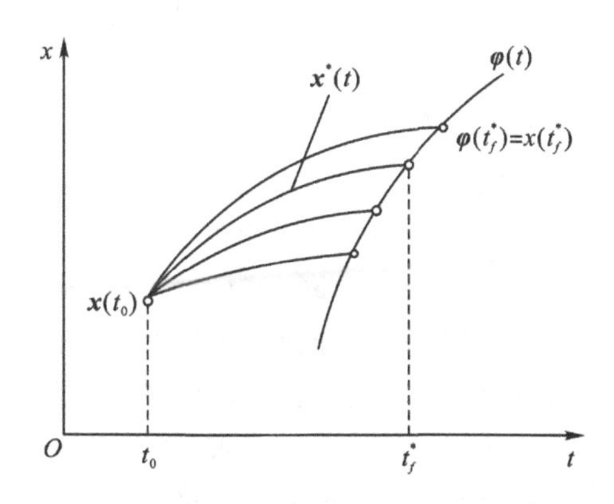

图 2－8　最优状态曲线和最优终端时间

2.3.1 泛函极值的必要条件

定理 2-4 设容许曲线 $\boldsymbol{x}(t)$ 自给定点 $(t_0,\boldsymbol{x}_0)$ 到达给定曲线 $\boldsymbol{x}(t_f)=\boldsymbol{\varphi}(t_f)$ 上某一点 $[t_f,\boldsymbol{\varphi}(t_f)]$，则使性能指标泛函

$$J=\int_{t_0}^{t_f} L[\boldsymbol{x}(t),\dot{\boldsymbol{x}}(t),t]\mathrm{d}t \tag{2-21}$$

取极值的必要条件是极值曲线 $\boldsymbol{x}^*(t)$ 满足欧拉方程：

$$\frac{\partial L}{\partial \boldsymbol{x}}-\frac{\mathrm{d}}{\mathrm{d}t}\frac{\partial L}{\partial \dot{\boldsymbol{x}}}=0$$

及始端边界条件：

$$\boldsymbol{x}(t_0)=\boldsymbol{x}_0$$

和终端横截条件：

$$\left\{L[\boldsymbol{x},\dot{\boldsymbol{x}},t]+(\dot{\boldsymbol{\varphi}}-\dot{\boldsymbol{x}})^{\mathrm{T}}\frac{\partial L}{\partial \dot{\boldsymbol{x}}}\right\}\bigg|_{t=t_f}=0$$

$$\boldsymbol{x}(t_f)=\boldsymbol{\varphi}(t_f)$$

式中，$\boldsymbol{x}(t)$ 应有连续的二阶导数，L 至少应两次连续可微，而 $\boldsymbol{\varphi}(t)$ 则应有连续的一阶导数。

证明： 在始端固定，终端时刻 t_f 可变，终端状态受约束条件 $\boldsymbol{x}(t_f)=\boldsymbol{\varphi}(t_f)$ 时的变分问题可用图 2-9 来表示。其中，$\boldsymbol{x}^*(t)$ 为极值曲线，$\boldsymbol{x}(t)$ 为 $\boldsymbol{x}^*(t)$ 邻域内的任一条容许曲线，点 $(t_0,\boldsymbol{x}_0)$ 表示始端，点 $(t_f,\boldsymbol{x}_f)$ 到点 $(t_f+\delta t_f,\boldsymbol{x}_f+\delta x_f)$ 表示变动端，$\boldsymbol{\varphi}(t)$ 表示终端约束曲线，要求 $\boldsymbol{x}(t_f)=\boldsymbol{\varphi}(t_f)$，$\delta t_f$ 表示终端时刻 t_f 的变分，$\delta \boldsymbol{x}_f$ 表示终端时刻容许曲线 $\boldsymbol{x}(t)$ 的变分；$\delta \boldsymbol{x}(t_f)$ 表示容许曲线 $\boldsymbol{x}(t)$ 的变分在 t_f 时刻的值。

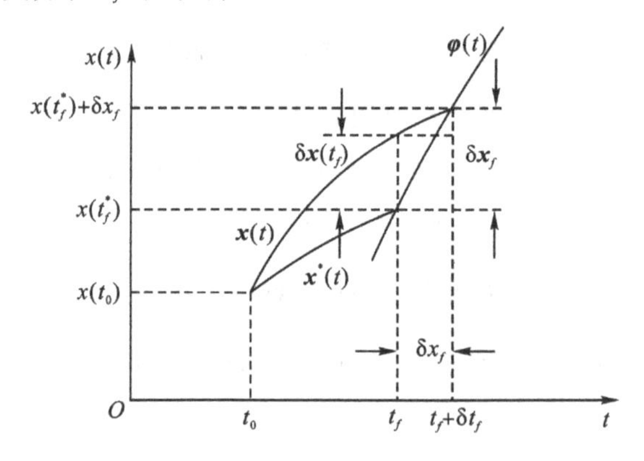

图 2-9 终端时刻可变时的变分问题

由图 2-9 可知，存在如下近似关系式：

$$\delta \boldsymbol{x}_f=\delta \boldsymbol{x}(t_f)+\dot{\boldsymbol{x}}(t_f)\delta t_f \tag{2-22}$$

$$\delta \boldsymbol{x}_f=\dot{\boldsymbol{\varphi}}(t_f)\delta t_f \tag{2-23}$$

不难理解，如果某一容许极值曲线 $\boldsymbol{x}^*(t)$ 能使式(2-21)所示的泛函，在端点可变的情况下取极值，那么对于和容许极值曲线 $\boldsymbol{x}^*(t)$ 有同样边界点的更窄的函数类来说，其极值曲线 $\boldsymbol{x}^*(t)$ 自然也能使泛函式(2-21)达到极值。也就是说，终端受约束的函数类中的极值曲线，也必定是端点固定函数类中的极值曲线。因此，$\boldsymbol{x}^*(t)$ 必能满足端点固定时的泛函极值必要条件。即 $\boldsymbol{x}^*(t)$ 应当满足欧拉方程：

$$\frac{\partial L}{\partial \boldsymbol{x}} - \frac{\mathrm{d}}{\mathrm{d}t}\frac{\partial L}{\partial \dot{\boldsymbol{x}}} = 0$$

此时欧拉方程通解中的任意常数不能再用边界条件式(2-8)确定。因为终端可变时，式(2-8)中的后一个条件不再成立，所欠的条件应改由极值的必要条件 $\delta J=0$ 导出。

若对 $\boldsymbol{x}$、$\dot{\boldsymbol{x}}$ 和 t_f 取变分，则泛函的增量为

$$\begin{aligned}\Delta J &= \int_{t_0}^{t_f+\delta t_f} L[\boldsymbol{x}+\delta\boldsymbol{x}, \dot{\boldsymbol{x}}+\delta\dot{\boldsymbol{x}}, t]\mathrm{d}t - \int_{t_0}^{t_f} L[\boldsymbol{x}, \dot{\boldsymbol{x}}, t]\mathrm{d}t \\ &= \int_{t_f}^{t_f+\delta t_f} L[\boldsymbol{x}+\delta\boldsymbol{x}, \dot{\boldsymbol{x}}+\delta\dot{\boldsymbol{x}}, t]\mathrm{d}t + \int_{t_0}^{t_f}\{L[\boldsymbol{x}+\delta\boldsymbol{x}, \dot{\boldsymbol{x}}+\delta\dot{\boldsymbol{x}}, t] - L[\boldsymbol{x}, \dot{\boldsymbol{x}}, t]\}\mathrm{d}t\end{aligned}$$

一阶变分为

$$\delta J = \int_{t_f}^{t_f+\delta t_f} L[\boldsymbol{x}+\delta\boldsymbol{x}, \dot{\boldsymbol{x}}+\delta\dot{\boldsymbol{x}}, t]\mathrm{d}t + \int_{t_0}^{t_f}\left[\left(\frac{\partial L}{\partial \boldsymbol{x}}\right)^{\mathrm{T}}\delta\boldsymbol{x} + \left(\frac{\partial L}{\partial \dot{\boldsymbol{x}}}\right)^{\mathrm{T}}\delta\dot{\boldsymbol{x}}\right]\mathrm{d}t \tag{2-24}$$

对式(2-24)右边的第一项利用积分中值定理，第二项利用分部积分公式，并令 $\delta J=0$，可得

$$\delta J = L[\boldsymbol{x}, \dot{\boldsymbol{x}}, t]\big|_{t=t_f}\delta t_f + \int_{t_0}^{t_f}\left[\frac{\partial L}{\partial \boldsymbol{x}} - \frac{\mathrm{d}}{\mathrm{d}t}\frac{\partial L}{\partial \dot{\boldsymbol{x}}}\right]^{\mathrm{T}}\delta\boldsymbol{x}\mathrm{d}t + \left(\frac{\partial L}{\partial \dot{\boldsymbol{x}}}\right)^{\mathrm{T}}\delta\boldsymbol{x}\bigg|_{t=t_0}^{t=t_f} = 0 \tag{2-25}$$

式(2-25)就是终端为可变边界时极值解的必要条件。

在所述情况下，欧拉方程

$$\frac{\partial L}{\partial \boldsymbol{x}} - \frac{\mathrm{d}}{\mathrm{d}t}\frac{\partial L}{\partial \dot{\boldsymbol{x}}} = 0$$

仍然成立。又因为始端固定，$\delta\boldsymbol{x}(t_0)=0$，根据式(2-25)可得边界条件和横截条件为

$$\boldsymbol{x}(t_0) = \boldsymbol{x}_0 \tag{2-26}$$

$$L[\boldsymbol{x}, \dot{\boldsymbol{x}}, t]\big|_{t=t_f}\delta t_f + \left(\frac{\partial L}{\partial \dot{\boldsymbol{x}}}\right)^{\mathrm{T}}\bigg|_{t=t_f}\delta\boldsymbol{x}(t_f) = 0 \tag{2-27}$$

其中，式(2-26)称为始端边界条件，式(2-27)称为终端横截条件。

在始端固定的情况下，对于终端横截条件问题，可以按以下两种情况进行讨论。

1. 终端时刻 t_f 可变，终端状态 $\boldsymbol{x}(t_f)$ 自由

在这种情况下，关系式(2-22)成立，即有

$$\delta\boldsymbol{x}(t_f) = \delta\boldsymbol{x}_f - \dot{\boldsymbol{x}}(t_f)\delta t_f \tag{2-28}$$

将式(2-28)代入式(2-27)，得

$$\left\{L[\boldsymbol{x}, \dot{\boldsymbol{x}}, t] - \dot{\boldsymbol{x}}^{\mathrm{T}}(t)\frac{\partial L}{\partial \dot{\boldsymbol{x}}}\right\}\bigg|_{t=t_f}\delta t_f + \left(\frac{\partial L}{\partial \dot{\boldsymbol{x}}}\right)^{\mathrm{T}}\bigg|_{t=t_f}\delta\boldsymbol{x}_f = 0 \tag{2-29}$$

因为 $\delta\boldsymbol{x}_f$ 和 $\delta\dot{\boldsymbol{x}}_f$ 均任意，故 t_f 可变，$\boldsymbol{x}(t_f)$ 自由时的终端横截条件为

$$\left\{L[\boldsymbol{x}, \dot{\boldsymbol{x}}, t] - \dot{\boldsymbol{x}}^{\mathrm{T}}\frac{\partial L}{\partial \dot{\boldsymbol{x}}}\right\}\bigg|_{t=t_f} = 0$$

$$\left(\frac{\partial L}{\partial \dot{\boldsymbol{x}}}\right)\bigg|_{t=t_f} = 0 \tag{2-30}$$

2. 终端时刻 t_f 可变，终端状态 $\boldsymbol{x}(t_f)$ 有约束

设终端约束方程为

$$\boldsymbol{x}(t_f) = \boldsymbol{\varphi}(t_f)$$

在这种情况下，由于 $\delta \boldsymbol{x}_f$ 不能任意，受以上条件的约束，同时满足式(2-22)和式(2-23)，即有

$$\begin{cases}\delta \boldsymbol{x}(t_f)=\delta \boldsymbol{x}_f-\dot{\boldsymbol{x}}(t_f)\delta t_f\\ \delta \boldsymbol{x}_f=\dot{\boldsymbol{\varphi}}(t_f)\delta t_f\end{cases}$$

将以上两式代入式(2-27)，得

$$\left\{L[\boldsymbol{x},\dot{\boldsymbol{x}},t]+[\dot{\boldsymbol{\varphi}}(t)-\dot{\boldsymbol{x}}(t)]^{\mathrm{T}}\frac{\partial L}{\partial \dot{\boldsymbol{x}}}\right\}\Bigg|_{t=t_f}\delta t_f=0$$

由于 δt_f 的任意性，即 $\delta t_f\neq 0$，可得终端横截条件为

$$\left\{L[\boldsymbol{x},\dot{\boldsymbol{x}},t]+[\dot{\boldsymbol{\varphi}}(t)-\dot{\boldsymbol{x}}(t)]^{\mathrm{T}}\frac{\partial L}{\partial \dot{\boldsymbol{x}}}\right\}\Bigg|_{t=t_f}=0 \tag{2-31}$$

式(2-31)建立了极值曲线的终端斜率 $\dot{\boldsymbol{x}}(t)$ 与给定的约束曲线的斜率 $\dot{\boldsymbol{\varphi}}(t)$ 之间的关系，这种关系也称为终端可变边界的终端横截条件。

注意，横截条件与欧拉方程联立才能构成泛函极值的必要条件。

例 2.8 求使性能指标泛函

$$J=\int_1^{t_f}[4x(t)+\dot{x}^2(t)]\mathrm{d}t$$

取极值的轨迹 $x^*(t)$，已知 $x(1)=4$。

解：本例为起点固定，终端时刻 t_f 可变，终端状态 $x(t_f)$ 自由的泛函极值问题。

由题意，

$$L(x,\dot{x},t)=4x+\dot{x}^2$$

其偏导数为

$$\frac{\partial L}{\partial x}=4,\frac{\partial L}{\partial \dot{x}}=2\dot{x},\frac{\mathrm{d}}{\mathrm{d}t}\frac{\partial L}{\partial \dot{x}}=2\ddot{x}$$

欧拉方程为

$$\frac{\partial L}{\partial x}-\frac{\mathrm{d}}{\mathrm{d}t}\frac{\partial L}{\partial \dot{x}}=4-2\ddot{x}=0$$

即

$$\ddot{x}=2$$

求解可得

$$x(t)=t^2+c_1t+c_2$$

由 $x(1)=4$，得 $c_1+c_2=3$，则有 $x(t)=t^2+c_1t-c_1+3$，$\dot{x}(t)=2t+c_1$

由终端横截条件

$$\left\{L[\boldsymbol{x},\dot{\boldsymbol{x}},t]-[\dot{\boldsymbol{x}}(t)]^{\mathrm{T}}\frac{\partial L}{\partial \dot{\boldsymbol{x}}}\right\}\Bigg|_{t=t_f}=4(t^2+c_1t-c_1+3)-(2t+c_1)\times 2(2t+c_1)$$

$$=c_1^2+4c_1-12=0 \tag{1}$$

$$\frac{\partial L}{\partial \dot{\boldsymbol{x}}}\Bigg|_{t=t_f}=2t_f+c_1=0 \tag{2}$$

联立式(1)和式(2)，可得

$$c_1=\begin{cases}2\\-6\end{cases},t_f=\begin{cases}-1\\3\end{cases}$$

由题设可知，$t_f>1$，则

$$c_1=-6,t_f=3$$

则有

$$x^*(t)=t^2-6t+9$$

将 $x^*(t)$及 $t_f{}^*$ 代入指标泛函,可得最优性能指标泛涵

$$J^* = \int_1^3 4x^* + (\dot{x}^*)^2 \mathrm{d}t = \int_1^3 [4(t^2-6t+9)+(2t-6)^2]\mathrm{d}t = \frac{64}{3}J^* = \frac{64}{3}$$

针对例 2.8 中的问题,可由 MATLAB 求解,代码如下。

```
*************************** Ex2 - 8.mlx***************************
%定义符号型(sym)变量
syms x(t) Dx(t) c1  c2 tf
%欧拉方程
L=4 * x+Dx * Dx
Lx =diff(L, x)
LDx =diff(L, Dx)
Euler=Lx-diff(LDx,t)==0
Dx=diff(x,t)
Euler=subs(Euler)
%代入边界条件和横截条件求解
x(t)=dsolve(Euler,x(1)==4)
x=expand(x)
Dx=subs(Dx)
LDx=subs(LDx)
L=expand(subs(L))
eq1=expand(subs(L-Dx * LDx,t,tf))
eq2=subs(LDx,t,tf)
[C1,tf]=solve(eq1==0,eq2==0,tf>0)
x=subs(x)
%性能指标求解:
Dx=diff(x,t)
L=subs(L)
J=int(L,t,1,3)
%最优轨线为
fplot(x, [1, 3])
hold on
title('x(t)=t^2-6t+9')
xlabel('t')
ylabel('x(t)')
hold off
*************************** END ***************************
```

运行程序结果显示:

$x(t)=t^2-6t+9$

J=

$$\frac{64}{3}$$

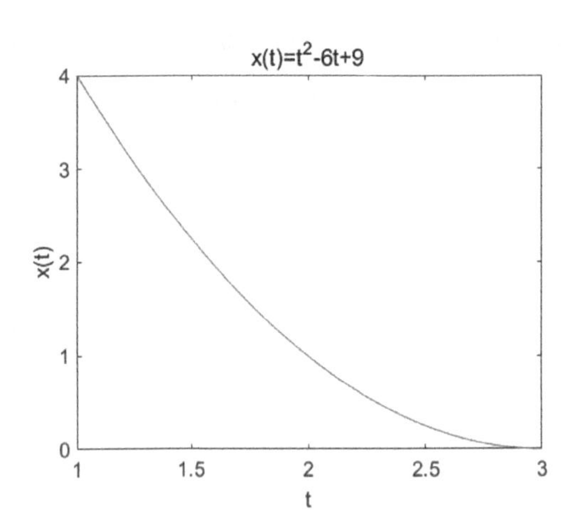

图 2-10　最优轨线 $x(t)=t^2-6t+9$

例 2.9　设性能指标泛函

$$J=\int_0^{t_f}(1+\dot{x}^2)^{1/2}\mathrm{d}t$$

其中终端时刻 t_f 自由。已知 $x(0)=1$,要求

$$x(t_f)=\varphi(t_f)=2-t_f$$

求使泛函为极值的最优曲线 $x^*(t)$及相应的 $t_f{}^*$ 和 J^*。

解:本例为始端固定,t_f 自由、终端受约束的泛函极值问题。显然,所给出的指标泛函就是 $x(t)$的弧长,约束方程 $\varphi(t)=2-t$ 为平面上的斜直线,本例问题的实质是求从 $x(0)$到直线 $\varphi(t)$并使弧长最短的曲线 $x^*(t)$,如图 2-11 所示。其中 $x(t)$为一条任意的容许曲线。

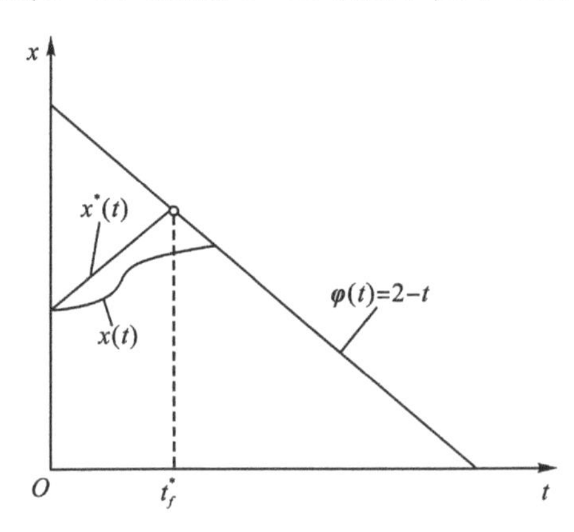

图 2-11　点到直线的最优曲线

由题意

$$L(x,\dot{x},t)=(1+\dot{x}^2)^{1/2}$$

其偏导数为

$$\frac{\partial L}{\partial x}=0,\ \frac{\partial L}{\partial \dot{x}}=\frac{\dot{x}}{(1+\dot{x}^2)^{1/2}}$$

根据欧拉方程

$$\frac{\partial L}{\partial x}-\frac{\mathrm{d}}{\mathrm{d}t}\frac{\partial L}{\partial \dot{x}}=-\frac{\mathrm{d}}{\mathrm{d}t}\left[\frac{\dot{x}}{\sqrt{1+\dot{x}^2}}\right]=0$$

求得

$$\frac{\dot{x}}{\sqrt{1+\dot{x}^2}}=c \text{ 或 } \dot{x}^2=\frac{c^2}{1-c^2}=a^2$$

式中，c 为积分常数；a 为待定常数。因而

$$\dot{x}(t)=a, x(t)=at+b$$

式中，b 也是待定常数。

由 $x(0)=1$，求得 $b=1$；由横截条件：

$$\left[L+(\dot{\varphi}-\dot{x})^{\mathrm{T}}\frac{\partial L}{\partial \dot{x}}\right]\bigg|_{t=t_f}=\left[\sqrt{1+\dot{x}^2}+(-1-\dot{x})\frac{\dot{x}}{\sqrt{1+\dot{x}}}\right]\bigg|_{t=t_f}=\frac{1-\dot{x}}{\sqrt{1+\dot{x}}}\bigg|_{t=t_f}=0$$

解得

$$\dot{x}(t_f)=1$$

因为 $\dot{x}(t)=a$，则 $a=1$。从而最优曲线为

$$x^*(t)=t+1$$

当 $t=t_f$时，$x(t_f)=\varphi(t_f)$，即

$$t_f+1=2-t_f$$

求出最优末端时刻 $t_f^*=0.5$。

将 $x^*(t)$及 $t_f{}^*$ 代入指标泛函，可得最优性能指标泛函 $J^*=0.707$。

针对例 2.9 中的问题，可由 MATLAB 求解，代码如下。

```
*************************** Ex2-9.mlx***************************
%定义符号型(sym)变量
syms x(t) Dx(t) a tf phi(t) Dphi(t) y
%欧拉方程
L=(1+Dx^2)^0.5
Lx =diff_x(L, x)
LDx =diff_x(L, Dx)
LDxdt =diff(LDx, t)
%由欧拉方程得
Euler=Lx-LDxdt==0
%横截条件
phi(t)=2-t
Dphi=diff(phi, t)
cond=L+(Dphi-Dx)*LDx==0
eq=subs(cond,Dx,y)
y=solve(eq)
Dx=subs(y,Dx)
%求解 x(t)
```

```
a=Dx
Dx=diff(x,t)
Euler=subs(Euler)
co=[x(0)==1,Dx(0)==a]
x(t)=dsolve(Euler,co)
%求得 tf 为
tf=solve(subs(x,t,tf)==subs(phi,t,tf),tf)
%则可得最优性能指标泛函 J 为
Dx=subs(Dx)
L=subs(L)
J=int(L,t,0,tf)
%最优曲线为
fplot(x, [0, 1/2])
hold on
fplot(phi, [0, 1/2])
title('x(t)=t+1 and \phi(t)=2-t ')
xlabel('t')
ylabel('x(t),\phi(t)')
hold off
****************************END****************************
```

运行程序结果显示：

x(t)=$t+1$

tf=

$\frac{1}{2}$

J=

$\frac{\sqrt{2}}{2}$

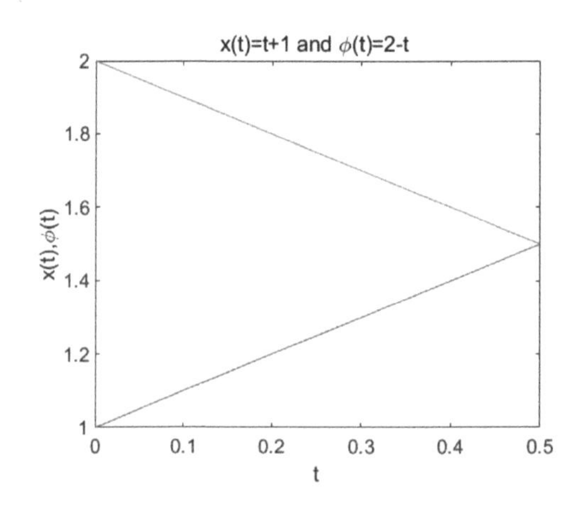

图 2-12　最优轨线 $x(t)=t+1$ 和约束曲线 $\varphi(t)=2-t$

2.3.2　特殊形式下的横截条件

(1)当目标曲线 $\boldsymbol{x}=\boldsymbol{\varphi}(t)$ 是平行横轴 t 的直线时，它相当于终端状态 $\boldsymbol{x}(t_f)$ 固定，终端时间 t_f 可变的情况，称 $\boldsymbol{x}(t_f)$ 为平动端点。在这种情况下，$\dot{\boldsymbol{\varphi}}(t)=0$，因此，式(2-31)的终端横截条件可简化为

$$\left\{L[\boldsymbol{x},\dot{\boldsymbol{x}},t]-[\dot{\boldsymbol{x}}(t)]^{\mathrm{T}}\frac{\partial L}{\partial \dot{\boldsymbol{x}}}\right\}\bigg|_{t=t_f}=0$$

(2)当目标曲线 $\boldsymbol{x}=\boldsymbol{\varphi}(t)$ 是垂直横轴 t 的直线时，如图 2-12 所示，则 $\dot{\boldsymbol{\varphi}}(t)=\infty$，式(2-31)可写成

$$\left\{\frac{L[\boldsymbol{x},\dot{\boldsymbol{x}},t]}{[\dot{\boldsymbol{\varphi}}(t)-\dot{\boldsymbol{x}}(t)]^{\mathrm{T}}}+\frac{\partial L}{\partial \dot{\boldsymbol{x}}}\right\}\bigg|_{t=t_f}=0$$

故终端横截条件变为

$$\frac{\partial L}{\partial \dot{\boldsymbol{x}}}\bigg|_{t=t_f}=0 \tag{2-32}$$

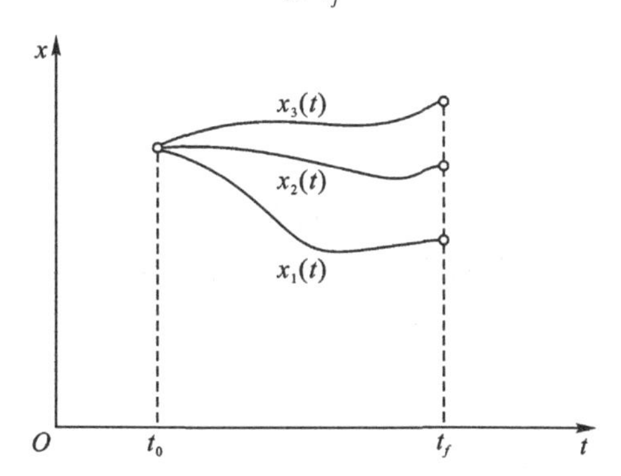

图 2-13　始端固定终端可变的边界条件

此种情况，相当于终端时刻 t_f 固定，终端状态 $\boldsymbol{x}(t)$ 自由，并称 $\boldsymbol{x}(t_f)$ 为自由端点。这时 $\delta t_f=0$，$\delta \boldsymbol{x}(t_f)\neq 0$，将其代入终端边界条件式(2-33)中也可得式(2-38)所得结果。

(3)若状态曲线 $\boldsymbol{x}(t)$ 的始端可变，终端固定，例如，始端状态 $\boldsymbol{x}(t_0)$ 只能沿着给定的目标曲线 $\boldsymbol{\Psi}(t)$ 变化时，则可用上面类似的推证求出始端横截条件为

$$\left\{[\dot{\boldsymbol{\Psi}}(t)-\dot{\boldsymbol{x}}(t)]^{\mathrm{T}}\frac{\partial L}{\partial \dot{\boldsymbol{x}}}+L[\boldsymbol{x},\dot{\boldsymbol{x}},t]\right\}\bigg|_{t=t_f}=0$$

终端边界条件为

$$\boldsymbol{x}(t_f)=\boldsymbol{x}_f$$

例 2.10　求使性能指标泛函

$$J=\int_0^{t_f}(1+\dot{x}^2)\mathrm{d}t$$

取极值的轨迹 $x^*(t)$，并要求 $x^*(0)=1$，$x(t_f)=2$。

解：本例为起点固定，终端时刻 t_f 固定，终端状态 $x(t_f)$ 自由的泛函极值问题。

由题意

$$L(x,\dot{x},t)=1+\dot{x}^2$$

其偏导数为

$$\frac{\partial L}{\partial x}=0,\ \frac{\partial L}{\partial \dot{x}}=2\dot{x}$$

欧拉方程为

$$\frac{\partial L}{\partial x}-\frac{\mathrm{d}}{\mathrm{d}t}\frac{\partial L}{\partial \dot{x}}=-\frac{\mathrm{d}}{\mathrm{d}t}(2\dot{x})=0$$

即

$$\ddot{x}=0$$

求解可得

$$x(t)=At+B$$

由 $x(0)=1$,可得 $B=1$,则有 $x(t)=At+1,\dot{x}(t)=A$。

由终端横截条件

$$\left\{L[x,\dot{x},t]-[\dot{x}(t)]^{\mathrm{T}}\frac{\partial L}{\partial \dot{x}}\right\}\Bigg|_{t=t_f}=1+\dot{x}^2-\dot{x}\cdot 2\dot{x}=1-\dot{x}^2=0$$

得

$$1-A^2=0$$

由上式解得

$$A=1 \text{ 或 } A=-1$$

则有

$$x_1(t)=t+1,x_2(t)=-t+1$$

由 $x(t_f)=2$,可得 $t_f=1$ 或 $t_f=-1$(舍弃),则有 $x^*(t)=t+1$。

将 $x^*(t)$及 $t_f{}^*$ 代入指标泛函,可得最优性能指标泛函 $J^*=2$。

针对例 2.10 中的问题,可由 MATLAB 求解,代码如下。

```
*************************** Ex2 - 10.mlx ***************************
%定义符号型(sym)变量
syms x(t) Dx(t) t   tf   C1
%欧拉方程
L=1+Dx^2
Lx =diff(L, x)
LDx =diff(L, Dx)
LDxdt =diff(LDx,t)
Euler=Lx-diff(LDx,t)==0
Dx=diff(x,t)
Euler=subs(Euler)
%代入横截条件求解
x(t)=dsolve(Euler,x(0)==1)
Dx=subs(Dx)
LDx=subs(LDx)
L=subs(L)
eq=L-Dx*LDx==0
co=x(tf)==2
[C1,tf]=solve(eq,co,tf>0)
x=subs(x)
```

```
%性能指标求解
Dx=diff(x,t)
L1=subs(L)
J1=int(L,t,0,1)
%最优轨线为
fplot(x, [0, 1])
hold on
title('x(t)=t+1')
xlabel('t')
ylabel('x(t)')
hold off
*************************** END *************************
```

运行程序结果显示：

x(t)=t+1

J =

2

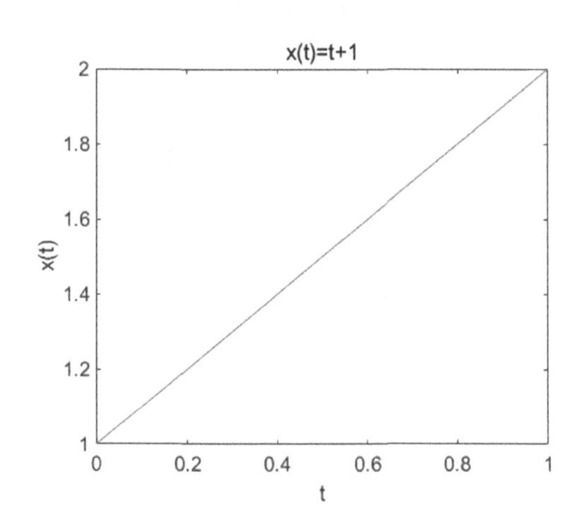

图 2-14　**最优轨线** $x^*(t)=t+1$

例 2.11　求使性能指标泛函

$$J=\int_0^1[\dot{x}^2+\dot{x}^3]\mathrm{d}t$$

取极值的轨迹 $x^*(t)$，并要求 $x^*(0)=0$，$x(1)$任意。

解:本例为起点固定，终端时刻 t_f固定，终端状态 $x(t_f)$自由的泛函极值问题。由题意

$$L(x,\dot{x},t)=\dot{x}^2+\dot{x}^3$$

其偏导数为

$$\frac{\partial L}{\partial x}=0,\ \frac{\partial L}{\partial \dot{x}}=2\dot{x}+3\dot{x}^2$$

这时的欧拉方程为

$$\frac{\partial L}{\partial x}-\frac{\mathrm{d}}{\mathrm{d}t}\frac{\partial L}{\partial \dot{x}}=-\frac{\mathrm{d}}{\mathrm{d}t}(2\dot{x}+3\dot{x}^2)=0$$

即

$$2\dot{x}+3\dot{x}^2=\text{常数}$$

于是 $\dot{x}$ 是常数，x 是时间的线性函数。令

$$x(t)=At+B$$

由 $x(0)=0$，可得 $B=0$，则有 $x(t)=At, \dot{x}(t)=A$。

由终端横截条件

$$\left(\frac{\partial L}{\partial \dot{x}}\right)\bigg|_{t=1}=(2\dot{x}+3\dot{x}^2)\big|_{t=1}=0$$

可得

$$2A+3A^2=0$$

由上式解得

$$A=0, A=-\frac{2}{3}$$

$A=-\frac{2}{3}$时的极值轨迹 0 为

$$x^*(t)=-\frac{2}{3}t$$

容易验证 $x(t)=0, J=0$ 时，对应局部极小；$x(t)=-\frac{2}{3}t$，$J=\frac{4}{27}$时，对应局部极大。

针对例 2.11 中的问题，可由 MATLAB 求解，代码如下。

```
************************** Ex2 - 11.mlx**************************
%定义符号型(sym)变量
syms x(t) Dx(t) A B t y x1(t) x2(t) Dx1(t)
%欧拉方程
L=Dx^3+Dx^2
Lx =diff(L, x)
LDx =diff(L, Dx)
LDxdt =diff(LDx,t)
Euler=Lx-diff(LDx,t)==0
Dx=diff(x,t)
Euler=subs(Euler)
%横截条件
LDx=subs(LDx)
eq=subs(LDx,Dx,y)
y=solve(eq==0,y)
Dx(t)=subs(y,Dx)
A=Dx(t)
%代入条件解得
Dx=diff(x,t)
co1=[x(0)==0,Dx(0)==A(1)]
co2=[x(0)==0,Dx(0)==A(2)]
```

```
x1(t)=dsolve(Euler,co1)
x2(t)=dsolve(Euler,co2)
Dx=diff(x1,t)
L1=subs(L)
J1=int(L1,t,0,1)
Dx=diff(x2,t)
L2=subs(L)
J2=int(L2,t,0,1)
%最优轨线为
x=[x1 x2]
fplot(x, [0, 1])
hold on
title('x1(t)=-(2/3)*t and x2(t)=0')
xlabel('t')
ylabel('x(t)')
hold off
**************************** END **************************
```

运行程序结果显示：

x1(t) =

$-\frac{2t}{3}$

x2(t) =

0

J1 =

$\frac{4}{27}$

J2 =

0

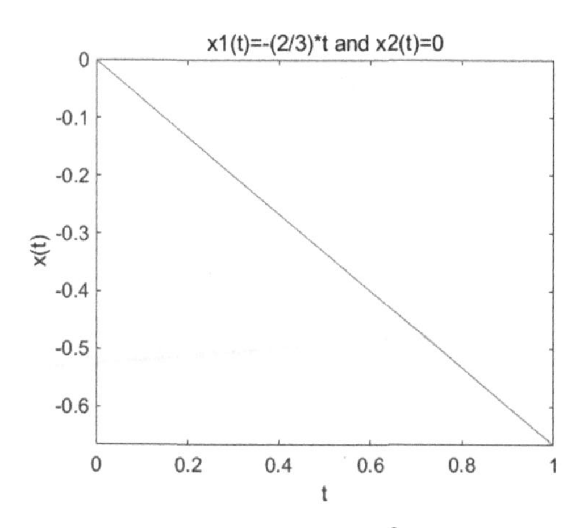

图 2-15　最优轨线 $x_1(t)=-\frac{2}{3}t$ **和** $x_2(t)=0$

习　　题

2-1　设性能泛函为 $J=\int_0^{t_f}(t^2+x^2+\dot{x}^2)\mathrm{d}t$，试求 δJ 的表达式。

2-2　设泛函为 $J=\int_0^1[x^2(t)+tx(t)]\mathrm{d}t$，试求：(1) δJ 的表达式。(2)当 $x(t)=t^2$，$\delta x=0.1t$ 和 $\delta x=0.2t$ 时，δJ 的值。

2-3　求泛函 $J=\int_1^2(\dot{x}+\dot{x}t^2)\mathrm{d}t$，满足边界条件 $x(1)=1$，$x(2)=2$ 的极值曲线 $x^*(t)$，并判别泛函极值的性质。

2-4　求使性能泛函 $J=\int_1^{t_f}\left[2x(t)+\frac{1}{2}\dot{x}^2(t)\right]\mathrm{d}t$，满足已知边界条件为 $x(1)=4$，$x(t_f)=4$ 的极值曲线。

2-5　求泛函 $J=\int_0^1\left(\frac{1}{2}\dot{x}^2+x\dot{x}+\dot{x}+x\right)\mathrm{d}t$ 的极值轨迹，已知边界条件为 $x(0)=\frac{1}{2}$，$x(1)$自由。

2-6　求泛函 $J(x)=\int_{t_0}^{t_1}\frac{\sqrt{1+\dot{x}^2}}{V(\dot{x})}\mathrm{d}t$，$x(t_0)=0$，$x(t_1)=2$ 的极值曲线。

2-7　求 $J(x_1,x_2)=\int_0^5\sqrt{1+\dot{x}_1{}^2+\dot{x}_2{}^2}\,\mathrm{d}t$，满足边界条件 $x_1(0)=-5$，$x_1(5)=0$，$x_2(0)=0$，$x_2(5)=\pi$ 和约束条件 $x_1{}^2+t^2=25$ 的极值曲线。

2-8　试利用公式 $\delta J=\frac{\partial}{\partial\alpha}J[x+\alpha\delta x]\Big|_{\alpha=0}$，求泛函 $J=\int_{t_0}^{t_f}L(x,\dot{x},\ddot{x})\mathrm{d}t$ 的变分，并写出在此情况下的欧拉方程。利用上述结论，求泛函 $J=\int_{-1}^1(\ddot{x}^2+8x)\mathrm{d}t$ 在边界条件 $x(-1)=\dot{x}(-1)=0$，$x(1)=\dot{x}(1)=0$ 下的极值曲线。

2-9　试求在约束 $g(\dot{x},x,t)=0$ 条件下，使泛函 $J[x(t)]=\Phi[x(t_f)]+\int_{t_a}^{t_f}L(x,\dot{x},t)\mathrm{d}t$ 取最小值的必要条件，其中，$x(t_a)=x_0$，t_f固定。

最优控制中的变分法

第3章

最优控制所要解决的问题是按照控制对象的动态特性选择一个容许控制，使得被控对象按照技术要求运转，同时使某一性能指标达到最优值。从数学角度看，就是求解一类带有约束条件的泛函极值问题，显然，这是一个变分问题，因此在最优控制理论中，变分法是一个重要的基础。

在前面讨论泛函极值问题所得到的结论，往往还不能直接用于求解最优控制问题。这是因为在前面研究变分问题时，没有对容许曲线 $\boldsymbol{x}(t)$附加任何条件，而实际系统要实现最优控制，首先容许曲线 $\boldsymbol{x}(t)$应满足系统状态方程，其次要使提出的某一控制目标（性能指标）最优。也就是说，在最优控制中，容许函数 $\boldsymbol{x}(t)$除了要满足前面已讨论的端点限制条件外，还应满足某些约束条件如系统的状态方程，它可以看成是一种等式约束条件。在这种情况下，可采用拉格朗日乘子法，将具有状态方程约束（等式约束）的变分问题，转化成一种等价的无约束变分问题。从而将在等式约束下对泛函 J 求极值的最优控制问题，转化为在无约束条件下求哈密顿函数 H 的极值问题。这种方法称为哈密顿方法，只适用于对控制变量和状态变量均没有约束的情况，即无约束优化问题。

3.1　固定端点的最优控制问题

设系统的状态方程为

$$\dot{\boldsymbol{x}}(t)=\boldsymbol{f}[\boldsymbol{x}(t),\boldsymbol{u}(t),t] \tag{3-1}$$

式中，$\boldsymbol{x}(t)$为 n 维状态向量；$\boldsymbol{u}(t)$为 r 维控制向量；$\boldsymbol{f}$ 为 n 维向量函数。

系统的始端和终端满足

$$\boldsymbol{x}(t_0)=\boldsymbol{x}_0,\boldsymbol{x}(t_f)=\boldsymbol{x}_f \tag{3-2}$$

系统的性能指标泛函

$$J=\int_{t_0}^{t_f}L[\boldsymbol{x}(t),\boldsymbol{u}(t),t]\mathrm{d}t \tag{3-3}$$

试确定最优控制向量 $\boldsymbol{u}^*(t)$和最优曲线 $\boldsymbol{x}^*(t)$，使系统式(3-1)由已知初态 $\boldsymbol{x}_0$转移到终态 $\boldsymbol{x}_f$，并使给定的指标泛函式(3-3)达到极值。

上述问题是一个有等式约束的泛函极值问题，但根据前面讨论的拉格朗日乘子法，可把状态方程看作是对泛函的约束，因此采用拉格朗日乘子法后，就把有约束泛函极值问题转化为无约束泛函极值问题。将式(3-1)的状态方程写成

$$f[\boldsymbol{x}(t),\boldsymbol{u}(t),t]-\dot{\boldsymbol{x}}(t)=0$$

并引入拉格朗日乘子向量 $\boldsymbol{\lambda}(t)=[\lambda_1(t),\lambda_2(t),\cdots,\lambda_n(t)]^{\mathrm{T}}$，构造下列泛函

$$J=\int_{t_0}^{t_f}\{L[\boldsymbol{x},\boldsymbol{u},t]+\boldsymbol{\lambda}^{\mathrm{T}}(t)[\boldsymbol{f}[\boldsymbol{x},\boldsymbol{u},t]-\dot{\boldsymbol{x}}(t)]\}\mathrm{d}t \tag{3-4}$$

现引入一个标量函数

$$H[\boldsymbol{x}(t),\boldsymbol{u}(t),\boldsymbol{\lambda}(t),t]=L[\boldsymbol{x}(t),\boldsymbol{u}(t),t]+\boldsymbol{\lambda}^{\mathrm{T}}(t)\boldsymbol{f}[\boldsymbol{x}(t),\boldsymbol{u}(t),t] \tag{3-5}$$

式中，H 为哈密顿函数，它是 $\boldsymbol{x}(t)$、$\boldsymbol{u}(t)$、$\boldsymbol{\lambda}(t)$和 t 的函数。

由式(3-4)和式(3-5)，得

$$J=\int_{t_0}^{t_f}\{H[\boldsymbol{x}(t),\boldsymbol{u}(t),\boldsymbol{\lambda}(t),t]-\boldsymbol{\lambda}^{\mathrm{T}}\dot{\boldsymbol{x}}(t)\}\mathrm{d}t \tag{3-6}$$

将式(3-6)的最后一项，利用分部积分变换后，得

$$J=\int_{t_0}^{t_f}\{H[\boldsymbol{x}(t),\boldsymbol{u}(t),\boldsymbol{\lambda}(t),t]+\dot{\boldsymbol{\lambda}}^{\mathrm{T}}(t)\boldsymbol{x}(t)\}\mathrm{d}t-\boldsymbol{\lambda}^{\mathrm{T}}(t)\boldsymbol{x}(t)\Big|_{t=t_0}^{t=t_f} \tag{3-7}$$

根据泛函极值存在的必要条件，式(2-45)取极值的必要条件是一阶变分为零，即 $\delta J=0$。在式(3-7)中引起泛函 J 变分的是控制变量 $\boldsymbol{u}(t)$和状态变量 $\boldsymbol{x}(t)$的变分 $\delta\boldsymbol{u}(t)$和 $\delta\boldsymbol{x}(t)$，将式(3-7)对它们分别取变分，则得

$$\delta J=\int_{t_0}^{t_f}\left[\left(\frac{\partial H}{\partial \boldsymbol{u}}\right)^{\mathrm{T}}\delta\boldsymbol{u}+\left(\frac{\partial H}{\partial \boldsymbol{x}}\right)^{\mathrm{T}}\delta\boldsymbol{x}+\dot{\boldsymbol{\lambda}}^{\mathrm{T}}\delta\boldsymbol{x}\right]\mathrm{d}t-\boldsymbol{\lambda}^{\mathrm{T}}\delta\boldsymbol{x}\Big|_{t=t_0}^{t=t_f}=0 \tag{3-8}$$

式中，$\delta\boldsymbol{x}=[\delta x_1,\delta x_2,\cdots,\delta x_n]^{\mathrm{T}}$；$\delta\boldsymbol{u}=[\delta u_1,\delta u_2,\cdots,\delta u_n]^{\mathrm{T}}$。

由于应用了拉格朗日乘子法后，按无约束问题处理，因此 $\boldsymbol{x}(t)$和 $\boldsymbol{u}(t)$可看作彼此独立，$\delta\boldsymbol{x}$ 和 $\delta\boldsymbol{u}$ 不受约束，即 $\delta\boldsymbol{x}$ 和 $\delta\boldsymbol{u}$ 是任意的。换言之，$\delta\boldsymbol{x}\neq0$，$\delta\boldsymbol{u}\neq0$，因此，从式(3-8)可得泛函极值存在的必要条件为

伴随方程：

$$\dot{\boldsymbol{\lambda}}=-\frac{\partial H}{\partial \boldsymbol{x}} \tag{3-9}$$

控制方程：

$$\frac{\partial H}{\partial \boldsymbol{u}}=0 \tag{3-10}$$

横截条件：

$$\boldsymbol{\lambda}^{\mathrm{T}}\delta x\Big|_{t=t_0}^{t=t_f}=0 \tag{3-11}$$

另外根据哈密顿函数式(3-5)，可得状态方程：

$$\dot{\boldsymbol{x}}=\frac{\partial H}{\partial \boldsymbol{\lambda}}=f[\boldsymbol{x}(t),\boldsymbol{u}(t),t] \tag{3-12}$$

式(3-9)为伴随方程或协状态方程。因为在式(3-9)中 $\boldsymbol{x}(t)$和 $\boldsymbol{\lambda}(t)$形式上与式(3-12)所示的状态方程中 $\boldsymbol{x}(t)$和 $\boldsymbol{\lambda}(t)$是相应的，状态方程中的 $\dot{\boldsymbol{x}}(t)$对应于伴随方程中的 $\dot{\boldsymbol{\lambda}}(t)$，状态方程中的$\frac{\partial H}{\partial \boldsymbol{\lambda}}$对应于伴随方程中的$\frac{\partial H}{\partial \boldsymbol{x}}$，仅相差一个符号而已，因此“伴随”一词由此而来。正因为它们对应，故一个称为状态方程，而另一个称为协状态方程，简称协态方程。因此，$\boldsymbol{\lambda}(t)$就称为伴随向量或协态向量。

式(3-10)称为控制方程。因为从$\frac{\partial H}{\partial \boldsymbol{u}}=0$可求出$\boldsymbol{u}(t)$与$\boldsymbol{x}(t)$和$\boldsymbol{\lambda}(t)$的关系，它把状态方程与伴随方程联系起来，故又称为耦合方程。

式(3-11)称为横截条件，反映端点的边界情况。由于始端和终端都固定，有$\delta\boldsymbol{x}(t_0)=0$，$\delta\boldsymbol{x}(t_f)=0$，故横截条件为$\boldsymbol{x}(t_0)=\boldsymbol{x}_0$，$\boldsymbol{x}(t_f)=\boldsymbol{x}_f$。

式(3-9)至式(3-12)就是最优控制问题式(3-3)的最优解的必要条件。这些公式也可从欧拉方程导出。若将式(3-6)中的被积分部分改写成

$$G[\boldsymbol{x}(t),\boldsymbol{u}(t),\boldsymbol{\lambda}(t),t]=H[\boldsymbol{x}(t),\boldsymbol{u}(t),\boldsymbol{\lambda}(t),t]-\boldsymbol{\lambda}^{\mathrm{T}}(t)\dot{\boldsymbol{x}}(t)$$

则

$$J=\int_{t_0}^{t_f}G[\boldsymbol{x}(t),\boldsymbol{u}(t),\boldsymbol{\lambda}(t),t]\mathrm{d}t$$

由此可得

$$\begin{cases}\frac{\partial G}{\partial \boldsymbol{x}}-\frac{\mathrm{d}}{\mathrm{d}t}\frac{\partial G}{\partial \dot{\boldsymbol{x}}}=0\\ \frac{\partial G}{\partial \boldsymbol{\lambda}}-\frac{\mathrm{d}}{\mathrm{d}t}\frac{\partial G}{\partial \dot{\boldsymbol{\lambda}}}=0\\ \frac{\partial G}{\partial \boldsymbol{u}}-\frac{\mathrm{d}}{\mathrm{d}t}\frac{\partial G}{\partial \dot{\boldsymbol{u}}}=0\end{cases}\Rightarrow\begin{cases}\dot{\boldsymbol{\lambda}}=-\frac{\partial H}{\partial \boldsymbol{x}}\\ \dot{\boldsymbol{x}}=\frac{\partial H}{\partial \boldsymbol{\lambda}}=\boldsymbol{f}[\boldsymbol{x},\boldsymbol{u},t]\\ \frac{\partial H}{\partial \boldsymbol{u}}=0\end{cases}$$

状态方程与伴随方程通常合称为正则方程，其标量形式为

$$\frac{\mathrm{d}x_i}{\mathrm{d}t}=\frac{\partial H}{\partial \lambda_i}=f_i[\boldsymbol{x},\boldsymbol{u},t]\quad i=1,2,\cdots,n$$

$$\frac{\mathrm{d}\lambda_i}{\mathrm{d}t}=-\frac{\partial H}{\partial x_i}\quad i=1,2,\cdots,n$$

式中，$x_i(t)$为第i个状态变量；$\lambda_i(t)$为i个伴随变量。故共有$2n$个变量$x_i(t)$和$\lambda_i(t)$，同时就有$2n$个边界条件：

$$x_i(t_0)=x_{i0},x_i(t_f)=x_{if},i=1,2,\cdots,n$$

在固定端点的问题中，正则方程的边界条件是给定始端状态$\boldsymbol{x}_0$和终端状态$\boldsymbol{x}_f$。由联立方程可解得两个未知函数，在微分方程求解中，这类问题称为两点边值问题。

从$\frac{\partial H}{\partial \boldsymbol{u}}=0$可求得最优控制$\boldsymbol{u}^*(t)$与$\boldsymbol{x}(t)$和$\boldsymbol{\lambda}(t)$的函数关系，将其代入正则方程组消去$\boldsymbol{u}(t)$，就可求得$\boldsymbol{x}^*(t)$和$\boldsymbol{\lambda}^*(t)$的唯一解，它们被称为最优曲线和最优伴随向量。

综上所述，用哈密顿方法求解最优控制问题是将求泛函J的极值问题转化为求哈密顿函数H的极值问题。

哈密顿函数的下述性质很重要，在求解最优问题时常会用到。

因为全导数等于各偏导数之和，所以哈密顿函数对时间的全导数为

$$\begin{aligned}\frac{\mathrm{d}H}{\mathrm{d}t}&=\frac{\partial H}{\partial x_1}\frac{\mathrm{d}x_1}{\mathrm{d}t}+\cdots+\frac{\partial H}{\partial x_n}\frac{\mathrm{d}x_n}{\mathrm{d}t}+\frac{\partial H}{\partial u_1}\frac{\mathrm{d}u_1}{\mathrm{d}t}+\cdots+\frac{\partial H}{\partial u_r}\frac{\mathrm{d}u_r}{\mathrm{d}t}+\frac{\partial H}{\partial \lambda_1}\frac{\mathrm{d}\lambda_1}{\mathrm{d}t}+\cdots+\frac{\partial H}{\partial \lambda_n}\frac{\mathrm{d}\lambda_n}{\mathrm{d}t}+\frac{\partial H}{\partial t}\\&=\left(\frac{\partial H}{\partial \boldsymbol{x}}\right)^{\mathrm{T}}\dot{\boldsymbol{x}}+\left(\frac{\partial H}{\partial \boldsymbol{u}}\right)^{\mathrm{T}}\dot{\boldsymbol{u}}+\left(\frac{\partial H}{\partial \boldsymbol{\lambda}}\right)^{\mathrm{T}}\dot{\boldsymbol{\lambda}}+\frac{\partial H}{\partial t}\end{aligned}\tag{3-13}$$

利用极值的必要条件式(3-9)至式(3-12),式(3-12)变为

$$\frac{\mathrm{d}H}{\mathrm{d}t}=\frac{\partial H}{\partial t} \tag{3-14}$$

由此可见,哈密顿函数的一个重要性质是,沿最优曲线哈密顿函数对时间的全导数等于对时间的偏导数。当 H 不显含 t 时,则有

$$\frac{\partial H}{\partial t}=0 \tag{3-15}$$

这就是说,若 H 不显含 t 时,沿最优曲线哈密顿函数恒等于常数。

鉴于上述内容极为重要,把它归纳成下列定理。

定理 3-1 设系统的状态方程为

$$\dot{\boldsymbol{x}}(t)=f[\boldsymbol{x}(t),\boldsymbol{u}(t),t]$$

则把状态 $\boldsymbol{x}(t)$ 自始端 $\boldsymbol{x}(t_0)=\boldsymbol{x}_0$,转移到终端 $\boldsymbol{x}(t_f)=\boldsymbol{x}_f$,并使性能指标泛函

$$J=\int_{t_0}^{t_f}L[\boldsymbol{x}(t),\boldsymbol{u}(t),t]\mathrm{d}t$$

取极值,以实现最优控制的必要条件如下:

(1)最优曲线 $\boldsymbol{x}^*(t)$ 和最优伴随向量 $\boldsymbol{\lambda}^*(t)$ 满足正则方程

$$\dot{\boldsymbol{x}}(t)=\frac{\partial H}{\partial \boldsymbol{\lambda}}$$

$$\dot{\boldsymbol{\lambda}}(t)=-\frac{\partial H}{\partial \boldsymbol{x}}$$

式中,
$$H[\boldsymbol{x}(t),\boldsymbol{u}(t),t]=L[\boldsymbol{x},\boldsymbol{u},t]+\boldsymbol{\lambda}^{\mathrm{T}}(t)f(\boldsymbol{x},\boldsymbol{u},t)$$

(2)最优控制 $\boldsymbol{u}^*(t)$ 满足控制方程

$$\frac{\partial H}{\partial \boldsymbol{u}}=0$$

(3)边界条件

$$\boldsymbol{x}(t_0)=\boldsymbol{x}_0,\boldsymbol{x}(t_f)=\boldsymbol{x}_f$$

对于以上等式约束(状态方程约束)问题,也可利用状态方程得到 $\boldsymbol{u}(t)$ 与 $\boldsymbol{x}(t)$ 和 $\dot{\boldsymbol{x}}(t)$ 的关系,然后将其代入性能指标泛函中,可得如下形式:

$$J=\int_{t_0}^{t_f}L[\boldsymbol{x}(t),\dot{\boldsymbol{x}}(t),t]\mathrm{d}t$$

此时就变成无约束的最优控制问题,可利用前面所述的欧拉方程进行求解。

由上可知,最优控制的计算步骤可归纳如下。

第 1 步 构造哈密顿函数

$$H(\boldsymbol{x},\boldsymbol{\lambda},\boldsymbol{u},t)=L(\boldsymbol{x},\boldsymbol{u},t)+\boldsymbol{\lambda}^{\mathrm{T}}\boldsymbol{f}(\boldsymbol{x},\boldsymbol{u},t)$$

根据 $\dfrac{\partial H}{\partial \boldsymbol{u}}=0$,求出 $\boldsymbol{u}^*=\boldsymbol{u}(\boldsymbol{x},\boldsymbol{\lambda})$。

第 2 步 以 $\boldsymbol{u}^*=\boldsymbol{u}(\boldsymbol{x},\boldsymbol{\lambda})$ 代入正则方程,消去 $\boldsymbol{u}$,解两点边值问题:

$$\begin{cases}\dot{\boldsymbol{x}}=\boldsymbol{f}[\boldsymbol{x},\boldsymbol{u}(\boldsymbol{x},\boldsymbol{\lambda}),t],\ \boldsymbol{x}(t_0)=\boldsymbol{x}_0\\ \dot{\boldsymbol{\lambda}}=-\dfrac{\partial H}{\partial \boldsymbol{x}},\boldsymbol{x}(t_f)=\boldsymbol{x}_f\end{cases}$$

得
$$\boldsymbol{x}=\boldsymbol{x}^*(t),\boldsymbol{\lambda}=\boldsymbol{\lambda}^*(t)$$

第 3 步　以 $\boldsymbol{x}=\boldsymbol{x}^*(t),\boldsymbol{\lambda}=\boldsymbol{\lambda}^*(t)$ 代入 $\boldsymbol{u}^*=\boldsymbol{u}(\boldsymbol{x},\boldsymbol{\lambda})$得到所求的最优控制为

$$\boldsymbol{u}^*=\boldsymbol{u}[\boldsymbol{x}^*(t),\boldsymbol{\lambda}^*(t)]=\boldsymbol{u}(t)$$

例 3.1　设人造地球卫星姿态控制系统的状态方程为

$$\dot{\boldsymbol{x}}(t)=\begin{bmatrix}0&1\\0&0\end{bmatrix}\boldsymbol{x}(t)+\begin{bmatrix}0\\1\end{bmatrix}u(t)$$

性能指标泛函取

$$J=\frac{1}{2}\int_0^1 u^2(t)\mathrm{d}t$$

边界条件为

$$\boldsymbol{x}(0)=\begin{bmatrix}1\\1\end{bmatrix},\boldsymbol{x}(1)=\begin{bmatrix}0\\0\end{bmatrix}$$

试求使指标函数取极值的最优曲线 $\boldsymbol{x}^*(t)$和最优控制 $u^*(t)$。

解:由题意

$$L=\frac{1}{2}u^2,\boldsymbol{\lambda}^{\mathrm{T}}=[\lambda_1\quad\lambda_2]$$

构造哈密顿函数

$$H=\frac{1}{2}u^2+\lambda_1x_2+\lambda_2u$$

则由伴随方程和控制方程得

$$\dot{\lambda}_1=-\frac{\partial H}{\partial x_1}=0,\qquad \lambda_1=c_1$$

$$\dot{\lambda}_2=-\frac{\partial H}{\partial x_2}=-\lambda_1,\quad \lambda_2=-c_1t+c_2$$

$$\frac{\partial H}{\partial u}=u+\lambda_2=0,\qquad u=-\lambda_2=c_1t-c_2$$

由状态方程可得

$$\dot{x}_2=u=c_1t-c_2,\qquad x_2=\frac{1}{2}c_1t^2-c_2t+c_3$$

$$\dot{x}_1=x_2=\frac{1}{2}c_1t^2-c_2t+c,\quad x_1=\frac{1}{6}c_1t^3-\frac{1}{2}c_2t^2+c_3t+c_4$$

代入已知边界条件 $x_1(0)=1$，$x_2(0)=1$,$x_1(1)=0$,$x_2(1)=0$,可求得常数 c_1,c_2,c_3,c_4为

$$c_1=18,c_2=10,c_3=1\ ,c_4=1$$

于是最优曲线为

$$x_1^*(t)=3t^3-5t^2+t+1$$

$$x_2^*(t)=9t^2-10t+1$$

最优控制为

$$u^*(t)=18t-10$$

针对例 3.1 中的问题,可由 MATLAB 求解,代码如下。

```
***************************Ex3 - 1.mlx***************************
%定义符号型(sym)变量
syms x1(t) x2(t) u(t) lambd1(t) lambd2(t) ut
%哈密顿函数
L=1/2 * u^2
H=L+lambd1 * x2+lambd2 * u
%伴随方程
eq1 = diff(lambd1, t)==-diff(H, x1)
eq2 = diff(lambd2, t)==-diff(H, x2)
eq = [eq1, eq2]
syms C1 C2 C3
co1 = lambd1(0)==C1;co2 = lambd2(0)==C2;
co = [co1, co2]
[lambd1(t), lambd2(t)] = dsolve(eq, co)
%控制方程和状态方程
equ=diff(H,u)==0
equ=subs(equ)
equ=subs(equ, u, ut)
u(t)=solve(equ, ut)
eqs1 = diff(x1, t)==x2
eqs2 = diff(x2, t)==u
eqs = [eqs1, eqs2]
co = [x1(0)==1, x2(0)==1]
[x1, x2] =dsolve(eqs, co)
[C1, C2]=solve(subs(x1,t,1)==0,subs(x2,t,1)==0)
%则最优曲线和最优伴随向量为
x1(t)=collect(subs(x1),t)
x2(t)=subs(x2)
lambd1(t)=subs(lambd1)
lambd2(t)=subs(lambd2)
%最优控制为
u(t)=subs(u)
L=subs(L)
J=int(L,t,0,1)
%最优曲线图为
fplot(@(t) x1(t), [0, 2]);
hold on;
```

```
fplot(@(t) x2(t), [0, 2]);
title('x1(t)=0.5t^3-1.75t^2+t+1 and x2(t)=1.5t^2-3.5t+1')
xlabel('t');
ylabel('x1(t), x2(t)');
hold off;
fplot(@(t) lambd1(t), [0, 2]);
hold on;
fplot(@(t) u(t), [0, 2]);
hold on;
title('u(t)=3t-3.5t')
xlabel('t');
ylabel('u(t)');
hold off;
*************************** END ***************************
```

程序运行结果：

x1(t) $=3t^3-5t^2+t+1$

x2(t) $=9t^2-10t+1$

u(t) $=18t-10$

J = 14

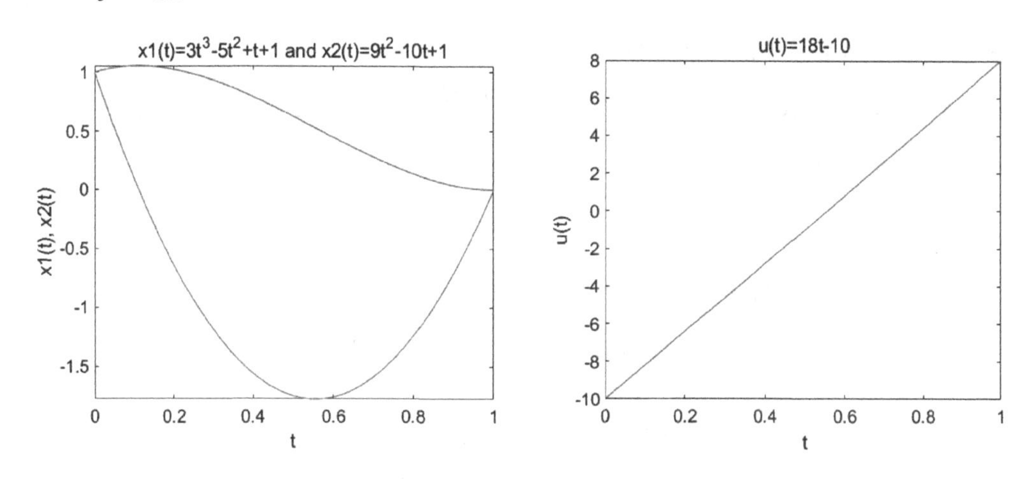

图 3－1　例 3.1 的最优曲线 $x(t)$ 和最优控制 $u(t)$

3.2 可变端点的最优控制问题

对可变端点的最优控制问题，假定始端固定，终端可变。设系统的状态方程为

$$\dot{\boldsymbol{x}}(t)=\boldsymbol{f}[\boldsymbol{x}(t),\boldsymbol{u}(t),t] \tag{3-16}$$

式中，$\boldsymbol{x}(t)$ 为 n 维状态向量；$\boldsymbol{u}(t)$ 为 r 维控制向量；$\boldsymbol{f}$ 为 n 维向量函数。

系统的始端满足

$$\boldsymbol{x}(t_0)=\boldsymbol{x}_0 \tag{3-17}$$

而系统的性能指标泛函为

$$J=\Phi[\boldsymbol{x}(t_f),t_f]+\int_{t_0}^{t_f}L[\boldsymbol{x}(t),\boldsymbol{u}(t),t]\mathrm{d}t \tag{3-18}$$

试确定最优控制向量 $\boldsymbol{u}^*(t)$和最优曲线 $\boldsymbol{x}^*(t)$，使系统式(3-16)由已知初态 $\boldsymbol{x}_0$ 转移到要求的终端，并使给定的性能指标式(3-18)达到极值。

对于终端边界条件可分为两类共六种情况：

(1)终端时刻 t_f固定时，终端状态 $x(t_f)$自由、有约束、固定；

(2)终端时刻 t_f可变时，终端状态 $x(t_f)$自由、有约束、固定。

其中，终端时刻 t_f和终端状态 $x(t_f)$ 都固定，属于固定端点的最优控制问题，下面讨论其他几种不同情况。

1. 终端时刻 t_f 固定，终端状态 $\boldsymbol{x}(t_f)$自由

引入拉格朗日乘子向量，将问题转化成无约束变分问题，再定义一个如式(3-5)所示的哈密顿函数，则可得

$$\begin{aligned}J&=\Phi[\boldsymbol{x}(t_f),t_f]+\int_{t_0}^{t_f}\{H[\boldsymbol{x}(t),\boldsymbol{u}(t),\boldsymbol{\lambda}(t),t]-\boldsymbol{\lambda}^{\mathrm{T}}(t)\dot{\boldsymbol{x}}(t)\}\mathrm{d}t\\&=\Phi[\boldsymbol{x}(t_f),t_f]+\int_{t_0}^{t_f}\{H[\boldsymbol{x}(t),\boldsymbol{u}(t),\boldsymbol{\lambda}(t),t]+\dot{\boldsymbol{\lambda}}^{\mathrm{T}}(t)\boldsymbol{x}(t)\}\mathrm{d}t-\boldsymbol{\lambda}^{\mathrm{T}}(t)\boldsymbol{x}(t)\Big|_{t=t_0}^{t=t_f}\end{aligned} \tag{3-19}$$

系统性能指标泛函 J 的一次变分为

$$\delta J=\left(\frac{\partial\Phi}{\partial x}\right)^{\mathrm{T}}\delta\boldsymbol{x}\Big|_{t=t_f}+\int_{t_0}^{t_f}\left[\left(\frac{\partial H}{\partial\boldsymbol{u}}\right)^{\mathrm{T}}\delta\boldsymbol{u}+\left(\frac{\partial H}{\partial\boldsymbol{x}}\right)^{\mathrm{T}}\delta\boldsymbol{x}+\dot{\boldsymbol{\lambda}}^{\mathrm{T}}\delta\boldsymbol{x}\right]\mathrm{d}t-\boldsymbol{\lambda}^{\mathrm{T}}\delta\boldsymbol{x}\Big|_{t=t_0}^{t=t_f}$$

泛函极值存在的必要条件为 $\delta J=0$，并考虑到 $\delta\boldsymbol{x}(t_0)=0$，则可得

$$\delta J=\left[\left(\frac{\partial\Phi}{\partial\boldsymbol{x}}\right)^{\mathrm{T}}-\boldsymbol{\lambda}^{\mathrm{T}}\right]\delta\boldsymbol{x}\Big|_{t=t_f}+\int_{t_0}^{t_f}\left[\left(\frac{\partial H}{\partial\boldsymbol{x}}\right)^{\mathrm{T}}+\dot{\boldsymbol{\lambda}}^{\mathrm{T}}\right]\delta\boldsymbol{x}\mathrm{d}t+\int_{t_0}^{t_f}\left(\frac{\partial H}{\partial\boldsymbol{u}}\right)^{\mathrm{T}}\delta\boldsymbol{u}\mathrm{d}t=0 \tag{3-20}$$

因此由式(3-20)可得式(3-18)存在极值的必要条件为

$$\begin{cases}\text{状态方程} & \dot{\boldsymbol{x}}=\dfrac{\partial H}{\partial\boldsymbol{\lambda}}=\boldsymbol{f}[\boldsymbol{x},\boldsymbol{u},t]\\ \text{伴随方程} & \dot{\boldsymbol{\lambda}}=-\dfrac{\partial H}{\partial\boldsymbol{x}}\\ \text{控制方程} & \dfrac{\partial H}{\partial\boldsymbol{u}}=0\\ \text{横截条件} & \boldsymbol{\lambda}(t_f)=\dfrac{\partial\Phi}{\partial\boldsymbol{x}}\Big|_{t=t_f}\\ \text{始端边界} & \boldsymbol{x}(t_0)=\boldsymbol{x}_0\end{cases} \tag{3-21}$$

例 3-2 设系统的状态方程为

$$\dot{x}_1(t)=x_2(t),\dot{x}_2(t)=u(t),$$

初始条件为 $x(0)=1,x_2(0)=1$；终端条件为 $x_1(1)=0,x_2(1)$自由。求最优控制 $u(t)$，使性

能指标泛函

$$J = \frac{1}{2}\int_0^1 u^2(t)\mathrm{d}t$$

取极小值。

解:由题意知

$$\Phi[\boldsymbol{x}(t_f), t_f]=0, L(\cdot)=\frac{1}{2}u^2(t)$$

构造哈密顿函数

$$H=\frac{1}{2}u^2+\lambda_1 x_2+\lambda_2 u$$

则由伴随方程和控制方程得

$$\dot{\lambda}_1=-\frac{\partial H}{\partial x_1}=0, \qquad \lambda_1=c_1$$

$$\dot{\lambda}_2=-\frac{\partial H}{\partial x_2}=-\lambda_1, \quad \lambda_2=-c_1 t+c_2$$

$$\frac{\partial H}{\partial u}=u+\lambda_2=0, \qquad u=-\lambda_2=c_1 t-c_2$$

由状态方程可得

$$x_1(t)=\frac{1}{6}c_1 t^3-\frac{1}{2}c_2 t^2+c_3 t+c_4$$

$$x_2(t)=\frac{1}{2}c_1 t^2-c_2 t+c_3$$

横截条件为

$$\lambda_2(1)=\frac{\partial \Phi}{\partial x_2(1)}=0$$

利用已知边界条件 $x_1(0)=1$, $x_2(0)=1$,$x_1(1)=0$ 及横截条件,可得

$$c_1=c_2=6, c_3=c_4=1$$

则最优解为

$$u^*(t)=6t-6$$

$$x_1{}^*(t)=1+t-3t^2+t^3$$

$$x_2{}^*(t)=1-6t+3t^2$$

针对例 3.2 中的问题,可由 MATLAB 求解,代码如下。

```
**************************** Ex3 - 2.mlx****************************
%定义符号型(sym)变量
syms x1(t) x2(t) u(t) lambd1(t) lambd2(t) C1 C2 ut
%哈密顿函数
L=1/2*u^2
H=L+lambd1*x2+lambd2*u
%伴随方程
eq1 = diff(lambd1, t)==-diff(H, x1)
eq2 = diff(lambd2, t)==-diff(H, x2)
```

```
eq = [eq1, eq2]
co1 = lambd1(0)==C1;co2 = lambd2(0)==C2;
co = [co1, co2]
[lambd1(t), lambd2(t)] = dsolve(eq, co)
%横截条件
C2=solve(lambd2(1)==0,C2)
lambd2(t)=subs(lambd2)
%控制方程和状态方程
equ=diff(H,u)==0
equ=subs(equ)
equ=subs(equ, u, ut)
u(t)=solve(equ, ut)
eqs1 = diff(x1, t)==x2
eqs2 = diff(x2, t)==u
eqs = [eqs1, eqs2]
co = [x1(0)==1, x2(0)==1]
[x1, x2] = dsolve(eqs, co)
C1=solve(subs(x1,t,1)==0,C1)
%则最优曲线和最优伴随向量
x1(t)=collect(subs(x1),t)
x2(t)=collect(subs(x2),t)
lambd1(t)=subs(lambd1)
lambd2(t)=subs(lambd2)
%最优控制和最优性能指标
u(t)=subs(u)
L=subs(L)
J=int(L,t,0,1)
%最优曲线图
fplot(x1, [0, 1],'--r')
hold on;
fplot(x2, [0, 1],'-.c')
title('x1(t)=t^3-3t^2+t+1 and x2(t)=3t^2-6t+1')
xlabel('t');
ylabel('x1(t) and x2(t)');
hold off;

fplot(lambd1, [0, 1])
```

```
hold on;
fplot(lambd2, [0, 1])
title('\lambda1(t)=6 and \lambda2(t)=6-6t')
xlabel('t');
ylabel('\lambda1(t) and \lambda2(t)');
hold off;
fplot(u, [0, 1],'-.r')
hold on;
title('u(t)=6t-6')
xlabel('t');
ylabel('u(t)');
hold off;
*************************** END ***************************
```

程序运行结果：

x1(t) $=t^3-3t^2+t+1$

x2(t) $=3t^2-6t+1$

lambd1(t) $=6$

lambd2(t) $=6-6t$

u(t) $=6t-6$

J = 6

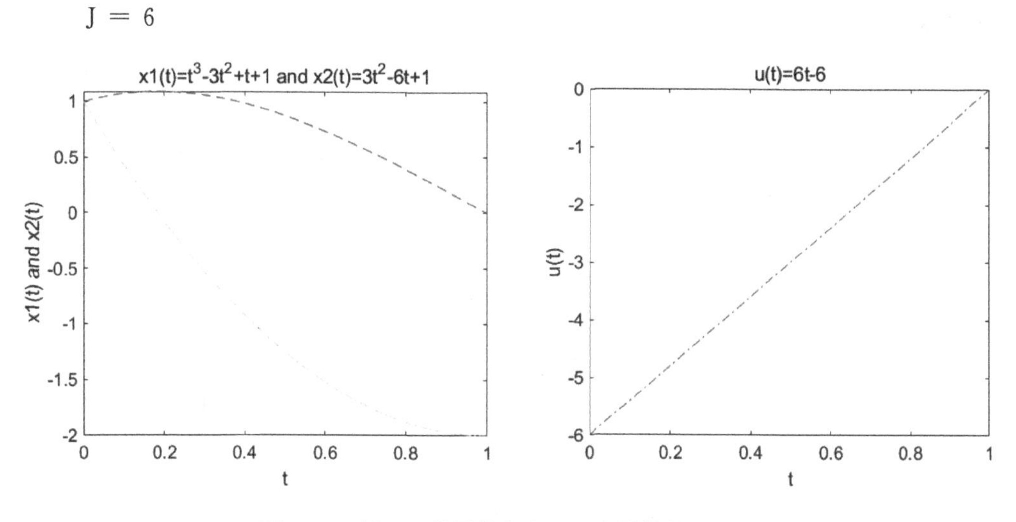

图 3-2　例 3.2 的最优曲线 $x(t)$和最优控制 $u(t)$

2. 终端时刻 t_f 固定时，终端状态 $x(t_f)$ 有约束

假设终端状态的约束条件为

$$\boldsymbol{N}_1[\boldsymbol{x}(t_f),t_f]=0 \tag{3-22}$$

式中，$\boldsymbol{N}_1=[N_{11},N_{12},\cdots,N_{1m}]^{\mathrm{T}}$。

现在存在两个约束条件，即状态方程和终端约束方程。为解决约束引入两个乘子向量

$\boldsymbol{\lambda}$ 和 $\boldsymbol{v}$。即 $\boldsymbol{\lambda}=[\lambda_1,\lambda_2,\cdots,\lambda_n]^{\mathrm{T}}$，$\boldsymbol{v}=[v_1,v_2,\cdots,v_m]^{T}$，将式(3-21)与式(3-19)中的泛函相联系，有

$$J=\Phi[\boldsymbol{x}(t_f),t_f]+\boldsymbol{v}^{\mathrm{T}}\boldsymbol{N}_1[\boldsymbol{x}(t_f),t_f]+\int_{t_0}^{t_f}[H-\boldsymbol{\lambda}^{\mathrm{T}}\dot{\boldsymbol{x}}(t)]\mathrm{d}t$$

令 $\Phi_1[\boldsymbol{x}(t_f),t_f]=\Phi[\boldsymbol{x}(t_f),t_f]+\boldsymbol{v}^{\mathrm{T}}\boldsymbol{N}_1[\boldsymbol{x}(t_f),t_f]$，则有

$$J=\Phi_1[\boldsymbol{x}(t_f),t_f]+\int_{t_0}^{t_f}[H-\boldsymbol{\lambda}^{\mathrm{T}}\dot{\boldsymbol{x}}(t)]\mathrm{d}t \tag{3-23}$$

将式(3-23)与式(3-19)相比较，可知泛函极值存在的必要条件式(3-21)只是横截条件 $\boldsymbol{\lambda}(t_f)=\left.\dfrac{\partial\Phi}{\partial\boldsymbol{x}}\right|_{t_f}$ 发生了变化。因此，只要将 Φ 变换成中 Φ_1，其他方程均不改变，则终端状态有约束的泛函数极值存在的必要条件为

$$\begin{cases}\text{状态方程} & \dot{\boldsymbol{x}}=\dfrac{\partial H}{\partial\boldsymbol{\lambda}}=\boldsymbol{f}[\boldsymbol{x},\boldsymbol{u},t]\\ \text{伴随方程} & \dot{\boldsymbol{\lambda}}=-\dfrac{\partial H}{\partial\boldsymbol{x}}\\ \text{控制方程} & \dfrac{\partial H}{\partial\boldsymbol{u}}=0\\ \text{横截条件} & \boldsymbol{\lambda}(t_f)=\left.\left[\dfrac{\partial\Phi}{\partial\boldsymbol{x}}+\left(\dfrac{\partial\boldsymbol{N}_1}{\partial\boldsymbol{x}}^{\mathrm{T}}\right)\boldsymbol{v}\right]\right|_{t=t_f}\\ \text{始端边界} & \boldsymbol{x}(t_0)=\boldsymbol{x}_0\\ \text{终端约束} & \boldsymbol{N}_1[\boldsymbol{x}(t_f),t_f]=0\end{cases} \tag{3-24}$$

例 3.3 设系统方程为

$$\begin{cases}\dot{x}_1(t)=x_2(t)\\ \dot{x}_2(t)=u(t)\end{cases}$$

求从已知初态 $x_1(0)=0$ 和 $x_2(0)=0$，在 $t_f=1$ 时转移到目标集(终端约束)

$$x_1(1)+x_2(1)=1$$

且使性能指标泛函

$$J=\frac{1}{2}\int_0^1 u^2(t)\mathrm{d}t$$

为最小的最优控制 $u^*(t)$和相应的最优曲线 $\boldsymbol{x}^*(t)$。

解:本例属积分型性能指标、终端时间 t_f 固定、终端状态 $x(t_f)$受约束的泛函极值问题。由题意

$$\Phi[\boldsymbol{x}(t_f),t_f]=0,L(\cdot)=\frac{1}{2}u^2,\boldsymbol{N}_1[\boldsymbol{x}(t_f)]=x_1(1)+x_2(1)-1$$

构造哈密顿函数

$$H=\frac{1}{2}u^2+\lambda_1x_2+\lambda_2u$$

则由伴随方程和控制方程得

$$\dot{\lambda}_1=-\frac{\partial H}{\partial x_1}=0, \qquad \lambda_1=c_1$$

$$\dot{\lambda}_2=-\frac{\partial H}{\partial x_2}=-\lambda_1, \quad \lambda_2=-c_1t+c_2$$

$$\frac{\partial H}{\partial u}=u+\lambda_2=0, \qquad u=-\lambda_2=c_1t-c_2$$

由状态方程得

$$x_1(t)=\frac{1}{6}c_1t^3-\frac{1}{2}c_2t^2+c_3t+c_4$$

$$x_2(t)=\frac{1}{2}c_1t^2-c_2t+c_3$$

利用已知初态 $x_1(0)=x_2(0)=0$,求出 $c_3= c_4=0$。

再由目标集条件

$$x_1(1)+x_2(1)=1$$

求得

$$4c_1-9c_2=6$$

根据横截条件

$$\lambda_1(1)=\frac{\partial \Phi}{\partial x_1(t)}+\frac{\partial \boldsymbol{N}_1^{\mathrm{T}}}{\partial x_1(t)}v\bigg|_{t=1}=v, \quad \lambda_2(1)=\frac{\partial \Phi}{\partial x_2(t)}+\frac{\partial \boldsymbol{N}_1^{\mathrm{T}}}{\partial x_2(t)}v\bigg|_{t=1}=v$$

则

$$\lambda_1(1)=\lambda_2(1)$$

故有

$$c_1=-c_1+c_2$$

解出

$$c_1=-\frac{3}{7},c_2=-\frac{6}{7}$$

则最优解为

$$x_1^*(t)=-\frac{1}{14}t^3+\frac{3}{14}t^2$$

$$x_2^*(t)=-\frac{3}{14}t^2+\frac{6}{7}t$$

$$u^*(t)=-\frac{3}{7}t+\frac{6}{7}$$

针对例 3.3 中的问题,可由 MATLAB 求解,代码如下。

```
*************************** Ex3 - 3.mlx***************************
%定义符号型(sym)变量
syms x1(t) x2(t) u(t) lambd1(t) lambd2(t) N(t) v C1 C2 ut
%哈密顿函数
L=1/2 * u^2
H=L+lambd1 * x2+lambd2 * u %哈密顿函数
%终端约束
```

```
N=x1+x2-1
%伴随方程
eq1 = diff(lambd1, t)==-diff(H, x1)
eq2 = diff(lambd2, t)==-diff(H, x2)
eq = [eq1, eq2]
co1 = lambd1(0)==C1;co2 = lambd2(0)==C2;
co = [co1, co2]
[lambd1(t), lambd2(t)] = dsolve(eq, co)
%横截条件
eq3=lambd1(1)==subs(diff(N,x1),t,1)*v
eq4=lambd2(1)==subs(diff(N,x2),t,1)*v
v=solve(eq3,v)
eq4=subs(eq4)
C2=solve(eq4,C2)
lambd2(t)=subs(lambd2)
%控制方程和状态方程
equ=diff(H,u)==0
equ=subs(subs(equ),u,ut)
u(t)=solve(equ,ut)
eqs1 = diff(x1, t)==x2
eqs2 = diff(x2, t)==u
eqs = [eqs1, eqs2]
co1 = x1(0)==0;co2 = x2(0)==0;
co = [co1, co2]
[x1, x2] = dsolve(eqs, co)
x1(t)=collect(subs(x1),t)
x2(t)=collect(subs(x2),t)
%终端约束
C1=solve(subs(x1,t,1)+subs(x2,t,1)==1,C1)
C2=subs(C2)
%则最优曲线和最优伴随向量为
x1=collect(subs(x1))
x2(t)=collect(subs(x2))
lambd1(t)=collect(subs(lambd1))
lambd2(t)=subs(lambd2)
%最优控制和最优性能指标为
u(t)=subs(u)
```

```
L=subs(L)
J=int(L,t,0,1)
%最优曲线图为
fplot(x1, [0, 1],'--')
hold on;
fplot(x2, [0, 1],'-.')
title('x1(t)= -t^3/14+3t^2/7and x2(t)= -3t^2/14+6t/7')
xlabel('t');
ylabel('x1(t) and x2(t)');
hold off;

fplot(lambd1, [0, 1])
hold on;
fplot(lambd2, [0, 1])
title('\lambda1(t)=-3/7 and \lambda2(t)=3t/7-6/7')
xlabel('t');
ylabel('\lambda1(t) and \lambda2(t)');
hold off;
fplot(u, [0, 1])
hold on;
title('u(t)= -3t/7+6/7')
xlabel('t');
ylabel('u(t)');
hold off;
****************************END****************************
```

程序运行结果：

$$\text{x1(t)}=\frac{t^3}{14}+\frac{3t^2}{7}$$

$$\text{x2(t)}=\frac{3t^2}{14}+\frac{6\text{t}}{7}$$

$$\text{lambd1(t)}=-\frac{3}{7}$$

$$\text{lambd2(t)}=\frac{3t}{7}-\frac{6}{7}$$

$$\text{u(t)}=-\frac{3t}{7}+\frac{6}{7}$$

$$\text{J}=\frac{3}{14}$$

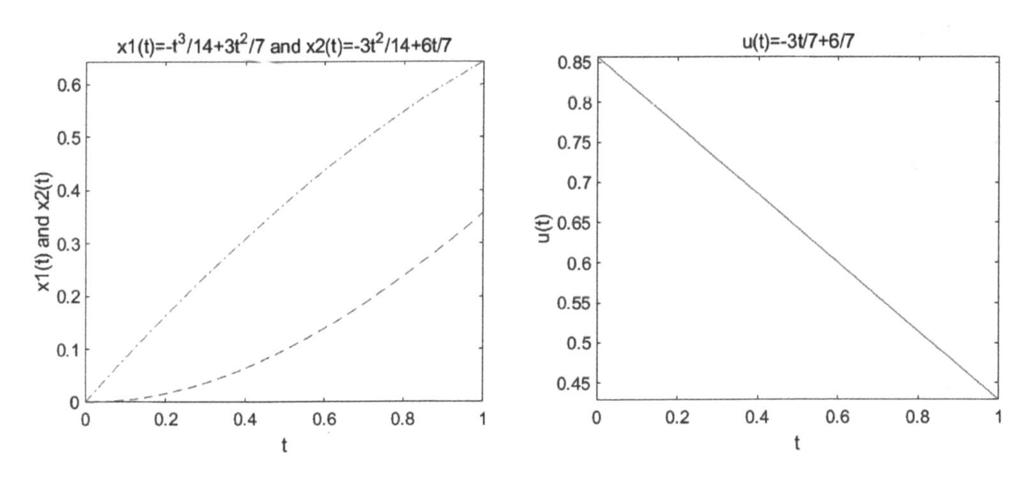

图 3-3 例 3.3 的最优曲线 $x(t)$ 和最优控制 $u(t)$

3. 终端时刻 t_f 可变，终端状态 $x(t_f)$ 有约束

假设系统终端满足约束

$$\boldsymbol{N}_1[\boldsymbol{x}(t_f),t_f]=0$$

式中，$\boldsymbol{N}_1=[N_{11},N_{12},\cdots,N_{1m}]^{\mathrm{T}}$。

采用拉格朗日乘子法，得到与式(3-19)相同形式的无约束条件下的泛函

$$J=\Phi[\boldsymbol{x}(t_f),t_f]+\boldsymbol{v}^{\mathrm{T}}\boldsymbol{N}_1[\boldsymbol{x}(t_f),t_f]+\int_{t_0}^{t_f}\{H[\boldsymbol{x}(t),\boldsymbol{u}(t),\lambda(t),t]-\boldsymbol{\lambda}^{\mathrm{T}}(t)\dot{\boldsymbol{x}}(t)\}\mathrm{d}t$$

由于 t_f 可变，此时不仅有最优控制、最优曲线，而且还有最优终端时间需确定，取泛函增量为

$$\begin{aligned}\Delta J=&\Phi[\boldsymbol{x}(t_f)+\delta\boldsymbol{x}_f,t_f+\delta t_f]-\Phi[\boldsymbol{x}(t_f),t_f]+\boldsymbol{v}^{\mathrm{T}}\{\boldsymbol{N}_1[\boldsymbol{x}(t_f)+\delta\boldsymbol{x}_f,t_f+\delta t_f]-\boldsymbol{N}_1[\boldsymbol{x}(t_f),t_f]\}\\&+\int_{t_0}^{t_f+\delta t_f}\{H[\boldsymbol{x}(t)+\delta\boldsymbol{x},\boldsymbol{u}(t)+\delta\boldsymbol{u},\lambda(t),t]-\boldsymbol{\lambda}^{\mathrm{T}}(t)[\dot{\boldsymbol{x}}(t)+\delta\dot{\boldsymbol{x}}]\}\mathrm{d}t\\&-\int_{t_0}^{t_f}\{H[\boldsymbol{x}(t),\boldsymbol{u}(t),\boldsymbol{\lambda}(t),t]-\boldsymbol{\lambda}^{\mathrm{T}}(t)\dot{\boldsymbol{x}}(t)\}\mathrm{d}t\end{aligned}\tag{3-25}$$

对式(3-25)利用泰勒级数展开并取主部，以及应用积分中值定理，并考虑到 $\delta\boldsymbol{x}(t)=0$，可得泛函的一次变分为

$$\begin{aligned}\delta J=&\left(\frac{\partial\Phi}{\partial\boldsymbol{x}(t_f)}\right)^{\mathrm{T}}\delta\boldsymbol{x}_f+\frac{\partial\Phi}{\partial t_f}\delta t_f+\boldsymbol{v}^{\mathrm{T}}\left[\left(\frac{\partial\boldsymbol{N}_1{}^{\mathrm{T}}}{\partial\boldsymbol{x}(t_f)}\right)^{\mathrm{T}}\delta\boldsymbol{x}_f+\frac{\partial\boldsymbol{N}_1}{\partial t_f}\delta t_f\right]+(H-\boldsymbol{\lambda}^{\mathrm{T}}\dot{\boldsymbol{x}})\big|_{t=t_f}\delta t_f\\&+\int_{t_0}^{t_f}\left[\left(\frac{\partial H}{\partial\boldsymbol{u}}\right)^{\mathrm{T}}\delta\boldsymbol{u}+\left(\frac{\partial H}{\partial\boldsymbol{x}}\right)^{\mathrm{T}}\delta\boldsymbol{x}+\dot{\boldsymbol{\lambda}}^{\mathrm{T}}\delta\boldsymbol{x}\right]\mathrm{d}t-\boldsymbol{\lambda}^{\mathrm{T}}\delta\boldsymbol{x}\big|_{t=t_f}\\=&\left(\frac{\partial\Phi}{\partial\boldsymbol{x}(t_f)}\right)^{\mathrm{T}}\delta\boldsymbol{x}_f+\boldsymbol{v}^{\mathrm{T}}\left(\frac{\partial\boldsymbol{N}_1{}^{\mathrm{T}}}{\partial\boldsymbol{x}(t_f)}\right)^{\mathrm{T}}\delta\boldsymbol{x}_f+\frac{\partial\Phi}{\partial t_f}\delta t_f+\boldsymbol{v}^{\mathrm{T}}\frac{\partial\boldsymbol{N}_1}{\partial t_f}\delta t_f+H\delta t_f\\&-\boldsymbol{\lambda}^{\mathrm{T}}(t_f)[\dot{\boldsymbol{x}}(t_f)\delta t_f+\delta\boldsymbol{x}(t_f)]+\int_{t_0}^{t_f}\left[\left(\frac{\partial H}{\partial\boldsymbol{u}}\right)^{\mathrm{T}}\delta\boldsymbol{u}+\left(\frac{\partial H}{\partial\boldsymbol{x}}\right)^{\mathrm{T}}\delta\boldsymbol{x}+\dot{\boldsymbol{\lambda}}^{\mathrm{T}}\delta\boldsymbol{x}\right]\mathrm{d}t\end{aligned}\tag{3-26}$$

将终端受约束时的条件式(2-22)，即 $\delta\boldsymbol{x}_f=\delta\boldsymbol{x}(t_f)+\dot{\boldsymbol{x}}(t_f)\delta t_f$，代入式(3-26)，得

$$\delta J=\left[\frac{\partial \Phi}{\partial \boldsymbol{x}(t_f)}+\frac{\partial \boldsymbol{N}_1{}^{\mathrm{T}}}{\partial \boldsymbol{x}(t_f)}\boldsymbol{v}-\boldsymbol{\lambda}(t_f)\right]^{\mathrm{T}}\delta \boldsymbol{x}_f+\left[\frac{\partial \Phi}{\partial t_f}+\boldsymbol{v}^{\mathrm{T}}\frac{\partial \boldsymbol{N}_1}{\partial t_f}+H\right]\delta t_f$$

$$+\int_{t_0}^{t_f}\left[\left(\frac{\partial H}{\partial \boldsymbol{x}}+\dot{\lambda}\right)^{\mathrm{T}}\delta \boldsymbol{x}+\left(\frac{\partial H}{\partial \boldsymbol{u}}\right)^{\mathrm{T}}\delta \boldsymbol{u}\right]\mathrm{d}t \tag{3-27}$$

令式(3-27)等于零,考虑到式中各微变量 δt_f、$\delta \boldsymbol{x}_f$、$\delta \boldsymbol{x}$ 和 $\delta \boldsymbol{u}$ 均是任意的,在这种情况下泛函极值存在的必要条件为

$$\begin{cases}\text{状态方程} & \dot{\boldsymbol{x}}=\dfrac{\partial H}{\partial \boldsymbol{\lambda}}=\boldsymbol{f}[\boldsymbol{x},\boldsymbol{u},t]\\[2ex] \text{伴随方程} & \dot{\boldsymbol{\lambda}}=-\dfrac{\partial H}{\partial \boldsymbol{x}}\\[2ex] \text{控制方程} & \dfrac{\partial H}{\partial \boldsymbol{u}}=0\\[2ex] \text{横截条件} & \boldsymbol{\lambda}(t_f)=\left[\dfrac{\partial \Phi}{\partial \boldsymbol{x}}+\boldsymbol{v}^{\mathrm{T}}\dfrac{\partial \boldsymbol{N}_1}{\partial \boldsymbol{x}}\right]\Bigg|_{t=t_f}\\[2ex] & H(t_f)=-\left[\dfrac{\partial \Phi}{\partial t_f}+\boldsymbol{v}^{\mathrm{T}}\dfrac{\partial \boldsymbol{N}_1}{\partial t_f}\right]\Bigg|_{t=t_f}\\[2ex] \text{初始条件} & \boldsymbol{x}(t_0)=\boldsymbol{x}_0\\ \text{终端约束} & \boldsymbol{N}_1[\boldsymbol{x}(t_f),t_f]=0\end{cases} \tag{3-28}$$

4. 终端时刻 t_f 可变,终端状态 $\boldsymbol{x}(t_f)$ 自由

若终端状态 $\boldsymbol{x}(t_f)$ 自由,则式(3-28) 中终端约束条件 $\boldsymbol{N}_1[\boldsymbol{x}(t_f),t_f]=0$ 不存在,则此时泛函极值存在的必要条件为

$$\begin{cases}\text{状态方程} & \dot{\boldsymbol{x}}=\dfrac{\partial H}{\partial \boldsymbol{\lambda}}=\boldsymbol{f}[\boldsymbol{x},\boldsymbol{u},t]\\[2ex] \text{伴随方程} & \dot{\boldsymbol{\lambda}}=-\dfrac{\partial H}{\partial \boldsymbol{x}}\\[2ex] \text{控制方程} & \dfrac{\partial H}{\partial \boldsymbol{u}}=0\\[2ex] \text{横截条件} & \boldsymbol{\lambda}(t_f)=\dfrac{\partial \Phi}{\partial \boldsymbol{x}}\Bigg|_{t=t_f}\\[2ex] & H(t_f)=-\dfrac{\partial \Phi}{\partial t_f}\Bigg|_{t=t_f}\\[2ex] \text{初始条件} & \boldsymbol{x}(t_0)=\boldsymbol{x}_0\end{cases} \tag{3-29}$$

5. 终端时刻 t_f 可变,终端状态 $\boldsymbol{x}(t_f)$ 固定

若终端状态 $\boldsymbol{x}(t_f)$ 固定,则式(3-29) 中终端横截条件退化为终端边界条件 $\boldsymbol{x}(t_f)=\boldsymbol{x}_{t_f}$,则此时泛函极值存在的必要条件为

$$\begin{cases} \text{状态方程} & \dot{\boldsymbol{x}}=\dfrac{\partial H}{\partial \boldsymbol{\lambda}}=\boldsymbol{f}[\boldsymbol{x},\boldsymbol{u},t] \\ \text{伴随方程} & \dot{\boldsymbol{\lambda}}=-\dfrac{\partial H}{\partial \boldsymbol{x}} \\ \text{控制方程} & \dfrac{\partial H}{\partial \boldsymbol{u}}=0 \\ \text{横截条件} & H(t_f)=-\left.\dfrac{\partial \Phi}{\partial t_f}\right|_{t=t_f} \\ \text{初始条件} & \boldsymbol{x}(t_0)=\boldsymbol{x}_0 \\ \text{终端边界} & \boldsymbol{x}(t_f)=\boldsymbol{x}_{t_f} \end{cases} \tag{3-30}$$

例 3.4 设一阶系统方程为

$$\dot{x}(t)=u(t)$$

已知 $x(0)=1$,要求 $x(t_f)=0$,试求使性能指标泛函

$$J=t_f+\frac{1}{2}\int_0^{t_f}u^2(t)\mathrm{d}t$$

为极小的最优控制 $u^*(t)$,以及相应的最优曲线 $u^*(t)$、最优终端时刻 t_f^*、最小指标 J^*。其中,终端时刻 t_f 自由。

解:本例为复合型性能指标、终端时间 t_f 可变、终端状态 $x(t_f)$ 固定的泛函极值问题。

由题意知

$$\Phi[x(t_f),t_f]=t_f,L(\cdot)=\frac{1}{2}u^2,x(t_f)=0$$

构造哈密顿函数

$$H=\frac{1}{2}u^2+\lambda u$$

由伴随方程得

$$\dot{\lambda}(t)=-\frac{\partial H}{\partial x}=0,\lambda(t)=c_1$$

再由控制方程

$$\frac{\partial H}{\partial u}=u+\lambda=0,\frac{\partial^2 H}{\partial u^2}=1>0$$

得

$$u(t)=-\lambda(t)=-c_1$$

由状态方程得

$$\dot{x}(t)=u=-c_1,x(t)=-c_1t+c_2$$

代入初态 $x(0)=1$,解得

$$x(t)=1-c_1t$$

利用已知的终态条件

$$x(t_f)=1-c_1t_f=0$$

得

$$t_f=\frac{1}{c_1}$$

根据横截条件 $H(t_f)=-\frac{\partial \Phi}{\partial t_f}=-1$，有

$$\frac{1}{2}u^2(t_f)+\lambda(t_f)u(t_f)=\frac{1}{2}c_1^2-c_1^2=-1$$

求得

$$c_1=\sqrt{2}$$

则最优解

$$x^*(t)=1-\sqrt{2}t$$

$$u^*=-\sqrt{2}$$

$$t_f{}^*=\sqrt{2}/2$$

$$J^*=\sqrt{2}$$

针对例 3.4 中的问题，可由 MATLAB 求解，代码如下。

```
************************** Ex3 - 4.mlx **************************
syms x(t)  u(t) lambd(t) tf ut lat
%定义符号型(sym)变量
L=1+1/2*u^2
H=L+lambd*u %哈密顿函数
%伴随方程
eq1 = diff(lambd, t)==-diff_x(H, x)
syms C1 C2
co1 = lambd(0)==C1 %为了避免解得的常数C在matlab表现中不确定,人工设定初始条件
lambd(t) = dsolve(eq1, co1)
%状态方程 ,u(t)
eqs11=diff_x(H,u)==0
u(t) = subs(solve(subs(eqs11, [u lambd], [ut lat])), [ut lat], [u lambd])
u(t)=subs(u(t))
eqs1 = diff(x, t)==u
co1 = x(0)==1
x = dsolve(eqs1, co1)
tf=solve(subs(x,t,tf)==0,tf)
H=subs(H)
C1=solve(subs(H,t,tf)==0,C1>0)
%则最优曲线为
x(t)=subs(x)
```

```
%最优控制为
u(t)=subs(u)
L=subs(L)
tf=subs(tf)
J=int(L,t,0,tf)
%最优曲线图为
fplot(x, [0, (2^0.5)/2])
hold on;
title('x(t)=1-2^{1/2}')
xlabel('t');
ylabel('x(t)');
hold off
****************************END****************************
```

程序运行结果：

$$tf=\frac{\sqrt{2}}{2}$$

$$x(t)=1-\sqrt{2}t$$

$$u(t)=-\sqrt{2}$$

$$J=\frac{\sqrt{2}}{2}$$

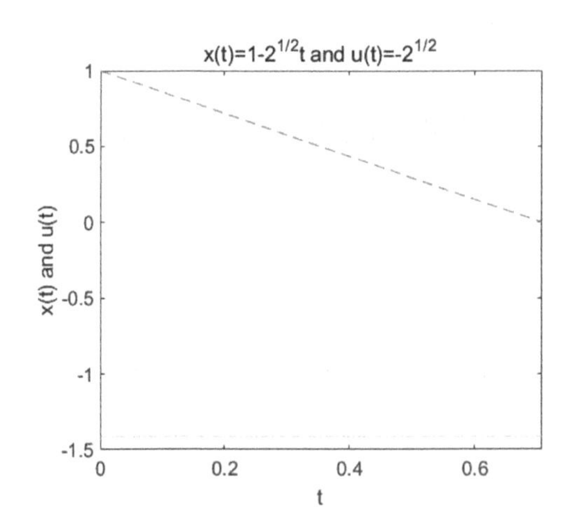

图 3-4　例 3.4 的最优曲线 $x(t)$ 和最优控制 $u(t)$

3.3　角点条件

前面一直假定曲线 $x(t)$ 是连续可微的，但实际中 $x(t)$ 常常是分段光滑的，即 $x(t)$ 在有限个点上连续而不可微，这种连续而不可微的点称为角点。例如，当采用继电型控制，受控系统的载荷发生突变时，系统中的某些状态就会出现角点；当潜艇从水下向空中发射导弹时，由于水和空气对导弹的阻力系数不同，导弹的运行状态将在水和空气的界面处出现角点。下面将研究最优曲线在角点应满足的条件。

3.3.1　无约束情况下的角点条件

设分段光滑曲线 $\boldsymbol{x}(t)$ 是泛函

$$J=\int_{t_0}^{t_f} L[\boldsymbol{x}(t),\dot{\boldsymbol{x}}(t),t]\mathrm{d}t$$

取极小值的最优曲线，试求其角点条件。

为了简化分析，假定 $\boldsymbol{x}(t)$ 的始端和终端都是固定的，并只在 $t_1\in[t_0,t_f]$ 处有一个角点，如图 3-5 所示。由于对角点没有提出任何约束条件，所以 t_1 及 $\boldsymbol{x}(t_1)$ 是完全自由的。

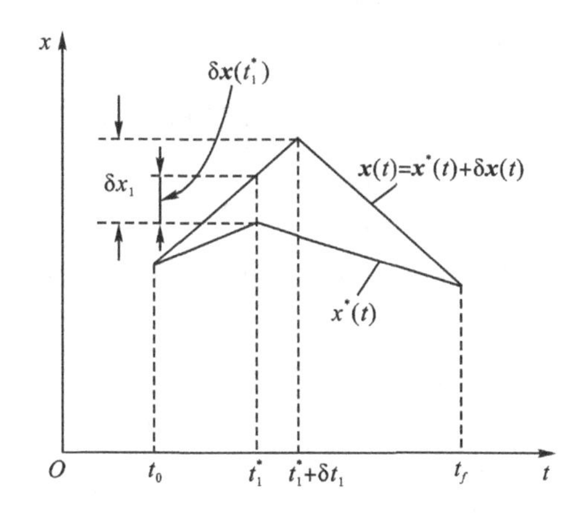

图 3-5　具有角点的情况

此时泛函可表示为

$$\begin{aligned}J&=L[\boldsymbol{x}(t),\dot{\boldsymbol{x}}(t),t]\mathrm{d}t\\&=\int_{t_0}^{t_1^-} L[\boldsymbol{x}(t),\dot{\boldsymbol{x}}(t),t]\mathrm{d}t+\int_{t_1^+}^{t_f} L[\boldsymbol{x}(t),\dot{\boldsymbol{x}}(t),t]\mathrm{d}t=J_1+J_2\end{aligned}$$

式中

$$J_1=\int_{t_0}^{t_1^-} L[\boldsymbol{x}(t),\dot{\boldsymbol{x}}(t),t]\mathrm{d}t$$

$$J_2=\int_{t_1^+}^{t_f} L[\boldsymbol{x}(t),\dot{\boldsymbol{x}}(t),t]\mathrm{d}t$$

式中，t_1^- 和 t_1^+ 分别表示从 t_1 之前到达 t_1 和从 t_1 之后到达 t_1，即 t_1^-、t_1^+ 分别为 t_1 的左极限值和右极限值。

泛函 J 分成两部分 J_1 和 J_2，J 的一阶变分 δJ 相应地也分为两部分 δJ_1 和 δJ_2。由于最优曲线 $\boldsymbol{x}^*(t)$ 在区间 $[t_0,t_1)$ 和 $(t_1,t_f]$ 内连续可微，故应满足欧拉方程。由此可见，在始端时刻 t_0 和终端时刻 t_f 给定的情况下，对泛函分量 J_1 而言，属于始端固定、终端可变的变分问题，而对泛函分量 J_2，则是一个始端可变、终端固定的变分问题。

泛函分量 J_1 的一阶变分为

$$\delta J_1 = L[\boldsymbol{x},\dot{\boldsymbol{x}},t]\big|_{t=t_1^-}\delta t_1 + \int_{t_0}^{t_1^-}\left[\frac{\partial L}{\partial \boldsymbol{x}} - \frac{\mathrm{d}}{\mathrm{d}\boldsymbol{x}}\frac{\partial L}{\partial \dot{\boldsymbol{x}}}\right]^{\mathrm{T}}\delta \boldsymbol{x}\mathrm{d}t + \left(\frac{\partial L}{\partial \dot{\boldsymbol{x}}}\right)^{\mathrm{T}}\delta \boldsymbol{x}(t)\Bigg|_{t=t_1^-} \tag{3-30}$$

由图 3－5 可知

$$\delta \boldsymbol{x}_1^- = \delta \boldsymbol{x}(t_1^-) + \dot{\boldsymbol{x}}(t_1^-)\delta t_1$$

或

$$\delta \boldsymbol{x}(t_1^-) = \delta \boldsymbol{x}_1^- - \dot{\boldsymbol{x}}(t_1^-)\delta t_1 \tag{3-31}$$

将式(3－31)代入式(3－30)中，并考虑到 $\boldsymbol{x}^*(t)$在 $t\in[t_0,t_1^-]$满足欧拉方程，于是可得

$$\delta J_1 = \left\{L[\boldsymbol{x},\dot{\boldsymbol{x}},t] - \left(\frac{\partial L}{\partial \dot{\boldsymbol{x}}}\right)^{\mathrm{T}}\dot{\boldsymbol{x}}\right\}\Bigg|_{t=t_1^-}\delta t_1 + \left(\frac{\partial L}{\partial \dot{x}}\right)^{\mathrm{T}}\Bigg|_{t=t_1^-}\delta \boldsymbol{x}_1^-$$

类似有

$$\delta J_2 = -\left\{L[\boldsymbol{x},\dot{\boldsymbol{x}},t] - \left(\frac{\partial L}{\partial \dot{\boldsymbol{x}}}\right)^{\mathrm{T}}\dot{\boldsymbol{x}}\right\}\Bigg|_{t=t_1^+}\delta t_1 - \left(\frac{\partial L}{\partial \dot{\boldsymbol{x}}}\right)^{\mathrm{T}}\Bigg|_{t=t_1^+}\delta \boldsymbol{x}_1^+$$

由 $\delta J=\delta J_1+\delta J_2=0$，可得

$$\begin{aligned}\delta J = &\left\{\left[L[\boldsymbol{x},\dot{\boldsymbol{x}},t] - \left(\frac{\partial L}{\partial \dot{\boldsymbol{x}}}\right)^{\mathrm{T}}\dot{\boldsymbol{x}}\right]\Bigg|_{t=t_1^-} - \left[L[\boldsymbol{x},\dot{\boldsymbol{x}},t] - \left(\frac{\partial L}{\partial \dot{\boldsymbol{x}}}\right)^{\mathrm{T}}\dot{\boldsymbol{x}}\right]\Bigg|_{t=t_1^+}\right\}\delta t_1 \\ &+ \left(\frac{\partial L}{\partial \dot{\boldsymbol{x}}}\right)^{\mathrm{T}}\Bigg|_{t=t_1^-}\delta \boldsymbol{x}_1^- - \left(\frac{\partial L}{\partial \dot{\boldsymbol{x}}}\right)^{\mathrm{T}}\Bigg|_{t=t_1^+}\delta \boldsymbol{x}_1^+ = 0\end{aligned}$$

因为 $\boldsymbol{x}(t)$为连续函数，故 $\delta \boldsymbol{x}_1^- = \delta \boldsymbol{x}_1^+ = \delta \boldsymbol{x}_1$。由于对角点未加任何约束条件，所以 δt_1 和 $\delta \boldsymbol{x}_1$ 是相互独立的。因此，有

$$\left(\frac{\partial L}{\partial \dot{\boldsymbol{x}}}\right)^{\mathrm{T}}\Bigg|_{t=t_1^-} = \left(\frac{\partial L}{\partial \dot{\boldsymbol{x}}}\right)^{\mathrm{T}}\Bigg|_{t=t_1^+} \tag{3-32}$$

$$\left[L[\boldsymbol{x},\dot{\boldsymbol{x}},t] - \left(\frac{\partial L}{\partial \dot{\boldsymbol{x}}}\right)^{\mathrm{T}}\dot{\boldsymbol{x}}\right]\Bigg|_{t=t_1^-} = \left[L[\boldsymbol{x},\dot{\boldsymbol{x}},t] - \left(\frac{\partial L}{\partial \dot{\boldsymbol{x}}}\right)^{\mathrm{T}}\dot{\boldsymbol{x}}\right]\Bigg|_{t=t_1^+} \tag{3-33}$$

式(3－32)和式(3－33)就是对角点位置不加限制时，最优曲线在角点处应满足的条件，简称角点条件，又称维尔斯特拉斯-欧德曼(Weierstrass-Erdmann)条件。

3.3.2 内点约束情况下的角点条件

设在波尔扎问题中，加上一组内点的约束条件：

$$\boldsymbol{N}_0[\boldsymbol{x}(t_1),t_1]=0$$

式中，t_1 是某中间时刻，$t_0< t_1<t_f$；而 $\boldsymbol{N}_0(\cdot)$为 q 阶连续可微向量函数。

现在考虑同时满足状态方程 $\dot{\boldsymbol{x}}(t)=\boldsymbol{f}[\boldsymbol{x}(t),\boldsymbol{u}(t),t]$，终端约束方程 $\boldsymbol{N}_1[\boldsymbol{x}(t_f),t_f]=0$ 和内点约束方程 $\boldsymbol{N}_0[\boldsymbol{x}(t_1),t_1]=0$ 的泛函极值问题。

为解决三个约束条件的泛函极值问题，在引入拉格朗日乘子 $\boldsymbol{\lambda}$ 和 $\boldsymbol{v}$ 的基础上，再添加一新的拉格朗日乘子 $\boldsymbol{\pi}$，则性能指标函数可写为

$$\begin{aligned}J &= \Phi[\boldsymbol{x}(t_f),t_f] + \boldsymbol{v}^{\mathrm{T}}\boldsymbol{N}_1[\boldsymbol{x}(t_f),t_f] + \boldsymbol{\pi}^{\mathrm{T}}\boldsymbol{N}_0[\boldsymbol{x}(t_1),t_1] \\ &\quad + \int_{t_0}^{t_f}\{L[\boldsymbol{x}(t),\boldsymbol{u}(t),t] + \boldsymbol{\lambda}^{\mathrm{T}}(t)[\boldsymbol{f}[\boldsymbol{x}(t),\boldsymbol{u}(t),t] - \dot{\boldsymbol{x}}(t)]\}\mathrm{d}t \\ &= \Phi[\boldsymbol{x}(t_f),t_f] + \boldsymbol{v}^{\mathrm{T}}\boldsymbol{N}_1[\boldsymbol{x}(t_f),t_f] + \boldsymbol{\pi}^{\mathrm{T}}\boldsymbol{N}_0[\boldsymbol{x}(t_1),t_1] \\ &\quad + \int_{t_0}^{t_f}\{H[\boldsymbol{x}(t),\boldsymbol{u}(t),\boldsymbol{\lambda}(t),t] - \boldsymbol{\lambda}^{\mathrm{T}}(t)\dot{\boldsymbol{x}}(t)\}\mathrm{d}t\end{aligned}$$

把上式中的积分分成两部分 $\int_{t_0}^{t_1^-}+\int_{t_1^+}^{t_f}$，并进行分部积分，得到

$$\begin{aligned}\delta J=&\left[\frac{\partial(\Phi+\boldsymbol{v}^{\mathrm{T}}\boldsymbol{N}_1)}{\partial\boldsymbol{x}}\right]^{\mathrm{T}}\bigg|_{t=t_f}\delta\boldsymbol{x}(t_f)+\boldsymbol{\pi}^{\mathrm{T}}\frac{\partial\boldsymbol{N}_0}{\partial t_1}\delta t_1+\boldsymbol{\pi}^{\mathrm{T}}\frac{\partial\boldsymbol{N}_0}{\partial\boldsymbol{x}(t_1)}\delta\boldsymbol{x}_1\\&+(H-\boldsymbol{\lambda}^{\mathrm{T}}\dot{\boldsymbol{x}})\big|_{t=t_1^-}\delta t_1-(H-\boldsymbol{\lambda}^{\mathrm{T}}\dot{\boldsymbol{x}})\big|_{t=t_1^+}\delta t_1\\&+\int_{t_0}^{t_f}\left\{\left[\dot{\boldsymbol{\lambda}}+\frac{\partial H}{\partial\boldsymbol{x}}\right]^{\mathrm{T}}\delta\boldsymbol{x}+\left(\frac{\partial H}{\partial\boldsymbol{u}}\right)^{\mathrm{T}}\delta\boldsymbol{u}\right\}\mathrm{d}t-\boldsymbol{\lambda}^{\mathrm{T}}\delta\boldsymbol{x}\big|_{t=t_0}^{t=t_1^-}-\boldsymbol{\lambda}^{\mathrm{T}}\delta\boldsymbol{x}\big|_{t=t_1^+}^{t=t_f}\end{aligned}\tag{3-34}$$

利用关系式

$$\delta\boldsymbol{x}_1=\delta\boldsymbol{x}(t_1^-)+\dot{\boldsymbol{x}}(t_1^-)\delta t_1=\delta\boldsymbol{x}(t_1^+)+\dot{\boldsymbol{x}}(t_1^+)\delta t_1$$

消去式(3-34)中的 $\delta\boldsymbol{x}(t_1^-)$ 和 $\delta\boldsymbol{x}(t_1^+)$，并整理得

$$\begin{aligned}\delta J=&\left[\frac{\partial\Phi}{\partial\boldsymbol{x}}+\boldsymbol{v}^{\mathrm{T}}\frac{\partial\boldsymbol{N}_1}{\partial\boldsymbol{x}}-\boldsymbol{\lambda}(t)\right]^{\mathrm{T}}\bigg|_{t=t_f}\delta\boldsymbol{x}(t_f)+\left[\boldsymbol{\lambda}^{\mathrm{T}}(t_1^+)-\boldsymbol{\lambda}^{\mathrm{T}}(t_1^-)+\boldsymbol{\pi}^{\mathrm{T}}\frac{\partial\boldsymbol{N}_0}{\partial\boldsymbol{x}(t_1)}\right]\delta\boldsymbol{x}_1\\&+\left[H(t_1^-)-H(t_1^+)+\boldsymbol{\pi}^{\mathrm{T}}\frac{\partial\boldsymbol{N}_0}{\partial t_1}\right]\delta t_1+\int_{t_0}^{t_f}\left[\left(\dot{\boldsymbol{\lambda}}+\frac{\partial H}{\partial\boldsymbol{x}}\right)^{\mathrm{T}}\delta\boldsymbol{x}+\left(\frac{\partial H}{\partial\boldsymbol{u}}\right)^{\mathrm{T}}\delta\boldsymbol{u}\right]\mathrm{d}t+\boldsymbol{\lambda}^{\mathrm{T}}\delta\boldsymbol{x}(t_0)\end{aligned}$$

由 $\delta J=0$，可知 $\delta\boldsymbol{x}_1$ 和 δt_1 的系数为零，得

$$\begin{cases}\boldsymbol{\lambda}^{\mathrm{T}}(t_1^-)=\boldsymbol{\lambda}^{\mathrm{T}}(t_1^+)+\boldsymbol{\pi}^{\mathrm{T}}\dfrac{\partial\boldsymbol{N}_0}{\partial\boldsymbol{x}(t_1)}\\H(t_1^+)=H(t_1^-)+\boldsymbol{\pi}^{\mathrm{T}}\dfrac{\partial\boldsymbol{N}_0}{\partial t_1}\end{cases}\tag{3-35}$$

式(3-35)就是内点约束情况下的角点条件。

例 3.5　一艘轮船在不连续的水流中航行，如图 3-6 所示。设水流速度为

$$u=\begin{cases}0,y<h\\\varepsilon V,y>h\end{cases}$$

$$v=0$$

式中，u 为水流速度在 x 方向上的分量；v 为水流速度在 y 方向上的分量；V 为轮船对水的航行速度，常数；ε、h 为已知常数。试确定如何驾驶这艘轮船，方能使它在最短的时间内由点 $A(0,0)$ 驶至点 $B(ah,(1+b)h)$，其中，a，b 为已知常数。

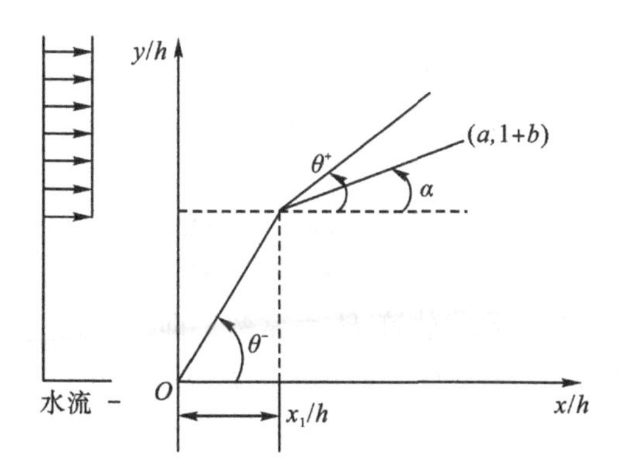

图 3-6　在不连续水流中的船舶航线

解：轮船的运动方程为

$$\begin{cases}\dot{x}=V\cos\theta+u\\ \dot{y}=V\sin\theta+v\end{cases}$$

式中，θ 为轮船驾驶方向与 x 轴的夹角；θ 为控制参数。

性能指标泛函为

$$J[\theta(t)]=\int_0^{t_f}1\cdot \mathrm{d}t$$

设当 $t=t_1$ 时，轮船到达临界线 $y=h$。

(1)当 $0<t<t_1$ 时，轮船的运动方程为

$$\begin{cases}\dot{x}=V\cos\theta_-\\ \dot{y}=V\sin\theta_-\end{cases}$$

由哈密顿函数得

$$H_1(t)=1+\lambda_x^-(t)V\cos\theta_-+\lambda_y^-(t)V\sin\theta_-$$

由伴随方程得

$$\begin{cases}\dot{\lambda}_x^-(t)=-\dfrac{\partial H_1}{\partial x}=0\\ \dot{\lambda}_y^-(t)=-\dfrac{\partial H_1}{\partial y}=0\end{cases}$$

则 $\lambda_x^-(t)$ 及 $\lambda_y^-(t)$ 为常数。

由控制方程得

$$\frac{\partial H_1(t)}{\partial\theta_-}=V[-\lambda_x^-(t)\sin\theta_-+\lambda_y^-(t)\cos\theta_-]=0$$

设 $\lambda_x^-(t)=\lambda_x(t_1^-)=$常数，$\lambda_y^-(t)=\lambda_y(t_1^-)=$常数。由控制方程可知

$$\tan\theta_-=\frac{\lambda_x^-(t)}{\lambda_y^-(t)}=\frac{\lambda_x(t_1^-)}{\lambda_y(t_1^-)}=\text{常数}$$

所以 θ_- 也是常数，即轮船在 $0<t<t_1$ 期间沿直线方向行驶。故有

$$\tan\theta_-=\frac{h}{x_1};\ t_1^-=\frac{h}{V\sin\theta_-}$$

由于

$$\Phi[x(t_1^-),y(t_1^-),t_1^-]=0$$

$$N_1[x(t_1^-),y(t_1^-),t_1^-]=y(t_1^-)-h$$

故由横截条件得

$$H_1(t_1^-)=-\frac{\partial\Phi}{\partial t_1^-}-\gamma^{\mathrm{T}}\frac{\partial N_1}{\partial t_1^-}=0$$

又因 $H_1(t)$ 中不显含 t，故沿最优轨迹 $H_1=$常数。即

$$H_1(t)=1+\lambda_x(t_1^-)V\cos\theta_-+\lambda_y(t_1^-)V\sin\theta_-=0$$

可得

$$\lambda_x(t_1^-)=-\frac{\cos\theta_-}{V};\ \lambda_y(t_1^-)=-\frac{\sin\theta_-}{V}$$

(2)当 $t_1<t<t_f$ 时，轮船的运动方程为

$$\begin{cases}\dot{x}=V(\cos\theta_{+}+\varepsilon)\\ \dot{y}=V\sin\theta_{+}\end{cases}$$

由哈密顿函数得

$$H_2(t)=1+\lambda_x^{+}(t)V(\cos\theta_{+}+\varepsilon)+\lambda_y^{+}(t)V\sin\theta_{+}$$

由伴随方程得

$$\begin{cases}\dot{\lambda}_x^{+}(t)=-\dfrac{\partial H_2}{\partial x}=0\\ \dot{\lambda}_y^{+}(t)=-\dfrac{\partial H_2}{\partial y}=0\end{cases}$$

由控制方程得

$$\frac{\partial H_2(t)}{\partial\theta_{+}}=V[-\lambda_x^{+}(t)\sin\theta_{+}+\lambda_y^{+}(t)\cos\theta_{+}]=0$$

由伴随方程可知:$\lambda_x^{+}(t)$及$\lambda_y^{+}(t)$为常数。

设$\lambda_x^{+}(t)=\lambda_x(t_1^{+})=$常数,$\lambda_y^{+}(t)=\lambda_y(t_1^{+})=$常数。由控制方程可知:

$$\tan\theta_{+}=\frac{\lambda_x^{+}(t)}{\lambda_y^{+}(t)}=\frac{\lambda_x(t_1^{+})}{\lambda_y(t_1^{+})}=\text{常数}$$

所以θ_{+}也是常数,即轮船在$t_1<t<t_f$期间沿直线方向行驶。则有

由于

$$\Phi[x(t_f),y(t_f),t_f]=0$$

$$\boldsymbol{N}_1[x(t_f),y(t_f),t_f]=\begin{bmatrix}x(t_f)-ah\\ y(t_f)-(1+b)h\end{bmatrix}$$

故由横截条件得

$$H_2(t_f)=-\frac{\partial\Phi}{\partial t_f}-\gamma^{\mathrm{T}}\frac{\partial\boldsymbol{N}_1}{\partial t_f}=0$$

又因$H_2(t)$中不显含t,故沿最优轨迹$H_2=$常数。即

$$H_2(t)=1+\lambda_x(t_1^{+})V(\cos\theta_{+}+\varepsilon)+\lambda_y(t_1^{+})V\sin\theta_{+}=0$$

可得

$$\lambda_x(t_1^{+})=-\frac{\cos\theta_{+}}{V(1+\varepsilon\cos\theta_{+})};\ \lambda_y(t_1^{+})=-\frac{\sin\theta_{+}}{V(1+\varepsilon\cos\theta_{+})}$$

(3)内点约束为

$$\boldsymbol{N}_0[x(t_1),y(t_1),t_1]=y(t_1)-h=0$$

由角点条件知

$$\begin{cases}\lambda_x(t_1^{-})=\lambda_x(t_1^{+})+0\\ \lambda_y(t_1^{-})=\lambda_y(t_1^{+})+\boldsymbol{\pi}_y\end{cases}$$

由上述可得

$$-\frac{\cos\theta_{-}}{V}=-\frac{\cos\theta_{+}}{V(1+\varepsilon\cos\theta_{+})}$$

即

$$\sec\theta_{-}^{*}=\sec\theta_{+}^{*}+\varepsilon$$

由运动方程得

$$\begin{cases} x_f - x_1 = V(\cos\theta_+ + \varepsilon)(t_f - t_1) \\ y_f - y_1 = V\sin\theta_+ (t_f - t_1) \end{cases}$$

代入终点 $B(ah,(1+b)h)$，及 $y_1 = h$，得

$$\cot\theta_-^* = a - b(\cot\theta_+^* + \varepsilon\csc\theta_+^*)$$

综上，最优航向 θ_-^* 和 θ_+^* 可由下式确定

$$\begin{cases} \sec\theta_-^* = \sec\theta_+^* - \varepsilon \\ \cot\theta_-^* = a - b(\cot\theta_+{}^* + \varepsilon\csc\theta_+^*) \end{cases}$$

进一步可求出

$$x_1 = \frac{h}{\tan\theta_-^*}$$

$$t_1 = \frac{h}{V\sin\theta_-^*}$$

$$t_f = t_1 + (t_f - t_1) = \frac{h}{V\sin\theta_-^*} + \frac{bh}{V\sin\theta_+^*}$$

船舶航线由两段相接直线组成，故有

$$\begin{cases} \tan\theta_-^* = \dfrac{h}{x_1} \\ \tan\alpha^* = \dfrac{\sin\theta_+^*}{\cos\theta_+^* + \varepsilon} = \dfrac{bh}{ah - x_1} \end{cases}$$

习　　题

3-1　给定二阶系统 $\dot{\boldsymbol{x}} = \begin{pmatrix} 0 & 1 \\ -1 & 0 \end{pmatrix}\boldsymbol{x} + \begin{pmatrix} 0 \\ 1 \end{pmatrix}u$，$\boldsymbol{x}(0) = \begin{pmatrix} 0 \\ 1 \end{pmatrix}$。试确定控制 $u^*(t)$，将系统在 $t=2$ 时转移到原点，并使泛函 $J = \frac{1}{2}\int_0^2 u^2 \mathrm{d}t$ 取极小。

3-2　设有一阶系统 $\dot{x} = u$，$x(0) = 1$，求使 $J = \frac{1}{2}x^2(2) + \frac{1}{2}\int_0^2 u^2 \mathrm{d}t$ 最小的 $u^*(t)$。

3-3　已知线性系统的状态方程 $\dot{\boldsymbol{x}} = \begin{pmatrix} 0 & 1 \\ 0 & 0 \end{pmatrix}\boldsymbol{x} + \begin{pmatrix} 1 & 0 \\ 0 & 1 \end{pmatrix}\boldsymbol{u}$，给定 $\boldsymbol{x}^{\mathrm{T}}(0) = (1\ 1)$，$x_1(2) = 0$，求使泛函 $J = \frac{1}{2}\int_0^2 (u_1^2 + u_2^2)\mathrm{d}t$ 为极小的最优控制 $\boldsymbol{u}^*(t)$ 和最优轨迹 $\boldsymbol{x}^*(t)$。

3-4　系统状态方程和初始状态为 $\dot{\boldsymbol{x}} = \begin{pmatrix} 0 & 1 \\ 0 & 0 \end{pmatrix}\boldsymbol{x} + \begin{pmatrix} 0 \\ 1 \end{pmatrix}u$，$\begin{pmatrix} x_1(0) \\ x_2(0) \end{pmatrix} = \begin{pmatrix} 0 \\ 0 \end{pmatrix}$，求使系统从初态转移到目标集 $x_1(1) + x_2(1) = 1$，且使性能指标泛函 $J = \frac{1}{2}\int_0^1 u^2 \mathrm{d}t$ 为最小的最优控制 $u^*(t)$ 和最优轨迹 $\boldsymbol{x}^*(t)$。

3-5　系统状态方程 $\dot{\boldsymbol{x}} = \begin{pmatrix} 0 & 1 \\ 1 & 0 \end{pmatrix}\boldsymbol{x} + \begin{pmatrix} 0 \\ 1 \end{pmatrix}u$，求使系统从初态 $x_1(0) = x_2(0) = 0$，转移到

目标集 $x_1(2)+5x_2(2)=15$，且使性能指标泛函 $J=[x_1(2)-5]^2+[x_2(2)-2]^2+\int_0^2 u^2\mathrm{d}t$ 为最小的最优控制 $u^*(t)$ 和最优轨迹 $\boldsymbol{x}^*(t)$。

3-6　设有一阶系统 $\dot{x}=-x+u$，$x(0)=3$，试确定使系统从初态转移到零状态，并使泛函 $J=\int_0^{t_f}(1+u^2)\mathrm{d}t$ 取极小值的最优控制 $u^*(t)$ 和最优轨迹 $x^*(t)$。

3-7　已知受控系统 $\dot{x}=u$，$x(0)=1$，试求 $u^*(t)$ 和 t_f^*，使系统在 t_f 时刻转移到原点 $x(t_f)=0$，且 $J=t_f^2+\int_0^{t_f}u^2\mathrm{d}t$ 为最小。

3-8　设系统方程为 $\begin{cases}\dot{x}_1(t)=x_2(t)\\ \dot{x}_2(t)=u(t)\end{cases}$，求从已知初态 $x_1(0)=0$ 和 $x_2(0)=0$，转移到目标集（终端约束）$x_1(t_f)+x_2(t_f)=1$，且使性能指标泛函 $J=\dfrac{1}{2}\int_0^1 u^2(t)\mathrm{d}t$ 为最小的最优控制 $u^*(t)$ 和相应的最优曲线 $\boldsymbol{x}^*(t)$、最优终端时间 t_f^*。

3-9　已知线性二阶系统的微分方程 $\begin{cases}\dot{x}_1(t)=x_2(t)\\ \dot{x}_2(t)=u(t)\end{cases}$，及初始条件为 $\begin{cases}x_1(0)=1\\ x_2(0)=1\end{cases}$，求最优控制 $u^*(t)$，在 t_f 可变，$x_1(t_f)=-t_f^2$，$x_2(t_f)=0$ 条件下使性能指标 $J=\int_0^{t_f}u^2\mathrm{d}t$ 为最小。

第4章 极小值原理

利用经典变分法求解最优控制问题，泛函求极值的必要条件是在等式约束（如系统的状态方程）下，并且控制向量 $\boldsymbol{u}(t)$ 没有约束及状态方程对 $\boldsymbol{u}(t)$ 可微的情况下取得的。然而，在实际系统中，控制向量 $\boldsymbol{u}(t)$ 总是受到一定的限制，容许控制只能在一定的控制域内取值，因此，用经典变分法将难以处理这类控制向量受约束的最优控制问题。

极小值原理是求解控制向量受约束时的最优控制必要条件，这是经典变分法求泛函极值的扩充，所以又称为现代变分法。

4.1 经典变分法求解最优控制问题存在的问题

在实际工程问题中，控制向量 $\boldsymbol{u}(t)$ 往往受到一定的限制，如控制元件会饱和、驱动电机的力矩不可能无穷大、流量的最大值受到管道和阀门的限制等。一般可用如下不等式来表示

$$|u_i(t)|\leqslant M_i, i=1,2,\cdots,m$$

式中，$\boldsymbol{u}(t)=[u_1(t),u_2(t),\cdots,u_m(t)]^{\mathrm{T}}$，为一个有界闭集。

更一般的情况可用如下不等式约束来表示：

$$\boldsymbol{g}[\boldsymbol{x}(t),\boldsymbol{u}(t),t]\geqslant 0$$

若 $\boldsymbol{u}(t)$ 属于有界闭集，当 $\boldsymbol{u}(t)$ 在边界上取值时，因无法向边界外取值，$\delta\boldsymbol{u}$ 就不再是任意的。由于 $\boldsymbol{u}(t)$ 受到约束，在其容许取值范围内可能不存在 $\frac{\partial H}{\partial \boldsymbol{u}}=0$ 的解，也可能 $\frac{\partial H}{\partial \boldsymbol{u}}=0$ 的解并不能使哈密顿函数 H 取最小值，如图 4-1 所示。

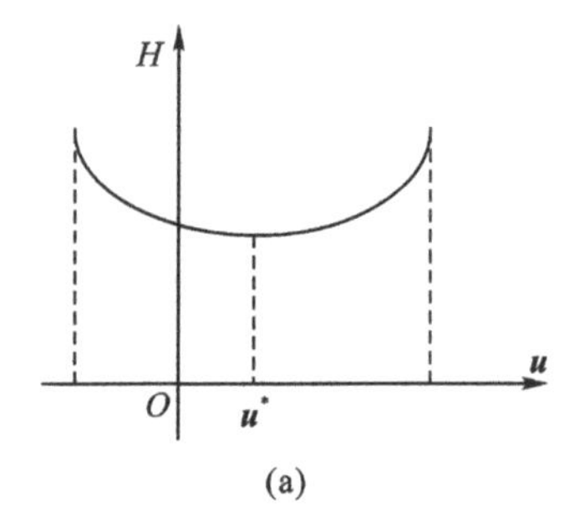

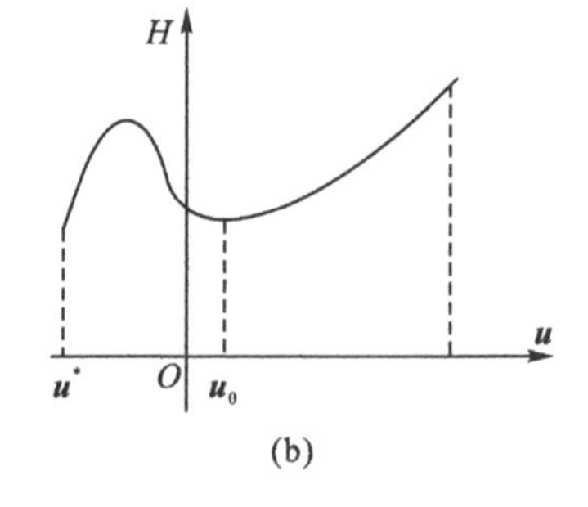

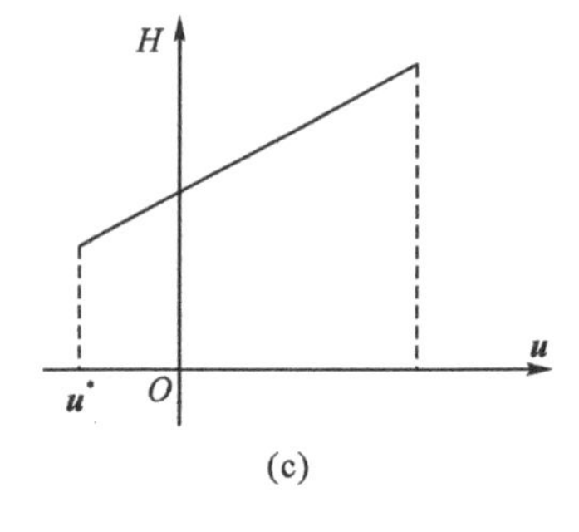

图 4-1 哈密顿函数 H 与控制向量 $\boldsymbol{u}$ 的关系

对于图 4 - 1(a)，$\dfrac{\partial H}{\partial \boldsymbol{u}}=0$ 仍对应最优解 $\boldsymbol{u}^*$；而图 4 - 1(b)，$\dfrac{\partial H}{\partial \boldsymbol{u}}=0$ 所对应的解 $\boldsymbol{u}_0$ 不是最优解，最优解 $\boldsymbol{u}^*$ 在边界上；图 4 - 1(c)，$\dfrac{\partial H}{\partial \boldsymbol{u}}=$ 常数，方程解不出 $\boldsymbol{u}^*$，但最优解 $\boldsymbol{u}^*$ 存在，且在边界上。

此外，在应用经典变分法求解最优控制问题时，要求函数 $\boldsymbol{f}(\boldsymbol{x},\boldsymbol{u},t)$ 和 $L(\boldsymbol{x},\boldsymbol{u},t)$ 关于所有自变量二次连续可微，要求哈密顿函数 H 关于控制变量 $\boldsymbol{u}$ 的偏导数存在。这使得像消耗燃料最少这类性能泛函 $J=\int_{t_0}^{t_f}|\boldsymbol{u}(t)|\mathrm{d}t$ 就无法用经典变分法解决，因为目标函数中存在 $|\boldsymbol{u}(t)|$，从而使 $L(\boldsymbol{x}\ \boldsymbol{u},t)$ 关于 $\boldsymbol{u}$ 不可微，哈密顿函数 H 关于 $\boldsymbol{u}$ 的偏导数不存在。

为了解决经典变分法在求解最优控制问题中存在的上述问题，苏联数学家庞特里雅金提出并证明了极小值原理，其结论与经典变分法的结论有许多相似之处，能够应用于控制变量受边界限制的情况，并且不要求哈密顿函数对控制向量连续可微，因此获得了广泛应用。

4.2 连续系统的极小值原理

在实际的控制系统中，有很多问题要求控制变量或状态变量在某一范围内，不允许超出规定的范围，这就对控制变量或状态变量构成不等式约束。例如：$\alpha \leqslant \boldsymbol{u}(t) \leqslant \beta$。此这种情况下，连续系统最优控制问题可描述如下。

设 n 维系统状态方程

$$\dot{\boldsymbol{x}}(t)=\boldsymbol{f}[x(t),\boldsymbol{u}(t),t] \tag{4-1}$$

式中：$\boldsymbol{x}(t)$ 为 n 维状态向量；$\boldsymbol{u}(t)$ 为 r 维控制向量；$\boldsymbol{f}(\cdot)$ 为 n 维向量函数。

始端时间和始端状态

$$\boldsymbol{x}(t_0)=\boldsymbol{x}_0 \tag{4-2}$$

终端时间和终端状态满足约束方程

$$\boldsymbol{N}_1[\boldsymbol{x}(t_f),t_f]=0 \tag{4-3}$$

控制向量取值于

$$\boldsymbol{g}[\boldsymbol{x}(t),\boldsymbol{u}(t),t]\geqslant 0 \tag{4-4}$$

满足式(4 - 1)至式(4 - 3)的状态曲线 $\boldsymbol{x}(t)$ 称为容许曲线。满足式(4 - 4)，并使 $\boldsymbol{x}(t)$ 成为容许曲线的分段连续函数 $\boldsymbol{u}(t)$ 称为容许控制，所有的容许控制函数构成容许控制集，记为 $\boldsymbol{R}_u$。

极小值原理讨论的问题就是在容许控制集合中找一个容许控制 $\boldsymbol{u}(t)$，让它与其对应的容许曲线 $\boldsymbol{x}(t)$ 一起使下列性能指标泛函取极小值，即

$$\min J=\Phi[\boldsymbol{x}(t_f),t_f]+\int_{t_0}^{t_f}L[\boldsymbol{x}(t),\boldsymbol{u}(t),t]\mathrm{d}t \tag{4-5}$$

这种最优控制问题与应用经典变分法求解最优控制问题，除了控制向量 $\boldsymbol{u}(t)$ 受到式(4 - 4)的约束条件外，其余条件完全相同。

定理 4-1 设 n 维系统的状态方程为

$$\dot{\boldsymbol{x}}(t)=\boldsymbol{f}[\boldsymbol{x}(t),\boldsymbol{u}(t),t]$$

控制向量 $\boldsymbol{u}(t)$ 是分段连续函数，为 r 维空间中的有界闭集，应满足

$$\boldsymbol{g}[\boldsymbol{x}(t),\boldsymbol{u}(t),t]\geqslant 0$$

则为把状态 $\boldsymbol{x}(t)$ 的初态

$$\boldsymbol{x}(t_0)=\boldsymbol{x}_0$$

转移到满足终端边界条件

$$\boldsymbol{N}_1[\boldsymbol{x}(t_f),t_f]=0$$

的终端，其中 t_f 可变或固定，并使性能指标

$$J=\Phi[\boldsymbol{x}(t_f),t_f]+\int_{t_0}^{t_f}L[\boldsymbol{x}(t),\boldsymbol{u}(t),t]\mathrm{d}t$$

达到极小值，以实现最优控制的必要条件如下

(1)设 $\boldsymbol{u}^*(t)$ 是最优控制，$\boldsymbol{x}^*(t)$ 为由此产生的最优曲线，则存在一与 $\boldsymbol{u}^*(t)$ 和 $\boldsymbol{x}^*(t)$ 对应的最优伴随向量 $\boldsymbol{\lambda}^*(t)$，使 $\boldsymbol{x}^*(t)$ 和元 $\boldsymbol{\lambda}^*(t)$ 满足正则方程

$$\dot{\boldsymbol{x}}(t)=\frac{\partial H}{\partial \boldsymbol{\lambda}}=\boldsymbol{f}[\boldsymbol{x}(t),\boldsymbol{u}(t),t]$$

$$\dot{\boldsymbol{\lambda}}(t)=-\frac{\partial H}{\partial \boldsymbol{x}}$$

式中，哈密顿函数为 $H[\boldsymbol{x}(t),\boldsymbol{u}(t),\boldsymbol{\lambda}(t),t]=L[\boldsymbol{x}(t),\boldsymbol{u}(t),t]+\boldsymbol{\lambda}^{\mathrm{T}}\boldsymbol{f}[\boldsymbol{x}(t),\boldsymbol{u}(t),t]$

(2)在最优曲线 $\boldsymbol{x}^*(t)$ 上与最优控制 $\boldsymbol{u}^*(t)$ 对应的哈密顿函数为极小值的条件，即

$$H[\boldsymbol{x}^*(t),\boldsymbol{u}^*(t),\boldsymbol{\lambda}^*(t),t]=\min_{\boldsymbol{u}(t)\in \boldsymbol{R}_n}H[\boldsymbol{x}^*(t),\boldsymbol{u}(t),\boldsymbol{\lambda}^*(t),t]$$

(3)始端边界条件与终端横截条件：

$$\boldsymbol{x}(t_0)=\boldsymbol{x}_0$$

$$\boldsymbol{N}_1[\boldsymbol{x}(t_f),t_f]=0$$

$$\boldsymbol{\lambda}(t_f)=\left[\frac{\partial \Phi}{\partial \boldsymbol{x}}+\left(\frac{\partial \boldsymbol{N}_1}{\partial \boldsymbol{x}}^{\mathrm{T}}\right)v\right]\Bigg|_{t=t_f}$$

(4)终端时刻 t_f 可变时，用来确定 t_f 的终端横截条件：

$$H(t_f)=-\left[\frac{\partial \Phi}{\partial t}+\boldsymbol{v}^{\mathrm{T}}\left(\frac{\partial \boldsymbol{N}_1}{\partial t}^{\mathrm{T}}\right)\right]\Bigg|_{t=t_f}$$

极小值原理表明，使性能指标泛函 J 为极小值的控制必定使哈密顿函数 H 为极小值。即最优控制 $\boldsymbol{u}^*(t)$ 使哈密顿函数 H 取极小值，“极小值原理”一词正源于此。这一原理首先是由苏联数学家庞特里雅金提出并加以严格证明。在证明过程中 $\boldsymbol{\lambda}$ 和 $\boldsymbol{H}$ 的符号恰好与这里的定义相反，所以在苏联的有关文献中均称“极大值原理”。

证明：极小值原理的证明是相当烦琐和复杂的，仅要求掌握主要结论并学会应用去解决实际问题，故只简单概述原理证明。

比较定理 4-1 极大值定理的提法和经典变分法相比较，最显著的差别是对控制 $\boldsymbol{u}(t)$ 加上了有界闭集的约束条件式(4-4)。因此，关键是怎样处理约束条件式，若能设法把约束式

人为地化成等式约束,并用一新的连续函数取代分段连续函数 $\boldsymbol{u}(t)$,问题就解决了。

引进两个新的变量 $\boldsymbol{z}$ 和 $\boldsymbol{w}$,并令

$$(\dot{\boldsymbol{z}})^2=\boldsymbol{g}[\boldsymbol{x}(t),\boldsymbol{u}(t),t],\boldsymbol{z}(t_0)=0 \tag{4-6}$$

$$\dot{\boldsymbol{w}}=\boldsymbol{u}(t),\boldsymbol{w}(t_0)=0 \tag{4-7}$$

由式(4-6)可见,无论 $\dot{\boldsymbol{z}}$ 是正是负,其左边 $(\dot{\boldsymbol{z}})^2$ 恒非负,即 $\boldsymbol{g}[\boldsymbol{x}(t),\boldsymbol{u}(t),t]$ 恒非负,因而不等式(4-4)必然成立。

由式(4-7)可知,$\boldsymbol{u}(t)$ 是分段连续函数,则 $w(t)$ 必是分段光滑的连续函数。

处理后,最优控制问题转化成:在微分方程等式约束 $\dot{\boldsymbol{x}}=\boldsymbol{f}[\boldsymbol{x}(t),\boldsymbol{u}(t),t]$,终端边界条件等式约束 $\boldsymbol{N}_1[\boldsymbol{x}(t_f),t_f]=0$ 和人为等式约束 $(\dot{\boldsymbol{z}})^2=\boldsymbol{g}[\boldsymbol{x}(t),\boldsymbol{u}(t),t]$ 下的条件极值问题。

应用拉格朗日乘子法,引入一新的 p 维拉格朗日乘子 $\boldsymbol{\Gamma}$,则问题化为求如下广义性能指标的极值:

$$\begin{aligned}J=&\Phi[\boldsymbol{x}(t_f),t_f]+\boldsymbol{v}^{\mathrm{T}}(t)\boldsymbol{N}_1[\boldsymbol{x}(t_f),t_f]\\&+\int_{t_0}^{t_f}\{L[\boldsymbol{x},\dot{\boldsymbol{w}},t]+\boldsymbol{\lambda}^{\mathrm{T}}[\boldsymbol{f}(\boldsymbol{x},\dot{\boldsymbol{w}},t)-\dot{\boldsymbol{x}}]+\boldsymbol{\Gamma}^{\mathrm{T}}[g[\boldsymbol{x},\dot{\boldsymbol{w}},t]-\dot{\boldsymbol{z}}^2]\}\mathrm{d}t\end{aligned} \tag{4-8}$$

令

$$H[\boldsymbol{x},\boldsymbol{\lambda},\dot{\boldsymbol{w}},t]=L[\boldsymbol{x},\dot{\boldsymbol{w}},t]-\boldsymbol{\lambda}^{\mathrm{T}}f[\boldsymbol{x},\dot{\boldsymbol{w}},t]$$

$$\Psi[\boldsymbol{x},\dot{\boldsymbol{x}},\boldsymbol{w},\dot{\boldsymbol{w}},\boldsymbol{z},\dot{\boldsymbol{z}},\boldsymbol{\lambda},\boldsymbol{\Gamma},t]=H[\boldsymbol{x},\boldsymbol{\lambda},\dot{\boldsymbol{w}},t]-\boldsymbol{\lambda}^{\mathrm{T}}\dot{\boldsymbol{x}}+\boldsymbol{\Gamma}^{\mathrm{T}}[g(\boldsymbol{x},\dot{\boldsymbol{w}},t)-\dot{\boldsymbol{z}}^2] \tag{4-9}$$

则式(4-8)可改写为

$$J(\boldsymbol{u})=\Phi[\boldsymbol{x}(t_f),t_f]+\boldsymbol{v}^{\mathrm{T}}(t)\boldsymbol{N}_1[\boldsymbol{x}(t_f),t_f]+\int_{t_0}^{t_f}\Psi[\boldsymbol{x},\dot{\boldsymbol{x}},\boldsymbol{w},\dot{\boldsymbol{w}},\boldsymbol{z},\dot{\boldsymbol{z}},\boldsymbol{\lambda},\boldsymbol{\Gamma},t]\mathrm{d}t \tag{4-10}$$

求广义性能指标式(4-10)的一阶变分,即

$$\delta J=\delta J_{t_f}+\delta J_x+\delta J_w+\delta J_z \tag{4-11}$$

式中,δJ_{t_f}、δJ_x、δJ_w、δJ_z 分别是由于 t_f、$\boldsymbol{x}$、$\boldsymbol{w}$ 和 $\boldsymbol{z}$ 的微变所产生的一阶变分,可推导如下。

$$\delta J_{t_f}=\frac{\partial}{\partial t_f}\left\{\Phi+\boldsymbol{v}^{\mathrm{T}}\boldsymbol{N}_1+\int_{t_0}^{t_f+\delta t_f}\Psi\mathrm{d}t\right\}\Bigg|_{t=t_f}\delta t_f=\left\{\frac{\partial\Phi}{\partial t_f}+\frac{\partial\boldsymbol{N}_1{}^{\mathrm{T}}}{\partial t_f}\boldsymbol{v}+\Psi\right\}\Bigg|_{t=t_f}\delta t_f \tag{4-12}$$

$$\begin{aligned}\delta J_x&=\delta\boldsymbol{x}_f{}^{\mathrm{T}}\frac{\partial}{\partial\boldsymbol{x}}\{\Phi+\boldsymbol{v}^{\mathrm{T}}\boldsymbol{N}_1\}\Bigg|_{t=t_f}+\int_{t_0}^{t_f}\left(\delta\boldsymbol{x}^{\mathrm{T}}\frac{\partial\Psi}{\partial\boldsymbol{x}}+\delta\dot{\boldsymbol{x}}^{\mathrm{T}}\frac{\partial\Psi}{\partial\dot{\boldsymbol{x}}}\right)\mathrm{d}t\\&=\delta\boldsymbol{x}_f{}^{\mathrm{T}}\left\{\frac{\partial\Phi}{\partial\boldsymbol{x}}+\frac{\partial\boldsymbol{N}_1{}^{\mathrm{T}}}{\partial\boldsymbol{x}}v\right\}\Bigg|_{t=t_f}+\int_{t_0}^{t_f}\delta\boldsymbol{x}^{\mathrm{T}}\left(\frac{\partial\Psi}{\partial\boldsymbol{x}}-\frac{\mathrm{d}}{\mathrm{d}t}\frac{\partial\Psi}{\partial\dot{\boldsymbol{x}}}\right)\mathrm{d}t+\delta\boldsymbol{x}^{\mathrm{T}}\frac{\partial\Psi}{\partial\dot{\boldsymbol{x}}}\Bigg|_{t=t_f}\end{aligned}$$

因 $\delta\boldsymbol{x}_f=\delta\boldsymbol{x}(t_f)+\dot{\boldsymbol{x}}(t_f)\delta t_f$,故

$$\begin{aligned}\delta J_x=&\delta\boldsymbol{x}_f{}^{\mathrm{T}}\left\{\frac{\partial\Phi}{\partial\boldsymbol{x}}+\frac{\partial\boldsymbol{N}_1{}^{\mathrm{T}}}{\partial\boldsymbol{x}}\boldsymbol{v}+\frac{\partial\Psi}{\partial\dot{\boldsymbol{x}}}\right\}\Bigg|_{t=t_f}-\dot{\boldsymbol{x}}^{\mathrm{T}}\frac{\partial\Psi}{\partial\dot{\boldsymbol{x}}}\Bigg|_{t=t_f}\delta t_f\\&+\int_{t_0}^{t_f}\delta\boldsymbol{x}^{\mathrm{T}}\left(\frac{\partial\Psi}{\partial\boldsymbol{x}}-\frac{\mathrm{d}}{\mathrm{d}t}\frac{\partial\Psi}{\partial\dot{\boldsymbol{x}}}\right)\mathrm{d}t\end{aligned} \tag{4-13}$$

$$\delta J_w=\delta\boldsymbol{w}^{\mathrm{T}}\frac{\partial\Psi}{\partial\dot{\boldsymbol{w}}}\Bigg|_{t=t_f}+\int_{t_0}^{t_f}\delta\boldsymbol{w}^{\mathrm{T}}\left(\frac{\partial\Psi}{\partial\boldsymbol{w}}-\frac{\mathrm{d}}{\mathrm{d}t}\frac{\partial\Psi}{\partial\dot{\boldsymbol{w}}}\right)\mathrm{d}t \tag{4-14}$$

$$\delta J_z=\delta\boldsymbol{z}^{\mathrm{T}}\frac{\partial\Psi}{\partial\dot{\boldsymbol{z}}}\Bigg|_{t=t_f}+\int_{t_0}^{t_f}\delta\boldsymbol{z}^{\mathrm{T}}\left(\frac{\partial\Psi}{\partial\boldsymbol{z}}-\frac{\mathrm{d}}{\mathrm{d}t}\frac{\partial\Psi}{\partial\dot{\boldsymbol{z}}}\right)\mathrm{d}t \tag{4-15}$$

将式 (4-12)至式 (4-15)代入式 (4-11),得

$$\begin{aligned}\delta J = & \delta t_f \left\{\frac{\partial \Phi}{\partial x} + \frac{\partial \boldsymbol{N}_1}{\partial t_f}^{\mathrm{T}} \boldsymbol{v} + \boldsymbol{\Psi} - \dot{\boldsymbol{x}}^{\mathrm{T}}(t) \frac{\partial \boldsymbol{\Psi}}{\partial \dot{\boldsymbol{x}}}\right\}\Bigg|_{t=t_f} \\ & + \delta \boldsymbol{x}_f{}^{\mathrm{T}} \left\{\frac{\partial \Phi}{\partial \boldsymbol{x}} + \frac{\partial \boldsymbol{N}_1}{\partial \boldsymbol{x}}^{\mathrm{T}} \boldsymbol{v} + \frac{\partial \boldsymbol{\Psi}}{\partial \dot{\boldsymbol{x}}}\right\}\Bigg|_{t=t_f} + \int_{t_0}^{t_f} \delta \boldsymbol{x}^{\mathrm{T}} \left(\frac{\partial \boldsymbol{\Psi}}{\partial \boldsymbol{x}} - \frac{\mathrm{d}}{\mathrm{d}t} \frac{\partial \boldsymbol{\Psi}}{\partial \dot{\boldsymbol{x}}}\right) \mathrm{d}t \\ & + \delta \boldsymbol{w}^{\mathrm{T}} \frac{\partial \boldsymbol{\Psi}}{\partial \dot{\boldsymbol{w}}}\Bigg|_{t=t_f} + \int_{t_0}^{t_f} \delta \boldsymbol{w}^{\mathrm{T}} \left(\frac{\partial \boldsymbol{\Psi}}{\partial \boldsymbol{w}} - \frac{\mathrm{d}}{\mathrm{d}t} \frac{\partial \boldsymbol{\Psi}}{\partial \dot{\boldsymbol{w}}}\right) \mathrm{d}t \\ & + \delta \boldsymbol{z}^{\mathrm{T}} \frac{\partial \boldsymbol{\Psi}}{\partial \dot{\boldsymbol{z}}}\Bigg|_{t=t_f} + \int_{t_0}^{t_f} \delta \boldsymbol{z}^{\mathrm{T}} \left(\frac{\partial \boldsymbol{\Psi}}{\partial \boldsymbol{z}} - \frac{\mathrm{d}}{\mathrm{d}t} \frac{\partial \boldsymbol{\Psi}}{\partial \dot{\boldsymbol{z}}}\right) \mathrm{d}t\end{aligned}$$

易知 δt_f 和 $\delta \boldsymbol{x}_f$是任意的。由式(4-6)和式(4-7)可知,因 $\dot{\boldsymbol{w}}$ 和 $\dot{\boldsymbol{z}}$ 可正可负,故 $\boldsymbol{w}$ 和 $\boldsymbol{z}$ 可为任意实数,可见 $\delta \boldsymbol{w}$ 和 $\delta \boldsymbol{z}$ 也是任意的。于是由 $\delta J=0$,可推出广义性能指标取极值的必要条件:

(1)欧拉方程

$$\frac{\partial \boldsymbol{\Psi}}{\partial \boldsymbol{x}} - \frac{\mathrm{d}}{\mathrm{d}t} \frac{\partial \boldsymbol{\Psi}}{\partial \dot{\boldsymbol{x}}} = 0 \tag{4-16}$$

$$\frac{\partial \boldsymbol{\Psi}}{\partial \boldsymbol{w}} - \frac{\mathrm{d}}{\mathrm{d}t} \frac{\partial \boldsymbol{\Psi}}{\partial \dot{\boldsymbol{w}}} = 0, \frac{\mathrm{d}}{\mathrm{d}t} \frac{\partial \boldsymbol{\Psi}}{\partial \dot{\boldsymbol{w}}} = 0 \tag{4-17}$$

$$\frac{\partial \boldsymbol{\Psi}}{\partial \boldsymbol{z}} - \frac{\mathrm{d}}{\mathrm{d}t} \frac{\partial \boldsymbol{\Psi}}{\partial \dot{\boldsymbol{z}}} = 0, \frac{\mathrm{d}}{\mathrm{d}t} \frac{\partial \boldsymbol{\Psi}}{\partial \dot{\boldsymbol{z}}} = 0 \tag{4-18}$$

(2)横截条件

$$\left\{\frac{\partial \Phi}{\partial t_f} + \frac{\partial \boldsymbol{N}_1}{\partial t_f}^{\mathrm{T}} \boldsymbol{v} + \boldsymbol{\Psi} - \dot{\boldsymbol{x}}^{\mathrm{T}}(t) \frac{\partial \boldsymbol{\Psi}}{\partial \dot{\boldsymbol{x}}}\right\}\Bigg|_{t=t_f} = 0 \tag{4-19}$$

$$\left\{\frac{\partial \Phi}{\partial \boldsymbol{x}} + \frac{\partial \boldsymbol{N}_1}{\partial \boldsymbol{x}}^{\mathrm{T}} \boldsymbol{v} + \frac{\partial \boldsymbol{\Psi}}{\partial \dot{\boldsymbol{x}}}\right\}\Bigg|_{t=t_f} = 0 \tag{4-20}$$

$$\frac{\partial \boldsymbol{\Psi}}{\partial \dot{\boldsymbol{w}}}\Bigg|_{t=t_f} = 0, \frac{\partial \boldsymbol{\Psi}}{\partial \dot{\boldsymbol{z}}}\Bigg|_{t=t_f} = 0 \tag{4-21}$$

把式(4-9)代入式(4-16)至式(4-21),并注意$\frac{\partial \boldsymbol{\Psi}}{\partial \dot{\boldsymbol{x}}} = -\boldsymbol{\lambda}$,可得到如下方程。

(1)欧拉方程

$$\begin{gathered}\dot{\boldsymbol{\lambda}} = -\frac{\partial H}{\partial \boldsymbol{x}} - \frac{\partial \boldsymbol{g}^{\mathrm{T}}}{\partial \boldsymbol{x}} \boldsymbol{\Gamma} \\ \frac{\mathrm{d}}{\mathrm{d}t}\left(\frac{\partial H}{\partial \dot{\boldsymbol{w}}} + \frac{\partial \boldsymbol{g}^{\mathrm{T}}}{\partial \dot{\boldsymbol{w}}} \boldsymbol{\Gamma}\right) = 0 \\ \frac{\mathrm{d}}{\mathrm{d}t}(\boldsymbol{\Gamma}^{\mathrm{T}} \dot{\boldsymbol{z}}) = 0\end{gathered} \tag{4-22}$$

(2)横截条件

$$\left\{\frac{\partial \Phi}{\partial t_f} + \frac{\partial \boldsymbol{N}_1}{\partial t_f}^{\mathrm{T}} \boldsymbol{v} + H\right\}\Bigg|_{t=t_f} = 0$$

$$\left\{\frac{\partial \Phi}{\partial \boldsymbol{x}} + \frac{\partial \boldsymbol{N}_1}{\partial \boldsymbol{x}}^{\mathrm{T}} \boldsymbol{v} - \boldsymbol{\lambda}\right\}\Bigg|_{t=t_f} = 0$$

$$\left\{\frac{\partial H}{\partial \dot{\boldsymbol{w}}}+\frac{\partial \boldsymbol{g}^{\mathrm{T}}}{\partial \dot{\boldsymbol{w}}}\boldsymbol{\Gamma}\right\}\bigg|_{t=t_f}=0$$

$$\boldsymbol{\Gamma}^{\mathrm{T}}\dot{\boldsymbol{z}}\big|_{t=t_f}=0$$

由上列方程可知：

(1)由式(4-22)可以看出，只是在 $\boldsymbol{g}$ 不依赖于 $\boldsymbol{x}$ 的情况下，才有 $\dot{\boldsymbol{\lambda}}=-\frac{\partial H}{\partial \boldsymbol{x}}$。

(2)由式(4-17)和式(4-18)可知$\frac{\partial \Psi}{\partial \dot{\boldsymbol{w}}}$和$\frac{\partial \Psi}{\partial \dot{\boldsymbol{z}}}$均为常数；而由式(4-21)又知它们在终端处为零，可见$\frac{\partial \Psi}{\partial \dot{\boldsymbol{w}}}$和$\frac{\partial \Psi}{\partial \dot{\boldsymbol{z}}}$沿最优曲线恒等于零。

值得指出的是，式(4-16)至式(4-21)只是指明了最优解的必要条件，为使最优解是极小，还必须满足维尔斯特拉斯 E 函数沿最优曲线非负的条件，即

$$E=\Psi(\boldsymbol{x}^*,\boldsymbol{w}^*,\boldsymbol{z}^*,\dot{\boldsymbol{x}},\dot{\boldsymbol{w}},\dot{\boldsymbol{z}})-\Psi(\boldsymbol{x}^*,\boldsymbol{w}^*,\boldsymbol{z}^*,\dot{\boldsymbol{x}}^*,\dot{\boldsymbol{w}}^*,\dot{\boldsymbol{z}}^*)$$

$$-(\dot{\boldsymbol{x}}-\dot{\boldsymbol{x}}^*)^{\mathrm{T}}\frac{\partial \Psi}{\partial \dot{\boldsymbol{x}}^*}-(\dot{\boldsymbol{w}}-\dot{\boldsymbol{w}}^*)^{\mathrm{T}}\frac{\partial \Psi}{\partial \dot{\boldsymbol{w}}^*}-(\dot{\boldsymbol{z}}-\dot{\boldsymbol{z}}^*)^{\mathrm{T}}\frac{\partial \Psi}{\partial \dot{\boldsymbol{z}}^*}\geqslant 0$$

由于沿最优曲线$\frac{\partial \Psi}{\partial \dot{\boldsymbol{w}}}=\frac{\partial \Psi}{\partial \dot{\boldsymbol{z}}}\equiv 0$，且$(\dot{\boldsymbol{z}})^2=g[\boldsymbol{x}(t),\dot{\boldsymbol{w}}(t),t]$，则有

$$E=H(\boldsymbol{x}^*,\boldsymbol{\lambda}^*,\dot{\boldsymbol{w}},t)-H(\boldsymbol{x}^*,\boldsymbol{\lambda}^*,\dot{\boldsymbol{w}}^*,t)\geqslant 0$$

即

$$H(\boldsymbol{x}^*,\boldsymbol{\lambda}^*,\dot{\boldsymbol{w}}^*,t)\leqslant H(\boldsymbol{x}^*,\boldsymbol{\lambda}^*,\dot{\boldsymbol{w}},t)$$

$$H(\boldsymbol{x}^*,\boldsymbol{\lambda}^*,\boldsymbol{u}^*,t)\leqslant H(\boldsymbol{x}^*,\boldsymbol{\lambda}^*,\boldsymbol{u},t)$$

也就是说，如果把哈密顿函数 H 看成 $\boldsymbol{u}(t)\in\boldsymbol{R}_u$ 的函数，则在最优曲线 $\boldsymbol{x}^*(t)$ 上与最优控制 $\boldsymbol{u}^*(t)$ 对应的 H 将取最小值。

极大值原理和经典变分法对解同类问题只在定理 4-1 中的条件(2)上有差别。极大值原理为

$$H[\boldsymbol{x}^*(t),\boldsymbol{u}^*(t),\boldsymbol{\lambda}^*(t),t]=\min_{\boldsymbol{u}(t)\in R_n}H[\boldsymbol{x}^*(t),\boldsymbol{u}(t),\boldsymbol{\lambda}^*(t),t]$$

即对一切 $t\in[t_0,t_f]$ 取遍 $\boldsymbol{R}_u$ 中的所有点，能使哈密顿函数 H 取绝对极小值的容许控制 $\boldsymbol{u}^*(t)$ 就是最优控制。

经典变分法的相应条件为$\frac{\partial H}{\partial \boldsymbol{u}}=0$，即哈密顿函数 H 为 $\boldsymbol{u}^*(t)$ 取驻值。它只能给出 H 函数的局部极值点，对于边界上的极值点无能为力，它仅是前者的一种特例。

也就是说在极大值原理中，容许控制条件放宽了。另外，极大值原理不要求哈密顿函数对控制向量的可微性，因而扩大了应用范围。由此可见，极大值原理比经典变分法具有真正的实用价值。

对于始端为 $\boldsymbol{x}(t_0)=\boldsymbol{x}_0$ 的时变连续系统极大值原理的必要条件中，各种最优控制问题的终端横截条件见表 4-1。

表 4-1 时变连续系统极大值原理必要条件的终端横截条件

性能指标	终端状态	哈密顿函数	终端横截条件	H 变化率(t_f 自由)
$J=\Phi[\boldsymbol{x}(t_f),t_f]+\int_{t_0}^{t_f}L[\boldsymbol{x}(t),\boldsymbol{u}(t),t]\mathrm{d}t$	受约束	$H=L+\boldsymbol{\lambda}^{\mathrm{T}}f$	$\boldsymbol{N}_1[\boldsymbol{x}(t_f),t_f]=0$ $\boldsymbol{\lambda}(t_f)=\left[\frac{\partial\Phi}{\partial\boldsymbol{x}}+\left(\frac{\partial\boldsymbol{N}_1{}^{\mathrm{T}}}{\partial\boldsymbol{x}}\right)\gamma\right]_{t_f}$	$H^*(t_f^*)=-\left[\frac{\partial\Phi}{\partial t}+\boldsymbol{\gamma}^{\mathrm{T}}\frac{\partial\boldsymbol{N}_1}{\partial\boldsymbol{x}}\right]_{t_f}$
	自由		$\boldsymbol{\lambda}(t_f)=\frac{\partial\Phi}{\partial\boldsymbol{x}(t_f)}$	$H^*(t_f^*)=-\frac{\partial\Phi}{\partial t_f}$
$J=\int_{t_0}^{t_f}L[\boldsymbol{x}(t),\boldsymbol{u}(t),t]\mathrm{d}t$	受约束		$\boldsymbol{N}_1[\boldsymbol{x}(t_f),t_f]=0$ $\boldsymbol{\lambda}(t_f)=\left[\frac{\partial\Phi}{\partial\boldsymbol{x}}+\left(\frac{\partial\boldsymbol{N}_1{}^{\mathrm{T}}}{\partial\boldsymbol{x}}\right)\gamma\right]_{t_f}$	$H^*(t_f^*)=\boldsymbol{\gamma}^{\mathrm{T}}\frac{\partial\boldsymbol{N}_1}{\partial t_f}$
	自由		$\boldsymbol{\lambda}(t_f)=0$	$H^*(t_f^*)=0$
	固定		$\boldsymbol{x}(t_f)=x_f$	$H^*(t_f^*)=0$
$J=\Phi[x(t_f),t_f]$	受约束	$H=\boldsymbol{\lambda}^{\mathrm{T}}f$	$\boldsymbol{N}_1[\boldsymbol{x}(t_f),t_f]=0$ $\boldsymbol{\lambda}(t_f)=\left[\frac{\partial\Phi}{\partial\boldsymbol{x}}+\left(\frac{\partial\boldsymbol{N}_1{}^{\mathrm{T}}}{\partial\boldsymbol{x}}\right)\gamma\right]_{t_f}$	$H^*(t_f^*)=-\left[\frac{\partial\Phi}{\partial t}+\boldsymbol{\gamma}^{\mathrm{T}}\frac{\partial\boldsymbol{N}_1}{\partial\boldsymbol{x}}\right]_{t_f}$
	自由		$\boldsymbol{\lambda}(t_f)=\frac{\partial\Phi}{\partial\boldsymbol{x}(t_f)}$	$H^*(t_f^*)=-\frac{\partial\Phi}{\partial t_f}$

注：对于定常连续系统，当 t_f 可变时 H 变化率 $H^*(t_f^*)=0$，其余情况均与表中相同。

例 4.1 设系统方程及初始条件为

$$\dot{x}_1(t)=-x_1(t)+u(t),\quad x_1(0)=1$$

$$\dot{x}_2(t)=x_1(t),\quad x_2(0)=0$$

其中，$|u(t)|\leqslant 1$。若系统终态 $\boldsymbol{x}(t_f)$ 自由，试求 $u^*(t)$ 使性能指标 $J=x_2(1)$ 取极小值。

解：本例为定常系统、终端型性能指标、t_f 固定、终端状态 $\boldsymbol{x}(t_f)$ 自由、控制受约束的最优控制问题。由题意

$$\Phi[\boldsymbol{x}(t_f)]=x_2(1),t_f=1$$

构造哈密顿函数

$$H(x,u,\lambda)=\lambda_1(-x_1+u)+\lambda_2x_1=(\lambda_2-\lambda_1)x_1+\lambda_1u$$

为使变量 $u(t)$ 的函数 H 在约束 $|u(t)|\leqslant 1$ 条件下达到极小值，显然应取

$$u^*(t)=-\operatorname{sgn}\{\lambda_1\}=\begin{cases}-1,\lambda_1>0\\+1,\lambda_1<0\end{cases}$$

由伴随方程可得

$$\dot{\lambda}_2=-\frac{\partial H}{\partial x_2}=0,\qquad \lambda_2(t)=c_2$$

$$\dot{\lambda}_1=-\frac{\partial H}{\partial x_2}=\lambda_1-\lambda_2,\quad \lambda_1(t)=c_1\mathrm{e}^t+c_2$$

式中，c_1 和 c_2 为待定常数。

由横截条件

$$\lambda_1(1)=\frac{\partial \Phi}{\partial x_1(1)}=0,\lambda_2(1)=\frac{\partial \Phi}{\partial x_2(1)}=1$$

解出

$$c_1=-\mathrm{e}^{-1},c_2=1$$

故有

$$\lambda_1(t)=1-\mathrm{e}^{t-1},\lambda_2(t)=1$$

其中，$\lambda_1(t)$曲线如图 4-2 所示。

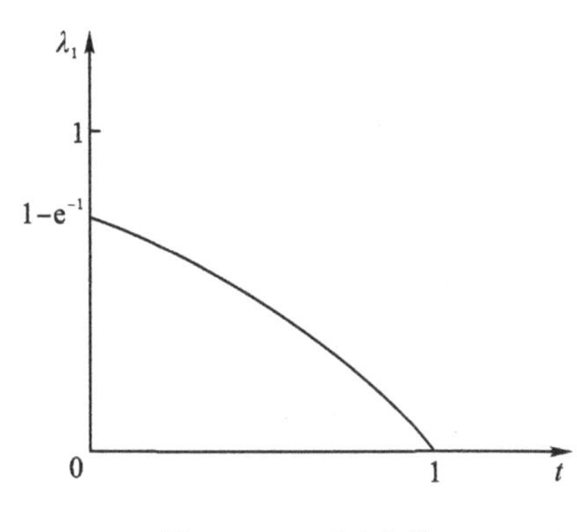

图 4-2　$\lambda_1(t)$曲线

易知

$$\lambda_1(t)=1-\mathrm{e}^{t-1},\quad \forall t\in[0,1)$$
$$\lambda_1(t)=0,\quad t=1$$

故所求最优控制为

$$u^*(t)=\begin{cases}-1,\forall t\in[0,1)\\0,t=1\end{cases}$$

将 $u^*(t)$代入状态方程，得

$$\dot{x}_1(t)=-x_1(t)-1,\quad x_1(0)=1$$
$$\dot{x}_2(t)=x_1(t),\quad x_2(0)=0$$

解得

$$\begin{cases}x_1{}^*(t)=2\mathrm{e}^{-t}-1\\x_2{}^*(t)=-2\mathrm{e}^{-t}-t+2\end{cases}$$

由此得到性能泛函的极小值为

$$J=x_2(1)=-2\mathrm{e}^{-1}+1=0.2642$$

针对例 4.1 中的问题，可由 MATLAB 求解，代码如下。

```
*************************** Ex4-1.mlx***************************
%定义符号型(sym)变量
syms x1(t) x2(t) u(t) lambd1(t) lambd2(t) tf
```

```
%被积函数、终端性能指标
L=0
phi=x2
%哈密顿函数
H=L+lambd1*(-x1+u)+lambd2*x1;
H=expand(H)
%伴随方程
eq1 = diff(lambd2, t)==-diff(H, x2)
eq2 = diff(lambd1, t)==-diff(H, x1)
eq = [eq1, eq2]
syms C1 C2
co1 = lambd1(0)==C1;co2 = lambd2(0)==C2;
co = [co1, co2]
[lambd1(t), lambd2(t)] = dsolve(eq, co)
%横截条件
eq3=lambd1(1)==subs((diff(phi, x1)),t,1)
eq4=lambd2(1)==subs((diff(phi, x2)),t,1)
[C1, C2] = solve(eq3, eq4)
lambd1=simplify(subs(lambd1))
lambd2=subs(lambd2)

fplot(@(t) lambd1(t), [0, 1],'-k');
hold on;
fplot(@(t) lambd2(t), [0, 1],'--or');
set(gca,'fontsize',16);
set(gca,'xtick',0:0.2:1);
set(gca,'ytick',0:0.2:1);
title('\lambda_1(t) and \lambda_2(t)')
xlabel('\itt');
ylabel('\lambda_1,\lambda_2');
hold off;
%状态方程,u(t)=-1
eqs1 = diff(x1, t)==-x1+u
eqs2 = diff(x2, t)==x1
u=-1
eqs1=subs(eqs1)
eqs = [eqs1, eqs2]
```

```
co1 = x1(0)==1;co2 = x2(0)==0;
co = [co1, co2]
[x1, x2] = dsolve(eqs, co)
x1=simplify(subs(x1))
x2=simplify(subs(x2))

h1=ezplot(x1, [0, 1]);
hold on;
h2=ezplot(x2, [0, 1]);
title('x_1(t) and x_2(t)')
xlabel('t');
ylabel('x_1(t),x_2(t)');
set(gca,'fontsize',16);
set(gca,'ytick',-0.3:0.2:1);
set(gca,'xtick',0:0.2:1);
hold off;
J=single(J)
*************************** END ***************************
```

程序运行结果：

lambd1(t) = $1-e^{t-1}$

lambd2(t) = 1

x1 = $2e^{-t}-1$

x2 = $2-2e^{-t}-t$

J = $1-2e^{-1}$

J = *single*

0.2642

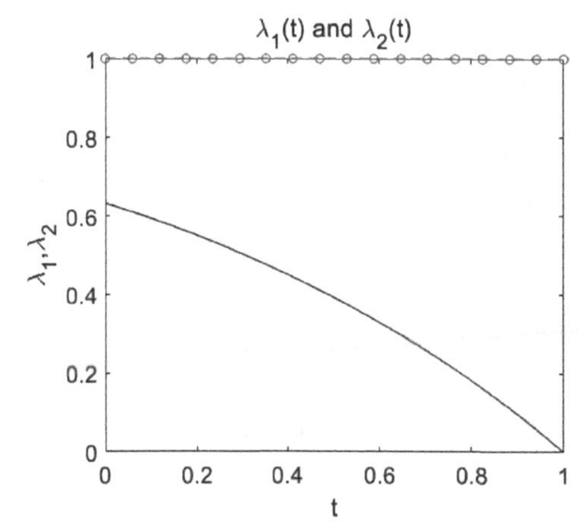

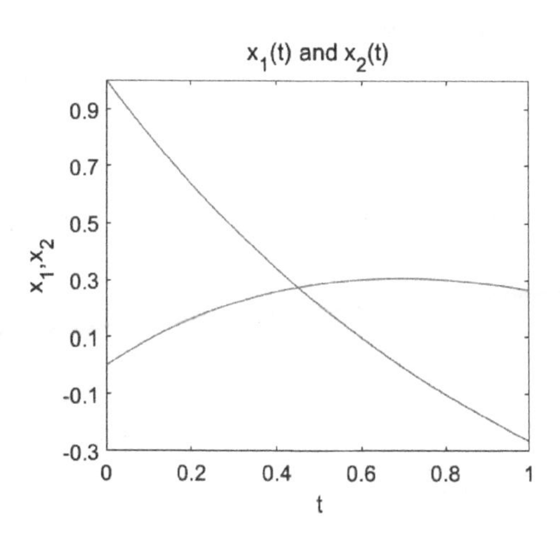

图 4-3 例 4.1 的最优伴随向量 $\lambda(t)$和最优状态曲线 $x(t)$

针对例 4.1 说明以下两个问题。

(1)极大值原理给出的条件是最优控制函数应满足的必要条件,而不是充分条件。因此,上述得到的结果是否能真正使性能指标函数取极小值,还需要进一步判定。就这个例题来说,因为 $u(t)=-1$ 是 u 所能取值的最小值,而 u 越小,从状态方程可看出,x_1 从初始值 $x_1(0)=1$ 下降得越快,指标函数 J 的值就越小,因此选定的 $u^*(t)=-1$ 就是最优控制函数。

另外,如果根据物理意义已经判定所讨论最优控制问题的解存在,而由极小值原理求出的控制又只有一个,显然此控制就是最优控制,实际遇到的问题往往属于这种情况。

此外,可以证明,对于线性系统的最优控制问题,极小值原理给出的是充分必要条件。

(2)这个例子比较简单,可以直接解出来。稍复杂一点的情况是,$\boldsymbol{u}$ 的取值要由 $\boldsymbol{x}$ 和 $\boldsymbol{\lambda}$ 决定,而 $\boldsymbol{x}$ 和 $\boldsymbol{\lambda}$ 的取值反过来又受 $\boldsymbol{u}$ 影响,这时要用试探法求解。再复杂一点的问题往往就不能用解析法求解了。

例 4.2 设一阶系统方程为

$$\dot{x}(t)=x(t)-u(t),x(0)=5$$

其中,控制约束:$0.5\leqslant u(t)\leqslant 1$。试求使性能指标

$$J=\int_0^1[x(t)+u(t)]\mathrm{d}t$$

为极小的最优控制 $u^*(t)$、最优曲线 $x^*(t)$及最优性能指标 J^*。

解:本例为定常系统、积分型性能指标、t_f固定、终端状态 $\boldsymbol{x}(t_f)$自由、控制受约束的最优控制问题。令哈密顿函数

$$H=x+u+\lambda(x-u)=x(1+\lambda)+u(1-\lambda)$$

由于 H 是u 的线性函数,根据极大值原理知,使 H 绝对极小就相当于使性能指标极小,因此要求 $u(1-\lambda)$极小。当 u 与$(1-\lambda)$异号,且取其约束条件的边界值时,H 达到极小值。故应取

$$u^*(t)=\begin{cases}1, & \lambda>1\\ 0.5, & \lambda<1\end{cases}$$

由伴随方程

$$\dot{\lambda}_1=-\frac{\partial H}{\partial x}=-(1+\lambda)$$

解得
$$\lambda(t)=c\mathrm{e}^{-t}-1\ (c\text{ 为待定常数})$$

由横截条件 $\lambda(1)=\dfrac{\partial\Phi}{\partial x(1)}=0$,有 $\lambda(1)=c\mathrm{e}^{-t}-1=0$,求出

$$c=\mathrm{e}$$

则

$$\lambda(t)=\mathrm{e}^{1-t}-1$$

显然,当$\lambda(t_s)=1$ 时,$u^*(t)$产生切换,其中 t_s 为切换时间。令 $\boldsymbol{\lambda}(t_s)=\mathrm{e}^{1-t_s}-1=1$,得 $t_s=0.307$,故最优控制为

$$u^*(t)=\begin{cases}1, & 0\leqslant t<0.307\\ 0.5, & 0.307\leqslant t\leqslant 1\end{cases}$$

将 $u^*(t)$代入状态方程，有

$$\dot{x}(t)=\begin{cases}x(t)-1, & 0\leqslant t<0.307\\ x(t)-0.5, & 0.307\leqslant t\leqslant 1\end{cases}$$

解得

$$x(t)=\begin{cases}c_1 e^t+1, & 0\leqslant t<0.307\\ c_2 e^t+0.5, & 0.307\leqslant t\leqslant 1\end{cases}$$

代入 $x(0)=5$，求出 $c_1=4$，因而

$$x^*(t)=4e^t+1,0\leqslant t<0.307$$

令 $t=0.307$，由上式可求出 $x(0.307)=6.44$，即为 $0.307\leqslant t\leqslant 1$ 时 $x(t)$的初态，从而求得 $c_2=4.37$。

于是，最优曲线为

$$x^*(t)=\begin{cases}4e^t+1, & 0\leqslant t<0.307\\ 4.37e^t+0.5, & 0.307\leqslant t\leqslant 1\end{cases}$$

$\lambda(t)$、$u^*(t)$和 $x^*(t)$的运动轨迹如图 4-4 所示。

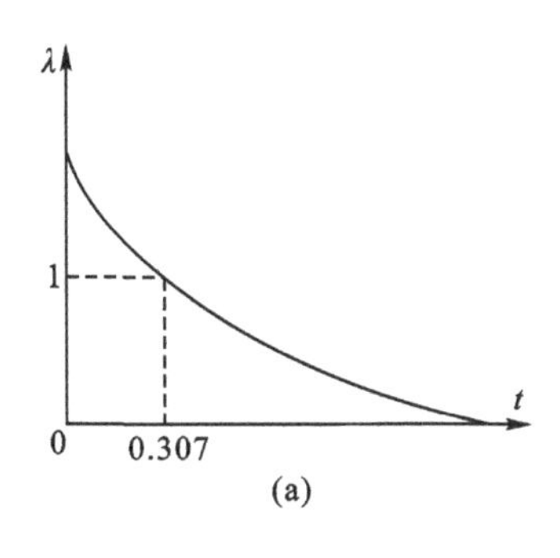

(a)

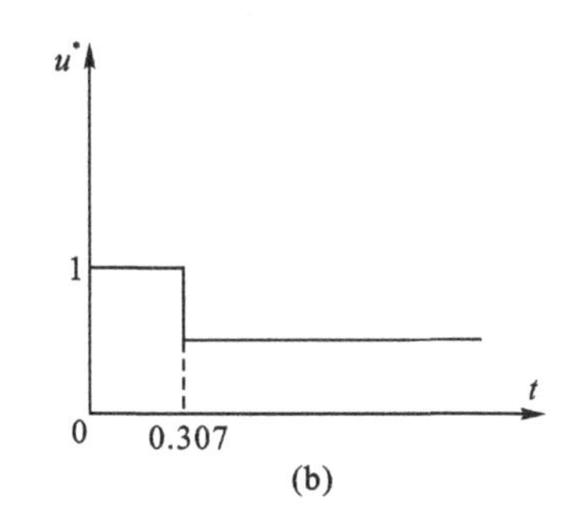

(b)

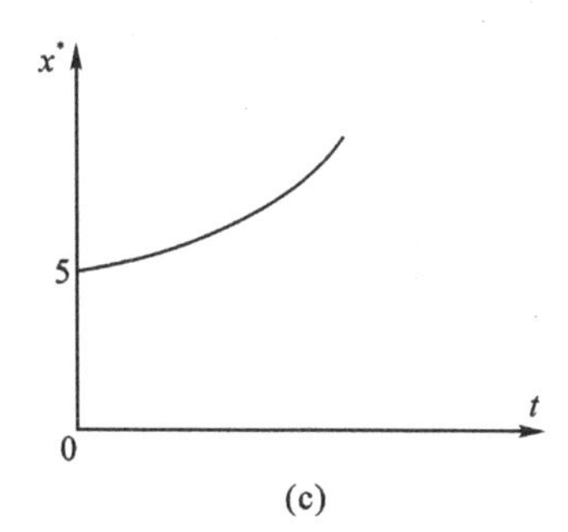

(c)

图 4-4 例 4.2 的解

针对例 4.2 中的问题，可由 MATLAB 求解，代码如下。

```
**************************** Ex4-2.mlx****************************
%定义符号型(sym)变量
syms H(t) x(t) Dx(t) ts u(t) lambd(t);
%积分型性能指标
phi=0
L=x+u
%哈密顿函数
H=L+lambd*(x-u)
H=expand(H)
u1=1
u2=0.5
%伴随方程
eq1 = diff(lambd, t)==-diff(H,x)
```

```
%横截条件
col = lambd(1)==0
lambd(t) = dsolve(eq1, col)
lambd(t) =simplify(lambd(t))
%计算切换时间 ts
eq2 = subs(lambd, t, ts)
ts =simplify(solve(eq2==1, ts))
ts =single(vpa(ts,4))
%状态方程
f1=diff(x,t)==x-u1
f2=diff(x,t)==x-u2
co2=x(0)==5
x1(t) = dsolve(f1, co2)
co3 = x(ts) == x1(ts)
x2(t) = dsolve(f2, co3)
x2=vpa(x2, 3)

figure(1)
fplot(lambd, [0,ts],'-k')
hold on
fplot(lambd, [ts,1],'-.r');
set(gca,'fontsize',16);
set(gca,'ytick',0:0.5:2);
set(gca,'xtick',0:0.2:1);
title('\lambda(t)')
xlabel('t');
ylabel('\lambda');

figure(2)
fplot(x1, [0,ts],'-k');
hold on
fplot(x2, [ts,1],'-.r');
set(gca,'fontsize',16);
set(gca,'ytick',0:4:12);
set(gca,'xtick',0:0.2:1);
axis([0 1 0 13])
title('x(t)')
```

```
xlabel('t');
ylabel('x');
%计算 J
J=int(x1+u1,0,ts)+int(x2+u2,ts,1);
J=single(J)
*************************** END ***************************
```

程序运行结果：

```
lambd(t) =e^(1-t)-1
ts =single
0.3069
x1(t) =4e^t+1
x2(t) =4.37e^t+0.5
J =single
8.6800
```

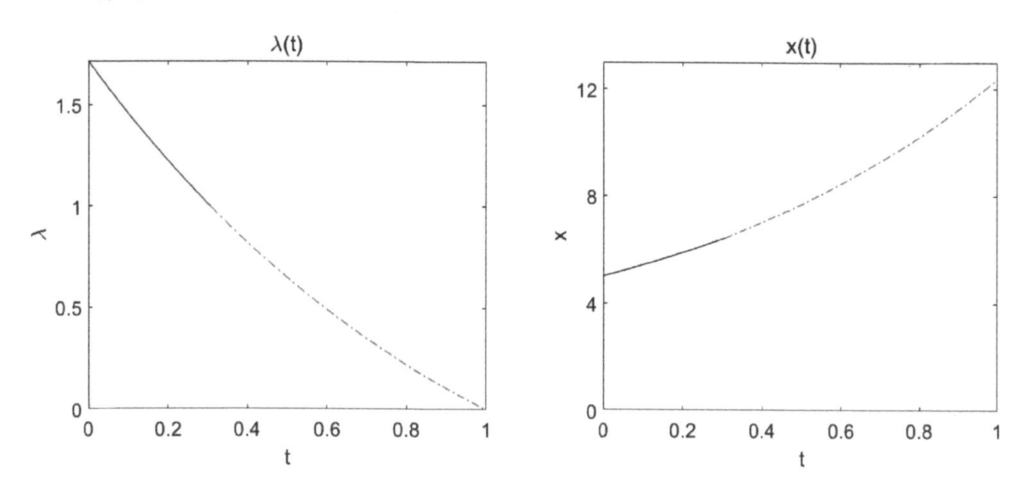

图 4-5　最优伴随曲线 $\lambda(t)$ 和最优曲线 $x(t)$

例 4.3　设一阶系统方程为

$$\dot{x}(t)=-x(t)+u(t),x(0)=10$$

若①$u(t)$无约束；②$|u(t)|\leqslant 0.3$。求使性能指标

$$J=\frac{1}{2}\int_0^1[x^2(t)+u^2(t)]\mathrm{d}t$$

为极小的最优控制 $u^*(t)$。

解：令哈密顿函数

$$H=\frac{1}{2}(x^2+u^2)+\lambda(-x+u)=\frac{1}{2}x^2-\lambda x-\frac{1}{2}\lambda^2+\frac{1}{2}(u+\lambda)^2$$

由正则方程得

$$\dot{\lambda}=-\frac{\partial H}{\partial x}=-x+\lambda$$

$$\dot{x}=\frac{\partial H}{\partial \lambda}=-x+u$$

①$u(t)$无约束。

由控制方程得

$$\frac{\partial H}{\partial u}=u+\lambda=0, u=-\lambda$$

整理得

$$\ddot{x}(t)=2x(t)$$

解得

$$x(t)=c_1 e^{\sqrt{2}t}+c_2 e^{-\sqrt{2}t}$$

由初始条件 $x(0)=10$ 可得

$$c_1+c_2=10 \qquad ①$$

由横截条件 $\lambda(1)=\frac{\partial \Phi}{\partial x(1)}=0$ 及状态方程有

$$\sqrt{2}c_1 e^{\sqrt{2}}-\sqrt{2}c_2 e^{-\sqrt{2}}=-c_1 e^{\sqrt{2}}-c_2 e^{-\sqrt{2}}-\lambda(1) \qquad ②$$

由①、②可求出

$$c_1=0.1, c_2=9.9$$

故最优轨线

$$x^*(t)=0.1e^{\sqrt{2}t}+9.9e^{-\sqrt{2}t}$$

最优伴随向量

$$\lambda^*(t)=-0.24e^{\sqrt{2}t}+4.1e^{-\sqrt{2}t}$$

最优控制

$$u^*(t)=0.24e^{\sqrt{2}t}-4.1e^{-\sqrt{2}t}$$

最优性能指标

$$\begin{aligned} J^* &= \frac{1}{2}\int_0^1[x^{*2}(t)+u^{*2}(t)]dt \\ &= \frac{1}{2}\int_0^1[(0.1e^{\sqrt{2}t}+9.9e^{-\sqrt{2}t})^2+(0.24e^{\sqrt{2}t}-4.1e^{-\sqrt{2}t})^2]dt \\ &= 19.291 \end{aligned}$$

②$u(t)$有约束。由极小值条件得最优控制

$$u^*(t)=\begin{cases}-0.3, \lambda>0.3\\ -\lambda, |\lambda|\leqslant 0.3\\ 0.3, \lambda<-0.3\end{cases}$$

若 $\lambda>0.3$，有 $u^*=-0.3$，解出

$$x^*(t)=10.3e^{-t}-0.3$$

$$\lambda(t)=5.15e^{-t}-0.587^{t}-0.3$$

令 $\lambda(t)=0.3$，求出 $t=0.914$。当 $0.914\leqslant t\leqslant 1$，有 $u^*=-\lambda$。

$$x(t)=c_1 e^{\sqrt{2}t}+c_2 e^{-\sqrt{2}t}$$

由初始条件及横截条件

$$x^*(0.914)=10.3e^{-0.914}-0.3=3.829, \lambda(1)=0$$

解出

$$x^*(t)=0.125e^{\sqrt{2}t}+12.29e^{-\sqrt{2}t}$$
$$\lambda(t)=-0.301e^{\sqrt{2}t}+5.092e^{-\sqrt{2}t}$$
$$u(t)=0.301e^{\sqrt{2}t}-5.092e^{-\sqrt{2}t}$$

于是,最优控制和最优曲线为

$$u^*(t)=\begin{cases}-0.3, & 0\leqslant t<0.914\\ 0.301e^{\sqrt{2}t}-5.092e^{-\sqrt{2}t}, & 0.914\leqslant t\leqslant 1\end{cases}$$

$$x^*(t)=\begin{cases}10.3e^{-t}-0.3, & 0\leqslant t<0.914\\ 0.125e^{\sqrt{2}t}+12.29e^{-\sqrt{2}t}, & 0.914\leqslant t\leqslant 1\end{cases}$$

最优性能指标

$$\begin{aligned}J^* &= \frac{1}{2}\int_0^1 [x^{*2}(t)+u^{*2}(t)]dt\\ &= \frac{1}{2}\int_0^{0.914}[(10.3e^{-t}-0.3)^2+(-0.3)^2]dt\\ &\quad+\frac{1}{2}\int_{0.914}^1[(0.125e^{\sqrt{2}t}+12.29e^{-\sqrt{2}t})^2+(0.301e^{\sqrt{2}t}-5.092e^{-\sqrt{2}t})^2]dt\\ &= 21.069\end{aligned}$$

针对例4.3中的问题,可由MATLAB求解,代码如下。

```
*************************** Ex4 - 3 - 1.mlx***************************
%定义符号型(sym)变量
syms x(t) ts u(t) lambd(t)
%被积函数、哈密顿函数
L=0.5*(x^2+u^2)
H=L+lambd*(-x+u)
%正则方程
eq1 = diff(lambd, t)==-diff(H, x)
eq2 = diff(x, t)==diff(H, lambd)


%控制方程
eq3 = diff(H,u)==0
syms ut xt lat
U(t) = subs(solve(subs(eq3, [x u lambd], [xt ut lat])), [xt ut lat], [x u lambd])
eq2=subs(eq2, u, U)
```

```
eqn = [eq1, eq2]
co1 = x(0) == 10;
co2 = lambd(1) == 0;
con = [co1, co2]
s= dsolve(eqn, con)
x=vpa(s.x,3)
lambd=vpa(s.lambd,3)
U=vpa(subs(U),3)

fplot(lambd, [0,1])
hold on
title('\lambda(t)')
xlabel('t');
ylabel('\lambda');
set(gca,'xtick',0:0.2:1);
hold off

fplot(U, [0,1])
hold on
fplot(x, [0,1])
title('u(t) and x(t)')
xlabel('t');
ylabel('u,x');
set(gca,'xtick',0:0.2:1);
hold off
% 计算 J
J=1/2 * int(x^2+U^2,0,1);
J=single(J)
**************************** END ****************************
```

程序运行结果：

$x = 9.9e^{-1.41t} + 0.1e^{1.41t}$

$lambd = 4.1e^{-1.41t} - 0.242e^{1.41t}$

$U(t) = 0.242(e^{1.41t})(t) - 4.1(e^{-1.41t})(t)$

J = *single*

19.2909

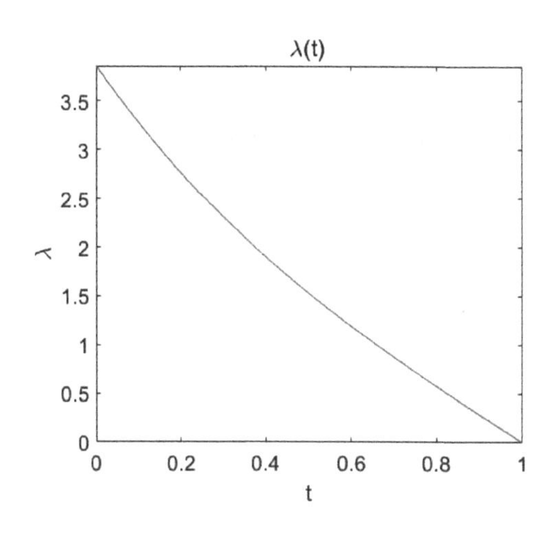

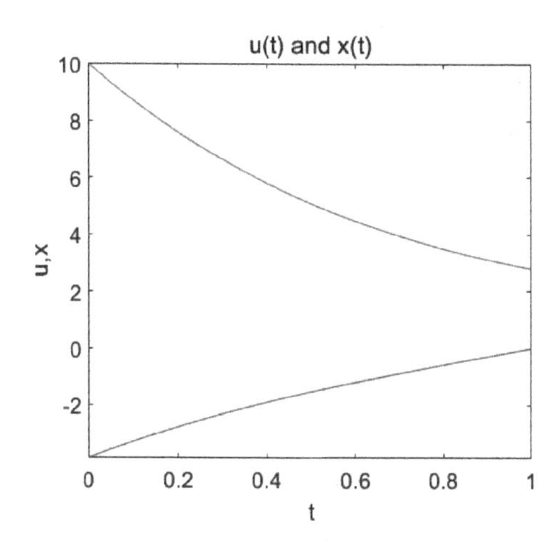

图 4-6　$u(t)$无约束时的 $\lambda(t)$,$u(t)$和 $x(t)$曲线

```
**************************** Ex4-3-2.mlx****************************
%定义符号型(sym)变量
syms x(t) u(t) lambd(t)
%被积函数、哈密顿函数
L=0.5*(x^2+u^2)
H=L+lambd*(-x+u)
%正则方程
eq1 = diff(lambd, t)==-diff(H, x)
eq2 = diff(x, t)==diff(H, lambd)
%u(t)有约束
%情况 1
u1 = -0.3;
eq2_1 = subs(eq2, u, u1)
eqn1 = [eq1, eq2_1]
co1 = x(0)==10;
co2 = lambd(1)==0;
con = [co1, co2]
s1= dsolve(eqn1, con);
x1(t)=vpa(simplify(s1.x))
lambd1=vpa(simplify(s1.lambd),4)
%情况 2
syms ts
assume(t>0)
eqts = s1.lambd == 0.3;
ts = vpa(solve(eqts),3)
```

```
eq3 = diff(H,u)==0
syms ut xt lat
U(t) = subs(solve(subs(eq3, [x u lambd], [xt ut lat])), [xt ut lat], [x u
lambd])
eq2=subs(eq2, u, U)
eqn = [eq1, eq2]
co1 = x(ts) == x1(ts);
co2 = lambd(1) == 0;
con = [co1, co2]
s2 = dsolve(eqn, con);
x2=vpa(s2.x,4)
lambd2=vpa(s2.lambd,4)
u2=vpa(subs(U,lambd,lambd2),4)
%最优性能指标
J1= 0.5 * int(x1^2 + u1^2, 0, double(ts));
J2 =0.5 * int(x2^2 + u2^2, double(ts), 1);
J=single(J1+J2)

fplot(lambd1,[0 double(ts)],'-k')
hold on
fplot(lambd2,[double(ts) 1],'--r')
set(gca,'fontsize',16);
set(gca,'ytick',0:1:5);
set(gca,'xtick',0:0.2:1);
title('\lambda(t)')
xlabel('t');
ylabel('\lambda');
hold off

fplot(u1,[0 double(ts)],'-k')
hold on
fplot(u2,[double(ts) 1],'--r')
fplot(x1,[0 double(ts)],'-k')
fplot(x2,[double(ts) 1],'--r')
set(gca,'fontsize',16);
set(gca,'ytick',-1:2:10);
set(gca,'xtick',0:0.2:1);
```

```
title('u(t) and x(t)')
xlabel('t');
ylabel('u,x');
hold off
*************************** END ***************************
```

程序运行结果：

x1(t) =10.3e$^{-1.0t}$−0.3

lambd1 =5.15e$^{-1.0t}$−0.5866e^{t}−0.3

ts =

0.914

x2 =12.29e$^{1.414t}$+0.1247e$^{1.414t}$

lambd2 =5.092e$^{-1.414t}$−0.301e$^{1.414t}$

u2(t) =0.301e$^{1.414t}$−5.092e$^{-1.414t}$

J =*single*

21.0685

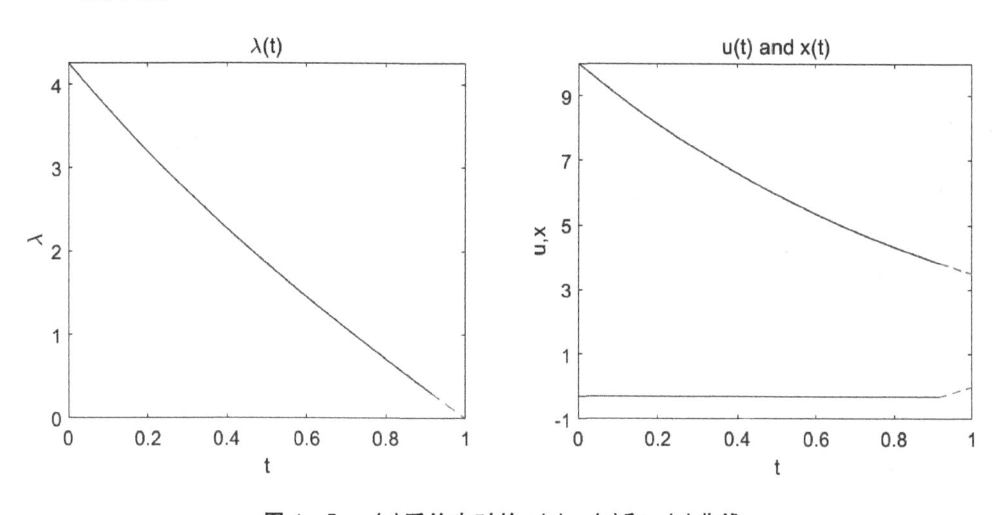

图 4-7　$u(t)$受约束时的 $\lambda(t)$，$u(t)$和 $x(t)$曲线

4.3　离散系统的极小值原理

随着计算机日益广泛应用，离散系统最优化问题受到更多重视，也更为重要。这是因为，一方面有些实际问题本身就是离散的。例如，数字滤波、经济和资源系统的最优化等问题；另一方面，即使实际问题本身是连续的，但是为了对连续过程实行计算机控制，就需要把时间离散化，从而得到一离散化系统。因此，离散系统最优化问题就成为最优控制理论和应用中的一个重要方面。

下面将分别介绍离散系统的欧拉方程和离散系统的极小值原理。

4.3.1 离散系统的欧拉方程

前面讨论的连续系统的拉格朗日问题，设性能指标为一标量函数对于自变量 t 的定积分，即

$$J=\int_{t_0}^{t_f}L[\boldsymbol{x}(t),\dot{\boldsymbol{x}}(t),t]\mathrm{d}t$$

在相应的离散问题中，性能指标则指定为一标量函数的累加和，即

$$J=\sum_{k=k_0}^{k_f-1}L[\boldsymbol{x}(k),\boldsymbol{x}(k+1),k]$$

式中，$\boldsymbol{x}(k)=\boldsymbol{x}(kT)$；$\boldsymbol{x}(k+1)=\boldsymbol{x}[(k+1)T]$；$t_0=k_0T$，$t_f=k_fT$，$T$ 为采样周期。

定理 4-2 已知容许曲线 $\boldsymbol{x}(k)$ 的始端 $\boldsymbol{x}(k_0)=\boldsymbol{x}_0$ 和终端 $\boldsymbol{x}(k_f)=\boldsymbol{x}_f$，则使性能指标

$$J=\sum_{k=k_0}^{k_f-1}L[\boldsymbol{x}(k),\boldsymbol{x}(k+1),k] \tag{4-23}$$

取极值的必要条件是，容许极值曲线 $\boldsymbol{x}^*(k)$ 满足离散的欧拉方程

$$\frac{\partial L[\boldsymbol{x}(k),\boldsymbol{x}(k+1),k]}{\partial \boldsymbol{x}(k)}+\frac{\partial L[\boldsymbol{x}(k-1),\boldsymbol{x}(k),k]}{\partial \boldsymbol{x}(k)}=0 \tag{4-24}$$

及横截条件

$$\left\{\left[\frac{\partial L[\boldsymbol{x}(k-1),\boldsymbol{x}(k),k-1]}{\partial \boldsymbol{x}(k)}\right]^{\mathrm{T}}\delta\boldsymbol{x}(k)\right\}\Bigg|_{k=k_0}^{k=k_f}=0 \tag{4-25}$$

证明：连续系统中的变分概念同样可以在各个离散时刻上使用，在式(4-23)中分别对 $\boldsymbol{x}(k)$ 和 $\boldsymbol{x}(k+1)$ 取变分，则可得性能指标 J 的变分为

$$\delta J=\sum_{k=k_0}^{k_f-1}\left[\left(\frac{\partial L[\boldsymbol{x}(k),\boldsymbol{x}(k+1),k]}{\partial \boldsymbol{x}(k)}\right)^{\mathrm{T}}\delta\boldsymbol{x}(k)+\left(\frac{\partial L[\boldsymbol{x}(k),\boldsymbol{x}(k+1),k]}{\partial \boldsymbol{x}(k+1)}\right)^{\mathrm{T}}\delta\boldsymbol{x}(k+1)\right] \tag{4-26}$$

若对上式右边第二部分的求和指数进行变换，则有

$$\begin{aligned}&\sum_{k=k_0}^{k_f-1}\left(\frac{\partial L[\boldsymbol{x}(k),\boldsymbol{x}(k+1),k]}{\partial \boldsymbol{x}(k+1)}\right)^{\mathrm{T}}\delta\boldsymbol{x}(k+1)\xlongequal{k=m-1}\sum_{m=k_0+1}^{k_f}\left(\frac{\partial L[\boldsymbol{x}(m-1),\boldsymbol{x}(m),m-1]}{\partial \boldsymbol{x}(m)}\right)^{\mathrm{T}}\delta\boldsymbol{x}(m)\\&\xlongequal{m=k}\sum_{k=k_0}^{k_f-1}\left(\frac{\partial L[\boldsymbol{x}(k-1),\boldsymbol{x}(k),k-1]}{\partial \boldsymbol{x}(k)}\right)^{\mathrm{T}}\delta\boldsymbol{x}(k)+\left(\frac{\partial L[\boldsymbol{x}(k-1),\boldsymbol{x}(k),k-1]}{\partial \boldsymbol{x}(k)}\right)^{\mathrm{T}}\delta\boldsymbol{x}(k)\Big|_{k=k_0}^{k=k_f}\end{aligned} \tag{4-27}$$

式(4-27)与连续时间的分部积分类似，故称其为离散分部积分。

将式(4-27)代入式(4-26)，并令其等于零，即

$$\begin{aligned}\delta J=&\sum_{k=k_0}^{k_f-1}\left\{\left(\frac{\partial L[\boldsymbol{x}(k),\boldsymbol{x}(k+1),k]}{\partial \boldsymbol{x}(k)}+\frac{\partial L[\boldsymbol{x}(k-1),\boldsymbol{x}(k),k-1]}{\partial \boldsymbol{x}(k)}\right)^{\mathrm{T}}\delta\boldsymbol{x}(k)\right\}\\&+\left\{\left[\frac{\partial L[\boldsymbol{x}(k-1),\boldsymbol{x}(k),k-1]}{\partial \boldsymbol{x}(k)}\right]^{\mathrm{T}}\delta\boldsymbol{x}(k)\right\}\Bigg|_{k=k_0}^{k=k_f}=0\end{aligned} \tag{4-28}$$

式(4-28)对任意 $\delta\boldsymbol{x}(k)$ 都应成立。所以 $\delta\boldsymbol{x}(k)$ 可任意取变分，因此 $\delta\boldsymbol{x}(k)\neq0$，于是极值存在的必要条件为

$$\frac{\partial L[\boldsymbol{x}(k),\boldsymbol{x}(k+1),k]}{\partial \boldsymbol{x}(k)}+\frac{\partial L[\boldsymbol{x}(k-1),\boldsymbol{x}(k),k-1]}{\partial \boldsymbol{x}(k)}=0 \tag{4-29}$$

$$\left\{\left[\frac{\partial L[\boldsymbol{x}(k-1),\boldsymbol{x}(k),k-1]}{\partial \boldsymbol{x}(k)}\right]^{\mathrm{T}}\delta\boldsymbol{x}(k)\right\}\Bigg|_{k=k_0}^{k=k_f}=0 \tag{4-30}$$

式(4-29)是向量差分方程,称为离散欧拉方程,而式(4-30)则是相应的横截条件,当始端给定,即 $\boldsymbol{x}(k_0)=\boldsymbol{x}_0$,终端自由,即 $\delta\boldsymbol{x}(k_f)$ 可为任意值时,始端边界条件和终端横截条件为

$$\begin{cases}\boldsymbol{x}(k_0)=x_0\\ \dfrac{\partial L[\boldsymbol{x}(k-1),\boldsymbol{x}(k),k-1]}{\partial \boldsymbol{x}(k)}\Bigg|_{k=k_f}=0\end{cases}$$

由此可见,离散拉格朗日问题的极值解 $\boldsymbol{x}^*(k)$ 必满足离散欧拉方程和横截条件。关于横截条件的应用问题,连续系统中所讨论的问题可应用于离散系统情况。

求等式约束条件下离散系统的极值问题,也可以应用拉格朗日方法,即可以通过拉格朗日乘子将等式约束下的极值问题化为无约束的极值问题。

4.3.2 离散系统的极小值原理

用离散欧拉方程求解等式和不等式约束的离散极值问题很麻烦,而用离散极小值原理求解这种约束问题却比较方便。因为这种情况与连续系统的最优控制问题类似,可以引入离散哈密顿函数,应用离散极大值原理来求解离散极值的必要条件和离散系统的最优控制。

对于等间隔采样,$k=kT$,T 为采样周期,N 为数据窗口长度。设离散系统的状态方程为

$$\boldsymbol{x}(k+1)=\boldsymbol{f}[\boldsymbol{x}(k),\boldsymbol{u}(k),k],k=0,1,\cdots,\boldsymbol{N}-1$$

其始端状态满足

$$\boldsymbol{x}(0)=\boldsymbol{x}_0$$

终端时刻和终端状态满足约束方程

$$\boldsymbol{N}_1[\boldsymbol{x}(N),N]=0$$

控制向量取值 $\boldsymbol{u}(k)\in\boldsymbol{R}_u$,$\boldsymbol{R}_u$ 为容许控制域。

寻找控制 $\boldsymbol{u}^*(k)$,$k=0,1,2,\cdots,N-1$ 使性能指标

$$J=\Phi[\boldsymbol{x}(N),N]+\sum_{k=0}^{N-1}L[\boldsymbol{x}(k),\boldsymbol{u}(k),k]$$

取极小值。

比较连续系统和离散系统中最优控制问题的提法,可以看出:

对于连续系统是在时间区间$[t_0,t_f]$上寻求最优控制 $\boldsymbol{u}^*(t)$ 和相应的最优曲线 $\boldsymbol{x}^*(t)$,使性能指标为极小值。而对于离散系统是在离散时刻 0、1、2、…、N 上寻求 N 个最优控制向量序列 $\boldsymbol{u}^*(0)$、$\boldsymbol{u}^*(1)$、…、$\boldsymbol{u}^*(N-1)$ 和相应的 N 个最优状态向量 $\boldsymbol{x}^*(1)$、$\boldsymbol{x}^*(2)$、…、$\boldsymbol{x}^*(N)$ 以使性能指标为极小值。

和连续系统一样,简称 $\boldsymbol{u}^*(k)$ ($k=0$、1、2、…、$N-1$)为最优控制,$\boldsymbol{x}^*(k)$ ($k=0$、1、2…、$N-1$)为最优曲线。

定理 4-3 设离散系统的状态方程为

$$\boldsymbol{x}(k+1)=\boldsymbol{f}[\boldsymbol{x}(k),\boldsymbol{u}(k),k] \tag{4-31}$$

控制向量 $\boldsymbol{u}(k)$有如下不等式约束

$$\boldsymbol{u}(k)\in \boldsymbol{R}_u,\boldsymbol{R}_u \text{ 为容许控制域} \tag{4-32}$$

则为把状态 $\boldsymbol{x}(k)$自始端状态

$$\boldsymbol{x}(0)=\boldsymbol{x}_0 \tag{4-33}$$

转移到满足终端边界条件

$$\boldsymbol{N}_1[\boldsymbol{x}(N),N]=0 \tag{4-34}$$

的终端状态，并使性能指标

$$J=\Phi[\boldsymbol{x}(N),N]+\sum_{k=0}^{N-1}L[\boldsymbol{x}(k),\boldsymbol{u}(k),k] \tag{4-35}$$

取极小值，以实现最优控制的必要条件如下：

(1)最优状态向量序列 $\boldsymbol{x}^*(k)$和最优伴随向量序列 $\boldsymbol{\lambda}^*(k)$满足下列差分方程，即正则方程为

$$\boldsymbol{x}(k+1)=\frac{\partial H[\boldsymbol{x}(k),\boldsymbol{u}(k),\boldsymbol{\lambda}(k),k]}{\partial\boldsymbol{\lambda}(k+1)}=\boldsymbol{f}[\boldsymbol{x}(k),\boldsymbol{u}(k),k]$$

$$\boldsymbol{\lambda}(k)=\frac{\partial \dot{H}[\boldsymbol{x}(k),\boldsymbol{u}(k),\boldsymbol{\lambda}(k+1),k]}{\partial\boldsymbol{\lambda}(k)}$$

其中，离散哈密顿函数为

$$H[\boldsymbol{x}(k),\boldsymbol{u}(k),\boldsymbol{\lambda}(k+1),k]=L[\boldsymbol{x}(k),\boldsymbol{u}(k),k]+\boldsymbol{\lambda}^{\mathrm{T}}(k+1)\boldsymbol{f}[\boldsymbol{x}(k),\boldsymbol{u}(k),k]$$

(2)始端边界条件与终端横截条件为

$$\boldsymbol{x}(0)=\boldsymbol{x}_0$$

$$\boldsymbol{N}_1[x(N),N]=0$$

$$\boldsymbol{\lambda}(N)=\frac{\partial\Phi}{\partial\boldsymbol{x}(N)}+\frac{\partial\boldsymbol{N}_1{}^{\mathrm{T}}}{\partial\boldsymbol{x}(N)}\boldsymbol{v}$$

(3)离散哈密顿函数对最优控制 $\boldsymbol{u}^*(k)$取极小值，即

$$H[\boldsymbol{x}^*(k),\boldsymbol{u}^*(k),\boldsymbol{\lambda}^*(k+1),k]=\min_{u(k)\in R_n}H[\boldsymbol{x}^*(k),\boldsymbol{u}(k)^*(k+1),k]$$

若控制向量序列 $\boldsymbol{u}(k)$无约束，即没有容许控制域的约束，$\boldsymbol{u}(k)$可在整个控制域中取值，则上述的必要条件(3)的极值条件为

$$\frac{\partial H[\boldsymbol{x}(k),\boldsymbol{u}(k),\boldsymbol{\lambda}(k+1),k]}{\partial\boldsymbol{u}(k)}=0$$

其中，上列各式中 $k=0,1,2,\cdots,N-1$。

证明：离散系统极大值原理的证明类似于连续系统极大值原理。下面仅就控制向量 $\boldsymbol{u}(k)$不受约束时的结论进行推证，然后不加证明地推广到控制向量序列受约束的情况。

首先引用拉格朗日乘子函数 $\lambda(k+1)$和非零常向量 $\boldsymbol{v}$，将具有状态方程的等式约束式(4-31)和终端等式约束式(4-34)的性能指标式(4-35)的极值问题化为等价的无约束极值问题：

$$J=\Phi[x(N),N]+\boldsymbol{v}^{\mathrm{T}}\boldsymbol{N}_1[x(N),N]$$
$$+\sum_{k=0}^{N-1}\{L[\boldsymbol{x}(k),\boldsymbol{u}(k),k]+\boldsymbol{\lambda}^{\mathrm{T}}(k+1)[\boldsymbol{f}[\boldsymbol{x}(k),\boldsymbol{u}(k),k]-\boldsymbol{x}(k+1)]\} \quad (4-36)$$

构造哈密顿函数

$$H[\boldsymbol{x}(k),\boldsymbol{u}(k),\boldsymbol{\lambda}(k+1),k]=L[\boldsymbol{x}(k),\boldsymbol{u}(k),k]+\boldsymbol{\lambda}^{\mathrm{T}}(k+1)\boldsymbol{f}[\boldsymbol{x}(k),\boldsymbol{u}(k),k]$$

则式(4-36)可写成

$$J=\Phi[x(N),N]+\boldsymbol{v}^{\mathrm{T}}\boldsymbol{N}_1[x(N),N]$$
$$+\sum_{k=0}^{N-1}\{H[\boldsymbol{x}(k),\boldsymbol{u}(k),\boldsymbol{\lambda}(k+1),k]-\boldsymbol{\lambda}^{\mathrm{T}}(k+1)\boldsymbol{x}(k+1)\}$$

因为“离散分部积分”为

$$\sum_{k=0}^{N-1}\boldsymbol{\lambda}^{\mathrm{T}}(k+1)\boldsymbol{x}(k+1)\overset{m=k+1}{=\!=\!=}\sum_{m=1}^{N}\boldsymbol{\lambda}^{\mathrm{T}}(m)\boldsymbol{x}(m)$$
$$=\sum_{m=0}^{N-1}\boldsymbol{\lambda}^{\mathrm{T}}(m)\boldsymbol{x}(m)+\boldsymbol{\lambda}^{\mathrm{T}}(m)\boldsymbol{x}(m)\Big|_{m=0}^{m=N}=\sum_{k=0}^{N-1}\boldsymbol{\lambda}^{\mathrm{T}}(k)\boldsymbol{x}(k)+\boldsymbol{\lambda}^{\mathrm{T}}(k)\boldsymbol{x}(k)\Big|_{k=0}^{k=N}$$

所以

$$J=\Phi[x(N),N]+\boldsymbol{v}^{\mathrm{T}}\boldsymbol{N}_1[x(N),N]$$
$$+\sum_{k=0}^{N-1}\{H[\boldsymbol{x}(k),\boldsymbol{u}(k),\boldsymbol{\lambda}(k+1),k]-\lambda^{\mathrm{T}}(k)\boldsymbol{x}(k)\}-\boldsymbol{\lambda}^{\mathrm{T}}(k)\boldsymbol{x}(k)\Big|_{k=0}^{k=N} \quad (4-37)$$

在式(4-37)中分别对 $\boldsymbol{x}(k)$ 和 $\boldsymbol{u}(k)$ 取变分，并考虑到 $\delta\boldsymbol{x}(0)=0$，则可得 J 的一次变分为

$$\delta J=\left[\frac{\partial\Phi}{\partial\boldsymbol{x}(N)}+\frac{\partial\boldsymbol{N}_1{}^{\mathrm{T}}}{\partial\boldsymbol{x}(N)}\boldsymbol{v}\right]^{\mathrm{T}}\delta x(N)$$
$$+\sum_{k=0}^{N-1}\left\{\left(\frac{\partial H}{\partial\boldsymbol{x}(k)}\right)^{\mathrm{T}}\delta x(k)+\left(\frac{\partial H}{\partial\boldsymbol{u}(k)}\right)^{\mathrm{T}}\delta\boldsymbol{u}(k)-\boldsymbol{\lambda}^{\mathrm{T}}(k)\delta x(k)\right\}-\boldsymbol{\lambda}^{\mathrm{T}}(k)\delta x(k)\Big|_{k=0}^{k=N}$$
$$=\left[\frac{\partial\Phi}{\partial\boldsymbol{x}(N)}+\frac{\partial\boldsymbol{N}_1{}^{\mathrm{T}}}{\partial\boldsymbol{x}(N)}\boldsymbol{v}-\boldsymbol{\lambda}(N)\right]^{\mathrm{T}}\delta x(N)$$
$$+\sum_{k=0}^{N-1}\left\{\left(\frac{\partial H}{\partial\boldsymbol{x}(k)}-\boldsymbol{\lambda}(k)\right)^{\mathrm{T}}\delta x(k)+\left(\frac{\partial H}{\partial\boldsymbol{u}(N)}\right)^{\mathrm{T}}\delta\boldsymbol{u}(k)\right\}$$

令 $\delta J=0$，考虑到变分 $\delta\boldsymbol{x}(k)$ 和 $\delta\boldsymbol{x}(N)$ 是任意的，可得

$$\begin{cases}\text{伴随方程：}\boldsymbol{\lambda}(k)=\dfrac{\partial H}{\partial\boldsymbol{x}(k)}\\ \text{控制方程：}\dfrac{\partial H}{\partial\boldsymbol{u}(k)}=0\\ \text{终端边界条件：}\boldsymbol{x}(0)=\boldsymbol{x}_0\\ \text{终端约束条件：}\boldsymbol{N}_1[\boldsymbol{x}(N),N]=0\\ \text{终端横截条件：}\boldsymbol{\lambda}(N)=\dfrac{\partial\Phi}{\partial\boldsymbol{x}(N)}+\dfrac{\partial\boldsymbol{N}_1{}^{\mathrm{T}}}{\partial\boldsymbol{x}(N)}\boldsymbol{v}\end{cases}$$

状态方程和哈密顿函数

$$\boldsymbol{x}(k+1)=\frac{\partial H[\boldsymbol{x}(k),\boldsymbol{u}(k),\boldsymbol{\lambda}(k+1),k]}{\partial\boldsymbol{\lambda}(k+1)}=\boldsymbol{f}[\boldsymbol{x}(k),\boldsymbol{u}(k),k]$$

$$H[\boldsymbol{x}(k),\boldsymbol{u}(k),\boldsymbol{\lambda}(k+1),k]=L[\boldsymbol{x}(k),\boldsymbol{u}(k),k]+\boldsymbol{\lambda}^{\mathrm{T}}(k+1)\boldsymbol{f}[\boldsymbol{x}(k),\boldsymbol{u}(k),k]$$

这样，控制向量序列 $\boldsymbol{u}(k)$ 不受约束时的情况就得到了证明。

当控制向量序列 $\boldsymbol{u}(k)$ 受约束时，将控制方程极值条件式用离散哈密顿函数对最优控制序列取极小值式来代替，即

$$H[\boldsymbol{x}^*(k),\boldsymbol{u}^*(k),\boldsymbol{\lambda}^*(k+1),k]=\min_{u(k)\in R_n} H[\boldsymbol{x}^*(k),\boldsymbol{u}(k),\boldsymbol{\lambda}^*(k+1),k]$$

若始端状态给定 $\boldsymbol{x}(0)=\boldsymbol{x}_0$，而终端状态自由时，此时定理 4-3 中始端边界条件与终端横截条件变为

$$\boldsymbol{x}(0)=\boldsymbol{x}_0$$

$$\boldsymbol{\lambda}(N)=\frac{\partial \Phi}{\partial \boldsymbol{x}(N)}$$

上述定理表明，离散系统最优化问题归结为求解一个离散两点边值问题，且使离散性能指标泛函式(4-35)为极小与使哈密顿函数式为极小是等价的，因为 $\boldsymbol{u}^*(k)$ 是在所有容许控制域 $\boldsymbol{u}(k)$ 中能使 H 为最小值的最优控制。因此，对上述离散极大值定理的理解与连续极大值原理一样。

离散系统的极大值原理与连续系统的极大值原理比较，可知系统的状态方程、初始条件和终端条件均相同。而伴随方程和哈密顿函数虽然很类似，但不一样。$\boldsymbol{\lambda}(k)$ 在时间上是不一致的，如果用 $\boldsymbol{\lambda}(k)$ 代替 $\boldsymbol{\lambda}(k+1)$ 即可一致，当采样周期足够小时，这种近似是切合实际的，因为在这种情况下 $\boldsymbol{\lambda}(k)$ 在步与步之间变化甚微。

例 4.4 设离散系统状态方程为

$$\boldsymbol{x}(k+1)=\begin{bmatrix}1 & 0.1\\0 & 1\end{bmatrix}\boldsymbol{x}(k)+\begin{bmatrix}0\\0.1\end{bmatrix}u(k)$$

已知边界条件

$$\boldsymbol{x}(0)=\begin{bmatrix}1\\0\end{bmatrix},\boldsymbol{x}(2)=\begin{bmatrix}0\\0\end{bmatrix}$$

试用离散最小值原理求最优控制序列，使性能指标

$$J=0.05\sum_{k=0}^{1}u^2(k)$$

取极小值，并求最优曲线序列。

解：本例为控制无约束，$N=2$ 固定，终端状态固定的离散最优控制问题。

构造离散哈密顿函数

$$H(k)=0.05u^2(k)+\boldsymbol{\lambda}_1(k+1)[x_1(k)+0.1x_2(k)]+\boldsymbol{\lambda}_2(k+1)[x_2(k)+0.1u(k)]$$

其中，$\boldsymbol{\lambda}_1(k+1)$ 和 $\boldsymbol{\lambda}_2(k+1)$ 为待定拉格朗日乘子序列。

由伴随方程，有

$$\boldsymbol{\lambda}_1(k)=\frac{\partial H}{\partial x_1(k)}=\boldsymbol{\lambda}_1(k+1)$$

$$\boldsymbol{\lambda}_2(k)=\frac{\partial H}{\partial x_2(k)}=0.1\boldsymbol{\lambda}_1(k+1)+\boldsymbol{\lambda}_2(k+1)$$

所以

$$\lambda_1(0)=\lambda_1(1),\lambda_2(1)=0.1\lambda_1(1)+\lambda_2(1)$$

$$\lambda_1(1)=\lambda_1(2),\lambda_2(1)=0.1\lambda_1(2)+\lambda_2(2)$$

由极值条件

$$\frac{\partial H(k)}{\partial u(k)}=0.1u(k)+0.1\lambda_2(k+1)=0$$

$$\frac{\partial^2 H(k)}{\partial u^2(k)}=0.1>0$$

得

$$u(k)=-\lambda_2(k+1)$$

可使 $H(k)$ 最小。令 $k=0$ 和 $k=1$，得

$$u(0)=-\lambda_2(1),u(1)=-\lambda_2(2)$$

将 $u(k)$ 表达式代入状态方程，可得

$$x_1(k+1)=x_1(k)+0.1x_2(k)$$

$$x_2(k+1)=x_2(k)-0.1\lambda_2(k+1)$$

令 k 分别等于 0 和 1，有

$$x_1(1)=x_1(0)+0.1x_2(0),x_2(1)=x_2(0)-0.1\lambda_2(1)$$

$$x_1(2)=x_1(1)+0.1x_2(1),x_2(2)=x_2(1)-0.1\lambda_2(2)$$

由已知边界条件

$$x_1(0)=1,x_2(0)=0$$

$$x_1(2)=0,x_2(2)=0$$

解出最优解

$$\boldsymbol{x}^*(0)=\begin{bmatrix}1\\0\end{bmatrix},\boldsymbol{x}^*(1)=\begin{bmatrix}1\\-10\end{bmatrix},\boldsymbol{x}^*(2)=\begin{bmatrix}0\\0\end{bmatrix}$$

$$\boldsymbol{\lambda}(0)=\begin{bmatrix}2000\\300\end{bmatrix},\boldsymbol{\lambda}(1)=\begin{bmatrix}2000\\100\end{bmatrix},\boldsymbol{\lambda}(2)=\begin{bmatrix}2000\\-100\end{bmatrix}$$

$$u^*(0)=-100,u^*(1)=100$$

针对例 4.4 中的问题，可由 MATLAB 求解，代码如下。

```
**************************** Ex4 - 4.mlx****************************
%定义符号型(sym)变量
syms x1(k) x2(k) u(k) k lamd1(k) lamd2(k) x1k x2k uk lad1k lad2k
%哈密顿函数
H(k)=0.05*u(k)^2+lamd1(k+1)*(x1(k)+0.1*x2(k))+lamd2(k+1)*(x2(k)+
0.1*u(k))
%伴随方程
eq1(k)=lamd1(k)==diff(H,x1(k))
eq2(k)=lamd2(k)==diff(H,x2(k))
%迭代计算
for i=0:1
```

```
        lad1k(i+1)=subs(eq1,k,i);
        lad2k(i+1)=subs(eq2,k,i);
    end
    %极值条件
    eq3 = diff(H, u(k))==0
    condi=diff(diff(H, u(k)), u(k))
    if condi>0
        disp('驻点为极小值点')
    else
        disp('驻点为极大值点')
    end
    eq3 =subs(eq3)
    syms ut
    eq4=u(k)==subs(solve(subs(eq3, u, ut)), ut, u)
    for i=0:1
        uk(i+1)=subs(eq4,k,i);
    end
    %状态方程
    eq5(k) = x1(k+1)==x1(k) + 0.1 * x2(k)
    eq6(k) = x2(k+1)==x2(k) - 0.1 * lamd2(k+1)
    for i=0:1
        x1k(i+1)=subs(eq5,k,i);
        x2k(i+1)=subs(eq6,k,i);
    end
    x=[x1k x2k]
    lamd=[lad1k lad2k]
    %求解
    %x=[x1k x2k]
    x=subs(x,{x1(0),x2(0),x1(2),x2(2)},{1 0 0 0});
    syms x11 x21 lamd21 lamd22 lamd10 lamd11 lamd12 lamd20
    x=subs(x,{x1(1),x2(1),lamd2(1),lamd2(2)},{x11 x21 lamd21 lamd22})
    [x11, x21, lamd21, lamd22]=solve(x,x11, x21, lamd21, lamd22)
    x_lamd=[x1(1),x2(1),lamd2(1),lamd2(2)]==[x11, x21, lamd21, lamd22]
    %lamd=[lad1k lad2k]
    lamd=subs(lamd,{lamd2(1),lamd2(2)},{lamd21 lamd22})
    lamd=subs(lamd,{lamd1(0),lamd1(1),lamd1(2),lamd2(0)},{lamd10 lamd11 lamd12
lamd20})
```

```
[lamd10, lamd11, lamd12, lamd20]=solve(lamd,lamd10, lamd11, lamd12, lamd20);
lamnd=[lamd1(0),lamd1(1),lamd1(2),lamd2(0)]==[lamd10, lamd11, lamd12, lamd20]
%解得
disp(x_lamd)
disp(lamnd)
uk=subs(uk,{lamd2(1),lamd2(2)},{lamd21 lamd22});
disp(uk)
%求最优性能指标 J
syms u0 u1
[u0,u1]=solve(subs(uk,{u(0),u(1)},{u0 u1}),u0,u1);
J=0.05*[u(0)^2+u(1)^2];
J=subs(J,{u(0),u(1)},{u0 u1})
*************************** END ***************************
```

程序运行结果：

$(x_1(1)=1\quad x_2(1)=-10\quad \text{lamd}_2(1)=100\quad \text{lamd}_2(2)=-100)$

$(\text{lamd}_1(0))=2000\quad \text{lamd}_1(1)=2000\quad \text{lamd}_1(2)=2000\quad \text{land}_2(0)=300)$

$(u(0)=-100\quad u(1)=100)$

J=

1000

例 4.5　设有若干台同样的机器，每台机器可以做两种工作，如果用于做第一种工作，每年每台可获利润 3 万元，机器的损坏率为 2/3；如果用于做第二种工作，每年每台可获利润 2.5 万元，机器的损坏率为 1/3。现考虑 3 年的生产周期，试确定如何安排生产计划可获得最大利润。

解：设第 k 年可用机器的台数为 $x(k)$，第 k 年分配做第一种工作的机器为 $u(k)$台，显然 $u(k)$满足不等式约束条件 $0\leqslant u(k)\leqslant x(k)$。描述这个系统的状态方程为

$$x(k+1)=\frac{1}{3}u(k)+\frac{2}{3}[x(k)-u(k)]$$

整理可得

$$x(k+1)=\frac{2}{3}x(k)-\frac{1}{3}u(k)$$

性能指标为

$$J=\sum_{k=0}^{2}[3u(k)+2.5(x(k)-u(k))]=\sum_{k=0}^{2}[2.5x(k)+0.5u(k)]$$

问题化为求 $u^*(0)$、$u^*(1)$、$u^*(2)$使满足约束条件 $0\leqslant u(k)\leqslant x(k)$，并使 J 最大。该问题的哈密顿函数 H 为

$$\begin{aligned}H(k)&=2.5x(k)+0.5u(k)+\lambda(k+1)\left[\frac{2}{3}x(k)-\frac{1}{3}u(k)\right]\\&=2.5x(k)+\frac{2}{3}\lambda(k+1)x(k)+\left[0.5-\frac{1}{3}\lambda(k+1)\right]u(k)\end{aligned}$$

为使 H 最小，则 $u(k)$ 应取为

$$u^*(k)=\begin{cases}x(k), & \text{当}\ 0.5-\dfrac{1}{3}\lambda(k+1)>0\\ 0, & \text{当}\ 0.5-\dfrac{1}{3}\lambda(k+1)<0\end{cases}$$

由伴随方程和边界条件

$$\lambda(k)=2.5+\frac{2}{3}\lambda(k+1),\lambda(3)=0$$

可解出

$$\lambda(2)=2.5,\lambda(1)=\frac{12.5}{3}$$

因此有

$$0.5-\frac{1}{3}\lambda(1)<0,u^*(0)=0$$

$$0.5-\frac{1}{3}\lambda(2)<0,u^*(1)=0$$

$$0.5-\frac{1}{3}\lambda(3)>0,u^*(2)=x(2)$$

最优生产计划为，前两年用全部机器做第二种工作，第三年将全部剩下的机器做第一种工作，这样获总利润最多。

由系统的状态方程可得

$$x(1)=\frac{2}{3}x(0)$$

$$x(2)=\frac{2}{3}x(1)=\frac{4}{9}x(0)$$

$$x(3)=\frac{2}{3}x(2)-\frac{1}{3}u(2)=\frac{4}{27}x(0)$$

经过一年使用，可用机器数量剩余为 2/3；经过两年，剩余为 4/9；经过三年，剩余为最初的 4/27。

则最优伴随序列 $\lambda^*=\left\{2.5\quad \frac{12.5}{3}\quad 0\right\}$，最优曲线序列 $x^*=\left\{x(0)\quad \frac{2}{3}x(0)\quad \frac{4}{9}x(0)\quad \frac{4}{27}x(0)\right\}$，最优控制序列 $u^*=\left\{0\quad 0\quad \frac{4}{9}x(0)\right\}$，获得的总利润为

$$J=\sum_{k=0}^{2}[2.5x(k)+0.5u(k)]=2.5x(0)+2.5x(1)+[2.5x(2)+0.5u(2)]=5.5x(0)$$

针对例 4.5 中的问题，可由 MATLAB 求解，代码如下。

```
*************************** Ex4 - 5.mlx***************************
%定义符号型(sym)变量
syms x(k) u(k) lamd(k)
%定义年数
N = 3;
%索引/结论用 cell
```

```
la = cell(1, N);
X  = cell(1, N+1);
U  = cell(1, N);
for i = 1:N
   la{i} = sym(['la' num2str(i)]);
   U{i}   = sym(['u' num2str(i)]);
end
for i = 1:N+1
   X{i}   = sym(['x' num2str(i-1)]) ;
end
%哈密顿函数，伴随方程
H = 2.5 * x(k) + 0.5 * u(k)+lamd(k+1) * (2/3 * x(k)-1/3 * u(k));
H=expand(H)
eq1(k)=lamd(k)==diff(H, x(k))
%边界条件
la{3} = 0;
%循环求解 lambda
for i = 1:N-1
     k = N+1 - i; %由高到低
     la{k-1} = solve(subs(eq1(k-1), [lamd(k-1) lamd(k)], [la{k-1} la
{k}]));
end
for i = 1:N
     disp(['lambda' num2str(i) '='])
     disp(la{i})
end
%解出 u
for i=1:N
   eq_judge(i) = 0.5 - 1/3 * la{i};   %判断
   if eq_judge(i) < 0
      U{i} = 0;
   else
      U{i} = X{i};
   end
end
%由状态方程解出 x
for k = 1:N
     X{k+1} = 2/3 * X{k} - 1/3 * U{k};
```

```
end
% J
J = 0;
for i = 1:N
    J = J + 2.5 * X{i} + 0.5 * U{i};
end
syms x2
J = subs(J, x2, X{3})
U{3}=subs(U{3},x2, X{3});
X{4}=subs(X{4},x2, X{3});
U=subs(U)
X=subs(X)
la=subs(la)
************************** END **************************
```

程序运行结果：

J =

$$\frac{11x_0}{2}$$

U =

$$\begin{pmatrix} 0 & 0 & \frac{4x_0}{9} \end{pmatrix}$$

X =

$$\begin{pmatrix} x_0 & \frac{2x_0}{3} & \frac{4x_0}{9} & \frac{4x_0}{27} \end{pmatrix}$$

la =

$$\begin{pmatrix} \frac{25}{6} & \frac{5}{2} & 0 \end{pmatrix}$$

4.4 最小时间控制问题

最小时间控制问题，又称时间最优控制问题。要求在容许控制范围内寻求最优控制，使系统以最短的时间从任意初始状态转移到要求的目标集。最小时间控制问题在实践中具有重要意义。比如希望导弹以最短的时间击中目标，被控对象在最短的时间内达到平衡位置等。

一般来说，求非线性系统和任意目标集的时间最优控制的解析解十分困难，这里仅考虑线性定常系统，且目标集为状态空间原点，即终端状态固定时的时间最优控制问题。

设已知系统的状态方程为

$$\dot{\boldsymbol{x}}(t)=\boldsymbol{A}\boldsymbol{x}(t)+\boldsymbol{B}\boldsymbol{u}(t) \tag{4-38}$$

式中，$\boldsymbol{x}(t)$为 n 维状态向量；$\boldsymbol{u}(t)$为 r 维控制向量；$\boldsymbol{A}$ 为 $n\times n$ 定常矩阵；$\boldsymbol{B}$ 为 $n\times r$ 定常矩阵。

并设系统是完全能控的，且 $\boldsymbol{u}(t)$ 具有以下不等式约束：

$$|u_j(t)|\leqslant 1, j=1,2,\cdots,r \tag{4-39}$$

始端和终端条件为

$$\boldsymbol{x}(t_0)=\boldsymbol{x}_0, t_0=0$$

$$\boldsymbol{x}(t_f)=0, t_f \text{ 可变}$$

试求控制作用 $\boldsymbol{u}(t)$ 使系统从初始状态转移到平衡状态（原点）所需的时间最短，即 $\min J=t_f$。如果将它看作是积分性能指标的情况，即 $L=1$，则

$$J=\int_{t_0}^{t_f} L\mathrm{d}t=\int_0^{t_f}\mathrm{d}t=t_f \tag{4-40}$$

为了求解以上问题，先构造哈密顿函数：

$$H[\boldsymbol{x}(t),\boldsymbol{u}(t),\boldsymbol{\lambda}(t)]=1+\boldsymbol{\lambda}^{\mathrm{T}}[\boldsymbol{A}\boldsymbol{x}(t)+\boldsymbol{B}\boldsymbol{u}(t)]$$

设最优控制 $\boldsymbol{u}^*(t)$ 存在，则应用极小值原理，可以直接推出下列结果。

（1）最优曲线 $\boldsymbol{x}^*(t)$ 和最优伴随向量 $\boldsymbol{\lambda}^*(t)$ 满足正则方程

$$\dot{\boldsymbol{x}}(t)=\frac{\partial H[\boldsymbol{x}(t),\boldsymbol{u}(t),\boldsymbol{\lambda}(t)]}{\partial\boldsymbol{\lambda}(t)}=\boldsymbol{A}\boldsymbol{x}(t)+\boldsymbol{B}\boldsymbol{u}(t)$$

$$\dot{\boldsymbol{\lambda}}(t)=-\frac{\partial H[\boldsymbol{x}(t),\boldsymbol{u}(t),\boldsymbol{\lambda}(t)]}{\partial\boldsymbol{x}(t)}=-\boldsymbol{A}^{\mathrm{T}}\boldsymbol{\lambda}(t) \tag{4-41}$$

（2）边界条件

$$\boldsymbol{x}(0)=\boldsymbol{x}_0$$

$$\boldsymbol{x}(t_f)=0$$

（3）在 $t\in[0,t_f]$ 上，对所有容许控制 $\boldsymbol{u}(t)$，下列关系式成立：

$$1+[\boldsymbol{x}^*(t)]^{\mathrm{T}}\boldsymbol{A}^{\mathrm{T}}\boldsymbol{\lambda}^*(t)+[\boldsymbol{u}^*(t)]^{\mathrm{T}}\boldsymbol{B}^{\mathrm{T}}\boldsymbol{\lambda}^*(t)\leqslant 1+[\boldsymbol{x}^*(t)]^{\mathrm{T}}\boldsymbol{A}^{\mathrm{T}}\boldsymbol{\lambda}^*(t)+\boldsymbol{u}^{\mathrm{T}}(t)\boldsymbol{B}^{\mathrm{T}}\boldsymbol{\lambda}^*(t)$$

即

$$[\boldsymbol{u}^*(t)]^{\mathrm{T}}\boldsymbol{B}^{\mathrm{T}}\boldsymbol{\lambda}^*(t)\leqslant\boldsymbol{u}^{\mathrm{T}}(t)\boldsymbol{B}^{\mathrm{T}}\boldsymbol{\lambda}^*(t)$$

当 $\boldsymbol{B}^{\mathrm{T}}\boldsymbol{\lambda}^*(t)>0$ 时，$\boldsymbol{u}(t)$ 越小，则 $\boldsymbol{u}^{\mathrm{T}}(t)\boldsymbol{B}^{\mathrm{T}}\boldsymbol{\lambda}^*(t)$ 越小，因此应取 $\boldsymbol{u}(t)$ 的下限值作为 $\boldsymbol{u}^*(t)$，所以最优控制 $\boldsymbol{u}^*(t)=-1$；

当 $\boldsymbol{B}^{\mathrm{T}}\boldsymbol{\lambda}^*(t)<0$ 时，$\boldsymbol{u}(t)$ 越大，则 $\boldsymbol{u}^{\mathrm{T}}(t)\boldsymbol{B}^{\mathrm{T}}\boldsymbol{\lambda}^*(t)$ 越小，因此应取 $\boldsymbol{u}(t)$ 的上限值作为 $\boldsymbol{u}^*(t)$，所以最优控制 $\boldsymbol{u}^*(t)=1$；

当 $\boldsymbol{B}^{\mathrm{T}}\boldsymbol{\lambda}^*(t)=0$ 时，则因 $\boldsymbol{u}(t)$ 不定，无法应用极小值原理确定 $\boldsymbol{u}^*(t)$，只能取满足约束条件 $|u_j(t)|\leqslant 1$ 的任意值。这种情况称为奇异情况，相应的系统式(4-38)称为奇异系统。

则有

$$\boldsymbol{u}^*(t)=-\mathrm{sgn}\{\boldsymbol{B}^{\mathrm{T}}\boldsymbol{\lambda}^*\} \tag{4-42}$$

或

$$u_j^*(t)=-\mathrm{sgn}\left\{\sum_{i=1}^{n}b_{ij}\lambda_j^*\right\}$$

式中，$\mathrm{sgn}\{a\}=\begin{cases}1, & a>0\\ \text{未定}, & a=0\\ -1, & a<0\end{cases}$

(4)在最优曲线上，哈密顿函数恒为零，即

$$H[\boldsymbol{x}^*(t),\boldsymbol{u}^*(t),\boldsymbol{\lambda}^*(t)]=0$$

因为$\frac{\partial H[\boldsymbol{x}^*(t),\boldsymbol{u}^*(t),\boldsymbol{\lambda}^*(t)]}{\partial t}=0$，即 $H[\boldsymbol{x}^*(t),\boldsymbol{u}^*(t),\boldsymbol{\lambda}^*(t)]=C$，又因在最优曲线的终端处，有 $H[\boldsymbol{x}^*(t),\boldsymbol{u}^*(t),\boldsymbol{\lambda}^*(t)]=0$，故在最优曲线上，哈密顿函数恒为零成立。

由于伴随方程式(4-41)是一个时不变的齐次微分方程，与 $\boldsymbol{x}(t)$ 和 $\boldsymbol{u}(t)$ 无关，伴随向量 $\boldsymbol{\lambda}(t)$ 是一非零向量，故伴随方程的解为

$$\boldsymbol{\lambda}^*(t)=\mathrm{e}^{-\boldsymbol{A}^{\mathrm{T}}t}\cdot\boldsymbol{\lambda}(t_0)=\mathrm{e}^{-\boldsymbol{A}^{\mathrm{T}}t}\cdot\boldsymbol{\lambda}(0)$$

所以最优控制为

$$\boldsymbol{u}^*(t)=-\mathrm{sgn}(\boldsymbol{B}^{\mathrm{T}}\boldsymbol{\lambda}^*)=-\mathrm{sgn}[\boldsymbol{B}^{\mathrm{T}}\mathrm{e}^{-\boldsymbol{A}^{\mathrm{T}}t}\boldsymbol{\lambda}(0)]=-\mathrm{sgn}\{[\mathrm{e}^{-\boldsymbol{A}^{\mathrm{T}}t}\boldsymbol{B}]^{\mathrm{T}}\boldsymbol{\lambda}(0)\}$$

由式(4-42)关系能否完全确定 $\boldsymbol{u}^*(t)$，取决于 $\boldsymbol{B}^{\mathrm{T}}\boldsymbol{\lambda}^*$ 函数的性质。根据 $\boldsymbol{B}^{\mathrm{T}}\boldsymbol{\lambda}^*$ 的情况不同，时间最优控制问题区分为正常与奇异两种情况。

若在区间$[0,t_f]$内，只在有限个点上成立 $\boldsymbol{B}^{\mathrm{T}}\lambda^*=0$，则问题为正常情况。若只要有一个函数 $b_{ij}\boldsymbol{\lambda}_i(t)$，在某一段(或几段)时间区间 $[t_1,t_2]\in[0,t_f]$上取零值，则称此种最优控制问题是奇异的，此时由 $\boldsymbol{u}^*(t)=-\mathrm{sgn}\{\boldsymbol{B}^{\mathrm{T}}\boldsymbol{\lambda}^*\}$无法确定最优控制 $\boldsymbol{u}^*(t)$。但应指出，这种情况既不意味时间最优控制不存在，也不意味时间最优控制无法定义，只说明由极值条件还不能确定奇异区间内 $\boldsymbol{u}^*(t)$与 $\boldsymbol{x}^*(t)$、$\boldsymbol{\lambda}^*(t)$的关系。在这里只讨论正常的时间最优控制问题，关于奇异的时间最优控制问题请参阅有关文献。

在正常情况下，最优控制 $\boldsymbol{u}^*(t)$可取-1和$+1$，随着时间的变化，$\boldsymbol{u}^*(t)$在这两个值上跳变，满足 $\boldsymbol{B}^{\mathrm{T}}\boldsymbol{\lambda}^*=0$ 的诸点恰好是转换点。这是一种继电器型控制，故有 Bang-Bang 控制之称。由此可见，最小时间控制是开关型或继电器型控制，要求控制变量始终为最大，而符号与 $\boldsymbol{\lambda}$ 相反。

例 4.6 设系统状态方程为

$$\dot{x}_1(t)=x_2(t),\dot{x}_2(t)=u(t)$$

边界条件为

$$x_1(0)=x_2(0)=1,x_1(t_f)=x_2(t_f)=0$$

控制变量的约束不等式为$|u(t)|\leqslant 1$，性能指标为

$$J=\int_0^{t_f}\mathrm{d}t=t_f$$

求使 J 最小的最优控制 $u^*(t)$和最短时间 t_f^*。

解:本例为二次积分模型的最小时间控制问题。不难验证，系统完全可控，因而是正常的，故时间最优控制必为 Bang-Bang 控制，可用最小值原理求解。构造哈密顿函数

$$H=1+\lambda_1 x_2+\lambda_2 u$$

最优控制为

$$u^*(t)=-\mathrm{sgn}\{\lambda_2(t)\}=\begin{cases}+1,\lambda_2(t)<0\\-1,\lambda_2(t)>0\end{cases}$$

由此得伴随方程为

$$\dot{\lambda}_1=-\frac{\partial H}{\partial x_1}=0,\qquad \lambda_1(t)=c_1$$

$$\dot{\lambda}_1=-\frac{\partial H}{\partial x_2}=-\lambda_1(t),\quad \lambda_2(t)=-c_1t+c_2$$

式中，c_1、c_2 为待定常数。$\lambda_2(t)$为一条直线，由极大值原理可知，要使哈密顿函数 H 达到极小，$\lambda_2(t)$的可能形式如图 4－8 所示。

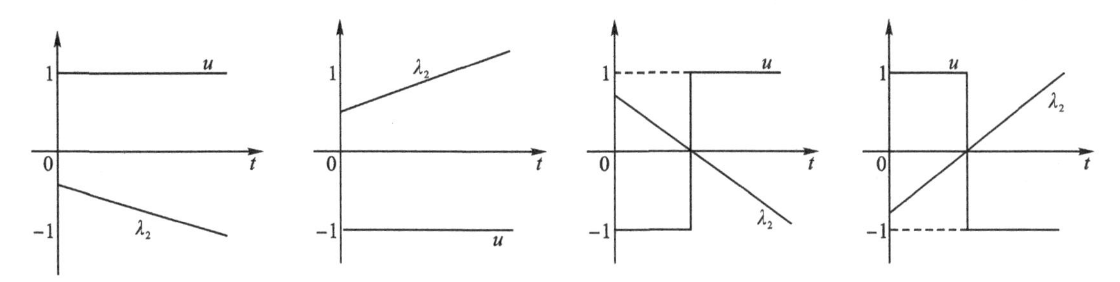

图 4－8　u 的变化规律

图 4－8 表示了 u 的取值条件及规律。在整个控制过程中，u 在－1、＋1 之间最多只有一次转换，因此最优控制规律具有以下四种可能形式

$$[+1]、[-1]、[+1,-1]、[-1,+1]$$

为确定究竟选哪一种控制方式，先研究一下 u 取＋1 或－1 时，$x_1(t)$、$x_2(t)$解的情形。

若令 $u^*=1$，状态方程的解为

$$\dot{x}_2(t)=1,\qquad x_2(t)=t+x_{20}$$

$$\dot{x}_1(t)=t+x_{20},\quad x_1(t)=\frac{1}{2}t^2+x_{20}t+x_{10}$$

式中，x_{10}、x_{20} 为 x_1、x_2 的初始值。

在解$\{x_1(t),x_2(t)\}$中，消去 t，求得相应的最优曲线方程为

$$x_1=\frac{1}{2}x_2^2+\left(x_{10}-\frac{1}{2}x_{20}^2\right)\tag{4-43}$$

由于(x_{10},x_{20})可取不同的任意实数，所以式(4－43)表示一族开口向右的抛物线，其顶点为 $x_{10}-\frac{1}{2}x_{20}^2$，如图 4－9 中实线所示。

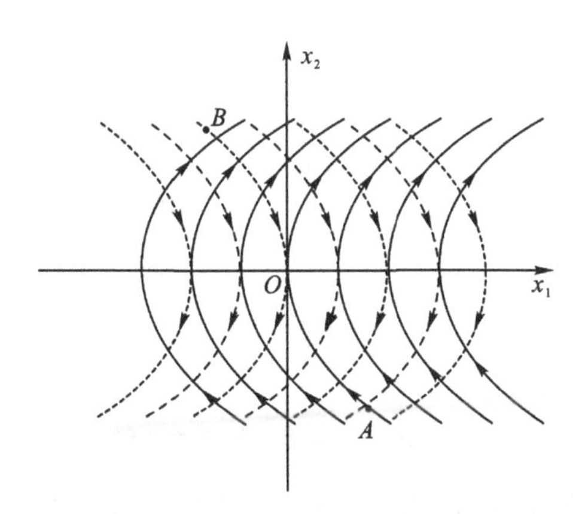

图 4－9　时间最优控制的最优曲线

图 4－9 中曲线上的箭头表示时间 t 的增加方向，这是由于 $x_2(t)=t+x_{20}$，故 $x_2(t)$随 t 的增加而增大。显然，满足终态要求的最优曲线为AO，表示为

$$\gamma_+ = \left\{ (x_1, x_2) \mid x_1 = \frac{1}{2}x_2^2, x_2 \leqslant 0 \right\}$$

若令 $u^* = -1$，状态方程的解为

$$\dot{x}_2(t) = -1, \qquad x_2(t) = -t + x_{20}$$

$$\dot{x}_1(t) = -t + x_{20}, \quad x_1(t) = -\frac{1}{2}t^2 + x_{20}t + x_{10}$$

相应的最优曲线方程为

$$x_1 = -\frac{1}{2}x_2^2 + \left(x_{10} + \frac{1}{2}x_{20}^2\right) \tag{4-44}$$

式(4-44)描绘了一族开口向左的抛物线，如图 4-9 中虚线所示。图 4-9 中曲线上的箭头表示时间 t 的增加方向，这是由于 $x_2(t) = -t + x_{20}$，故 $x_2(t)$ 随 t 的增加而减少。显然满足终态要求的最优曲线为 BO，可以表示为

$$\gamma_- = \left\{ (x_1, x_2) \mid x_1 = -\frac{1}{2}x_2^2, x_2 \geqslant 0 \right\}$$

曲线 γ_+ 和 γ_- 在相平面上组合成曲线 γ，称为开关曲线，如图 4-10 中的 BOA 所示。其表达式可表示为 γ_+ 和 γ_- 的并集，即

$$\gamma = \gamma_+ \cup \gamma_- = \left\{ (x_1, x_2) \mid x_1 = -\frac{1}{2}x_2 |x_2| \right\} \tag{4-45}$$

由图 4-10 可见，曲线 γ 将相平面分割为 R_+ 和 R_- 两个区域，作为状态的集合，可以表示为

$$R_+ = \left\{ (x_1, x_2) \mid x_1 < -\frac{1}{2}x_2 |x_2| \right\}$$

$$R_- = \left\{ (x_1, x_2) \mid x_1 > -\frac{1}{2}x_2 |x_2| \right\}$$

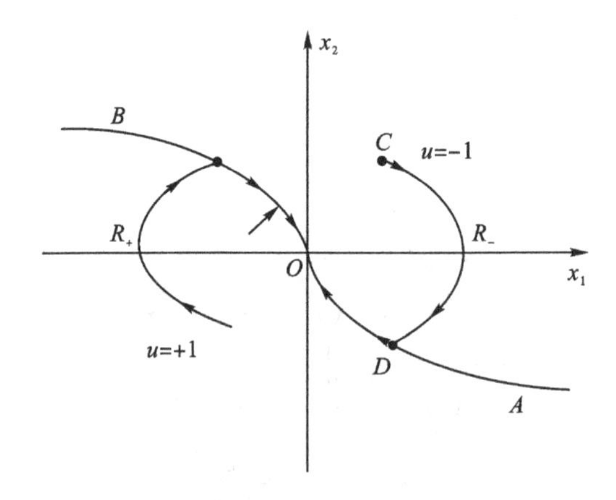

图 4-10 相平面上的开关曲线

当初始状态(x_{10}, x_{20})为不同情况时，系统的最优控制和运动曲线可以讨论如下。

(1)若(x_{10}, x_{20})位于 γ_- 上，则在 $u(t) = -1$ 作用下，不经切换，可直接沿 BO 运动至要求的原点，此时最优控制为 $u^*(t) = -1, t \in [0, t_f]$。

(2)若(x_{10}, x_{20})位于 γ_+ 上，则在 $u(t) = +1$ 作用下，不经切换，可直接沿 AO 运动至要求

的原点，此时最优控制为 $u^*(t)=+1, t\in[0,t_f]$。

(3)若(x_{10},x_{20})位于 R_+ 区域，则状态转移分两段进行。首先，在 $u(t)=+1$ 作用下，沿 $u(t)=+1$ 的某一条抛物线转移至BO上的某点，然后在交点处控制改变为 $u(t)=-1$ 沿 γ_- 转移至原点。此时，最优控制 $u^*(t)=\{+1,-1\}$，控制作用在 γ_- 曲线的交点处产生一次切换。

(4)若(x_{10},x_{20})位于 R_- 区域，则在 $u(t)=-1$ 作用下，沿 $u(t)=-1$ 的某一条抛物线转移至 γ_+ 曲线上的某一点，然后在交点处控制改变为 $u(t)=+1$，沿 γ_+ 转移至原点。此时，最优控制 $u^*(t)=\{-1,+1\}$，控制作用在 γ_+ 曲线的交点处产生一次切换。

由上述讨论可见，不论初始状态位于 R_+ 区域还是 R_- 区域，将状态由已知初态向要求终态 $x(t_f)=0$ 转移时，都必须在 γ 曲线上改变控制的符号，产生控制切换，故式(4-45)表示的 γ 曲线称为开关曲线。

另外，系统当前状态(x_{10},x_{20})唯一地决定了当前应采用的最优控制 $u^*(t)$，这样即可把本来是时间函数的最优控制 $u^*(t)$转换为状态的函数 $u^*(x_{10},x_{20})$，则本例的时间最优控制为

$$u^*(t)=\begin{cases}+1, \forall(x_1,x_2)\in\gamma_+\cup R_+\\ -1, \forall(x_1,x_2)\in\gamma_-\cup R_-\end{cases}$$

如果定义开关函数为

$$h(x_1,x_2)=x_1(t)+\frac{1}{2}x_2(t)|x_2(t)|$$

则最优控制可表示为

$$u^*(t)=\begin{cases}-1, & h(x_1,x_2)>0\\ -\mathrm{sgn}[x_2(t)], & h(x_1,x_2)=0\\ +1, & h(x_1,x_2)<0\end{cases}$$

图 4-11 为以上时间最优控制规律的工程实现框图。

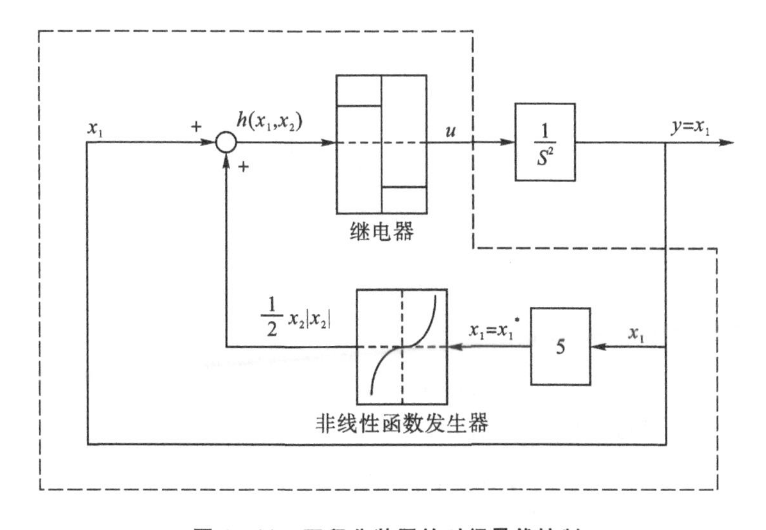

图 4-11　双积分装置的时间最优控制

由图 4-11 可见，最优控制系统在每一瞬间对状态 x_1 和 x_2 测量，其中 x_2 通过非线性函数发生器后得到$\frac{1}{2}x_2|x_2|$，将其与 x_1 相加并取反后推动继电器，实现 Bang-Bang 控制。

注意到当 x_1 和 x_2 位于开关曲线上时，继电器的输入为零，从而继电器输出是不确定的，它将在干扰信号的作用下，无规则地反复切换。但是在实际上，由于惯性的作用，使得继电器的动作不会精确地发生在 γ 曲线上，而是发生在超越 γ 曲线某些距离的地方，从而相应的继电器输入信号也就不会精确地等于零。这时状态(x_1,x_2)将沿着与 γ 接近的曲线转移到坐标原点附近。所以从实际的观点来看，这一控制方案还是可行的。

在时间最优控制的作用下，最短时间 t_f^* 的计算，是将状态轨线按控制序列分成若干段，依次算出每段所需的时间，再求和。在目前情况下，可以分别计算从初态(x_{10},x_{20})到轨线与开关曲线相交时的时间，以及从交点沿开关曲线到原点的时间，两者求和即得 t_f^*。

本例中$(x_{10},x_{20})=(1,1)\in R_-$，最优控制 $u^*=\{-1,+1\}$，具体计算过程如下。

(1)CD 段：$u(t)=-1$，$x_1(0)=x_2(0)=1$

$$\begin{cases}x_1(t)=-\frac{1}{2}t^2+t+1\\x_2(t)=-t+1\end{cases}$$

到达 C 点时，$t=t_s$，则有

$$\begin{cases}x_1(t_s)=-\frac{1}{2}t_s^2+t_s+1\\x_2(t_s)=-t_s+1\end{cases}\tag{4-46}$$

(2)DO 段：$u(t)=1$

$$\begin{cases}x_1(t)=\frac{1}{2}t^2+x_2(0)t+x_1(0)\\x_2(t)=t+x_2(0)\end{cases}$$

代入 $x_1(t_f)=x_2(t_f)=0$，解得

$$x_1(0)=\frac{1}{2}t_f^2,x_2(0)=-t_f$$

则有

$$\begin{cases}x_1(t)=\frac{1}{2}t^2+tt_f+\frac{1}{2}t_f{}^2\\x_2(t)=t+t_f\end{cases}$$

在 C 点处，$t=t_s$，则有

$$\begin{cases}x_1(t_s)=\frac{1}{2}t_s^2-t_st_f+\frac{1}{2}t_f^2\\x_2(t_s)=t_s-t_f\end{cases}\tag{4-47}$$

(3)比较式(4-46)和式(4-47)，有

$$\begin{cases}-\frac{1}{2}t_s^2+t_s+1=\frac{1}{2}t_s^2-t_st_f+\frac{1}{2}t_f^2\\-t_s+1=t_s-t_f\end{cases}$$

解出

$$t_s=1+\frac{\sqrt{6}}{2}\approx 2.22,\quad t_f^*=\sqrt{6}+1\approx 3.45$$

则最优控制

$$u^*(t)=\begin{cases}-1, & 0\leqslant t<2.22\\ +1, & 2.22\leqslant t\leqslant 3.45\end{cases}$$

针对例4.6中的问题,可由MATLAB/Simulink环境下仿真求解。图4-12为本问题的仿真框图。图4-13为系统的控制输入u和状态x的响应曲线。

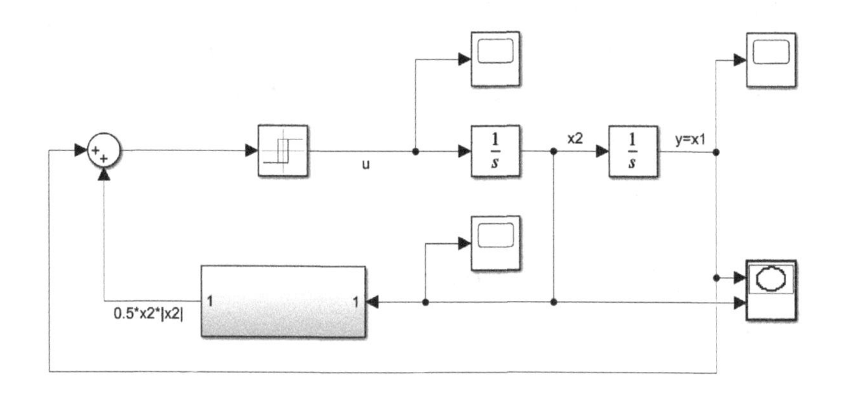

图4-12 Simulink仿真框图

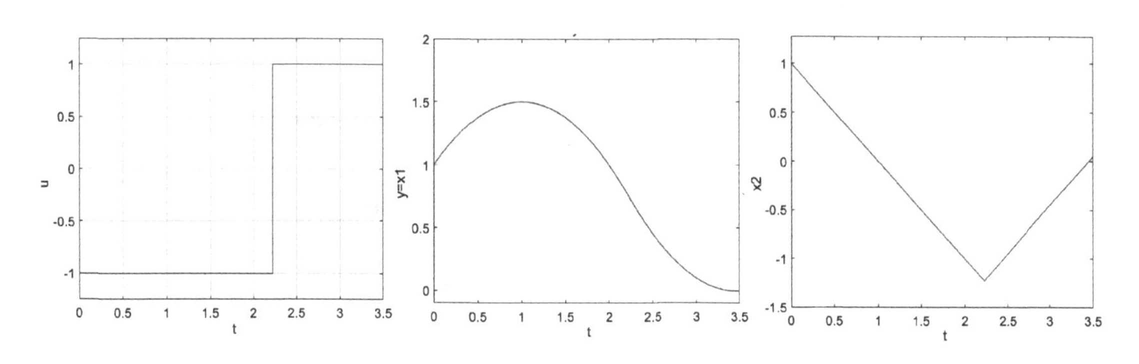

图4-13 $u(t)$和$x(t)$曲线

4.5 最小能量控制问题

最小能量控制问题是指在有限时间的控制过程中,要求控制系统的能量消耗最小。在最小能量控制问题中,一般假设控制变量为推力或力矩的大小和方向,它是消耗能量所产生的。同时假设单位时间内能量消耗量(或称能量消耗速度)与控制变量大小成正比关系。因此,为了保证控制过程最省能量,可把控制过程所消耗的能量总量作为性能指标泛函来表示,即

$$J=\int_0^{t_f}|\boldsymbol{u}(t)|\,\mathrm{d}t \tag{4-48}$$

设已知系统的状态方程为

$$\dot{\boldsymbol{x}}(t)=\boldsymbol{A}\boldsymbol{x}(t)+\boldsymbol{B}\boldsymbol{u}(t) \tag{4-49}$$

容许控制受不等式约束

$$|\boldsymbol{u}(t)|\leqslant 1$$

寻求最优控制 $\boldsymbol{u}^*(t)$使系统从已知初始状态 $\boldsymbol{x}(0)=\boldsymbol{\zeta}$,以规定时间 t_f,到达预定状态 $\boldsymbol{x}(t_f)=\boldsymbol{\eta}$,其 $\boldsymbol{\eta}$ 不一定是零,并使性能指标泛函为最小,即

$$\min J=\int_0^{t_f}|\boldsymbol{u}(t)|\,\mathrm{d}t$$

为了求解以上问题,先写出其哈密顿函数

$$H[\boldsymbol{x}(t),\boldsymbol{u}(t),\boldsymbol{\lambda}(t)]=|\boldsymbol{u}(t)|+\boldsymbol{\lambda}^{\mathrm{T}}[\boldsymbol{A}\boldsymbol{x}(t)+\boldsymbol{B}\boldsymbol{u}(t)]$$

设最优控制 $\boldsymbol{u}^*(t)$存在,则应用极大值原理,可以直接推出下列结果。

(1)最优曲线 $\boldsymbol{x}^*(t)$和最优伴随向量 $\boldsymbol{\lambda}^*(t)$满足正则方程:

$$\dot{\boldsymbol{x}}(t)=\frac{\partial H[\boldsymbol{x}(t),\boldsymbol{u}(t),\boldsymbol{\lambda}(t)]}{\partial\boldsymbol{\lambda}(t)}=\boldsymbol{A}\boldsymbol{x}(t)+\boldsymbol{B}\boldsymbol{u}(t)$$

$$\dot{\boldsymbol{\lambda}}(t)=\frac{\partial H[\boldsymbol{x}(t),\boldsymbol{u}(t),\boldsymbol{\lambda}(t)]}{\partial\boldsymbol{x}(t)}=-\boldsymbol{A}^{\mathrm{T}}\boldsymbol{\lambda}(t)$$

(2)边界条件:

$$\boldsymbol{x}(0)=\boldsymbol{\zeta}$$

$$\boldsymbol{x}(t_f)=\boldsymbol{\eta}$$

(3)对所有容许控制 $\boldsymbol{u}(t)$,下列关系成立:

$$|\boldsymbol{u}^*(t)|+[\boldsymbol{\lambda}^*(t)]^{\mathrm{T}}[\boldsymbol{A}\boldsymbol{x}^*(t)+\boldsymbol{B}\boldsymbol{u}^*(t)]\leqslant|\boldsymbol{u}(t)|+[\boldsymbol{\lambda}^*(t)]^{\mathrm{T}}[\boldsymbol{A}\boldsymbol{x}^*(t)+\boldsymbol{B}\boldsymbol{u}(t)]$$

即

$$|\boldsymbol{u}^*(t)|+[\boldsymbol{\lambda}^*(t)]^{\mathrm{T}}\boldsymbol{B}\boldsymbol{u}^*(t)\leqslant|\boldsymbol{u}(t)|+[\boldsymbol{\lambda}^*(t)]^{\mathrm{T}}\boldsymbol{B}\boldsymbol{u}(t)$$

或

$$|\boldsymbol{u}^*|+[\boldsymbol{\lambda}^*]^{\mathrm{T}}\boldsymbol{B}\boldsymbol{u}^*\leqslant|\boldsymbol{u}|+[\boldsymbol{\lambda}^*]^{\mathrm{T}}\boldsymbol{B}\boldsymbol{u}$$

由此可见,根据最优控制 $\boldsymbol{u}^*(t)$,使哈密顿函数 H 取极小值或使函数

$$R(t)=|\boldsymbol{u}(t)|+[\boldsymbol{\lambda}^*]^{\mathrm{T}}\boldsymbol{B}\boldsymbol{u}$$

取极小值,最优控制应满足

$$\begin{cases}\boldsymbol{u}^*(t)=0, & |[\boldsymbol{\lambda}^*(t)]^{\mathrm{T}}\boldsymbol{B}|<1\\ \boldsymbol{u}^*(t)=-\operatorname{sgn}\{[\boldsymbol{\lambda}^*(t)]^{\mathrm{T}}\boldsymbol{B}\}, & |[\boldsymbol{\lambda}^*(t)]^{\mathrm{T}}\boldsymbol{B}|>1\\ 0\leqslant\boldsymbol{u}^*(t)\leqslant 1, & [\boldsymbol{\lambda}^*(t)]^{\mathrm{T}}\boldsymbol{B}=-1\\ -1\leqslant\boldsymbol{u}^*(t)\leqslant 0, & [\boldsymbol{\lambda}^*(t)]^{\mathrm{T}}\boldsymbol{B}=+1\end{cases} \tag{4-50}$$

以上关系可以写成如下的简洁形式:

$$\boldsymbol{u}^*(t)=-\operatorname{dez}\{[\boldsymbol{\lambda}^*(t)]^{\mathrm{T}}\boldsymbol{B}\}$$

其中,死区函数 $a=\operatorname{dez}\{b\}$定义如下:

$$\begin{cases}a=0, & |b|<1\\ a=\operatorname{sgn}\{b\}, & |b|>1\\ 0\leqslant a\leqslant 1, & b=+1\\ -1\leqslant a\leqslant 0, & b=-1\end{cases}$$

死区函数曲线如图4-14所示。

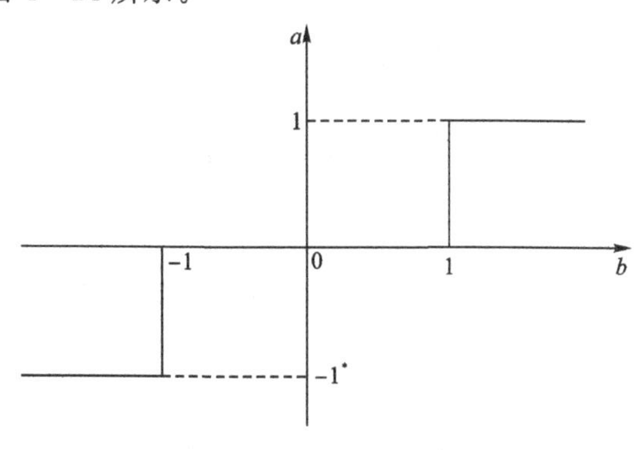

图4-14 死区函数曲线

死区函数可用三位继电器来实现，对于三位继电器来说，当输入信号小于动作参数时，继电器不动作，输出为零；当输入信号为正，而且超过动作参数时，继电器动作，使右触点接通，并有输出；当输入信号为负，而且超过动作参数时，继电器动作，使左触点接通，并有倒相的输出。

根据以上分析可见，在给定时间内使燃料消耗最少的能量最优控制，各个控制分量应取三个位置的值，即砰—零—砰。因为要节省燃料，所以必然有“零”的位置，才能让系统利用本身的惯性运行。从物理意义上看，这种控制就是先加速，然后保持恒速，最后再减速。

由式(4-48)关系能否完全确定$\boldsymbol{u}^*(t)$，取决于$[\boldsymbol{\lambda}^*(t)]^{\mathrm{T}}\boldsymbol{B}$函数的性质。与时间最优控制问题类似。根据$[\boldsymbol{\lambda}^*(t)]^{\mathrm{T}}\boldsymbol{B}$的情况不同，能量最优控制问题也可以区分为正常与奇异两种情况。若在时间区间$[0,t_f]$内，只有在有限个点上满足$|[\boldsymbol{\lambda}^*(t)]^{\mathrm{T}}\boldsymbol{B}|=1$，则问题为正常情况；若至少存在一时间间隔$[t_1,t_2]\in[0,t_f]$，在其上满足$|[\boldsymbol{\lambda}^*(t)]^{\mathrm{T}}\boldsymbol{B}|=1$，则问题属于奇异情况。在正常情况下，最优控制$\boldsymbol{u}^*(t)$可取$+1$、$-1$、0三个值，随着时间的增加，$\boldsymbol{u}^*(t)$在这三个值上转换，所以这种控制是一种三位控制或称开关控制。在奇异情况下，在奇异时间区间内，$\boldsymbol{u}^*(t)$的值不能由极大值原理求出。

例4-7 已知系统的状态方程为

$$\dot{x}_1(t)=x_2(t),\dot{x}_2(t)=u(t)$$

控制变量的约束不等式为$|u(t)|\leqslant 1$，寻求最优控制$u^*(t)$，使系统从任意状态(ξ_1,ξ_2)转移到状态空间原点(0,0)时，目标泛函

$$J[u(t)]=\int_0^{t_f}|u(t)|\mathrm{d}t$$

取极小值，其中t_f是自由的。

解：构造哈密顿函数

$$H=|u(t)|+\lambda_1(t)x_2(t)+\lambda_2(t)u(t)$$

其最优控制可写成

$$\begin{aligned}
&u^*(t)=0, && |\lambda_2(t)|<1\\
&u^*(t)=-\mathrm{sgn}\{\lambda_2(t)\}, && |\lambda_2(t)|>1\\
&0\leqslant u^*(t)\leqslant 1, && \lambda_2(t)=-1\\
&-1\leqslant u^*(t)\leqslant 0, && \lambda_2(t)=+1
\end{aligned}$$

由系统的伴随方程有

$$\dot{\lambda}_1(t)=-\frac{\partial H}{\partial x_1}=0,\qquad \lambda_1(t)=c_1$$

$$\dot{\lambda}_2(t)=-\frac{\partial H}{\partial x_2}=-\lambda_1(t),\quad \lambda_2(t)=c_2-c_1t$$

式中，$c_1=\lambda_1(0)$，$c_2=\lambda_2(0)$。

由于哈密顿函数不是时间的显函数，且终端时间 t_f 自由，所以沿最优轨迹哈密顿函数等于零。即 $H=0$。

现分两种情况进行分析：

(1)当 $c_1=0$ 时，有 $\lambda_1(t)=0$、$\lambda_2(t)=c_2$，为满足哈密顿函数 $H=0$，应有

$$\lambda_2=c_2=\pm1$$

这是一种奇异情况，这时只能确定 $u^*(t)$的符号及取值范围，而无法确定 $u^*(t)$的大小。设 $v(t)$是任意不恒等于零的非负分段连续函数，即

$$0\leqslant v(t)\leqslant 1,t\in(0,t_f)$$

则最优控制应满足如下条件：

$$u^*(t)=-\operatorname{sgn}\{c_2\}v(t)$$

(2)当 $c_1\neq 0$ 时，有

$$\lambda_2(t)=c_2-c_1t$$

它是时间的线性函数，且最多有两个点满足$|\lambda(t)|$，因而属于正常情况。最优控制 $u^*(t)$必是三位控制，并且最多有两次转换。下列九种控制序列是燃料最优控制的候选者，即

$$\{0\}、\{+1\}、\{-1\}、\{+1,0\}、\{-1,0\}、\{0,+1\}、\{0,-1\}、\{+1,0,-1\}、\{-1,0,+1\}$$

但是，其中最后的控制 $u=0$ 的三种序列不可能是最优控制。因为若最后控制 $u=0$，系统的轨迹是一簇不通过坐标原点的平行直线，或是 x_1 轴上的孤立的点，如图 4-15 所示。显然不可能把非(0,0)状态转变为(0,0)状态。这样，最优控制序列只有下列六种可能的选择，它与 $\lambda_2(t)$的关系如图 4-16 所示。

$$\{+1\}、\{-1\}、\{0,+1\}、\{0,-1\}、\{+1,0,-1\}、\{-1,0,+1\}$$

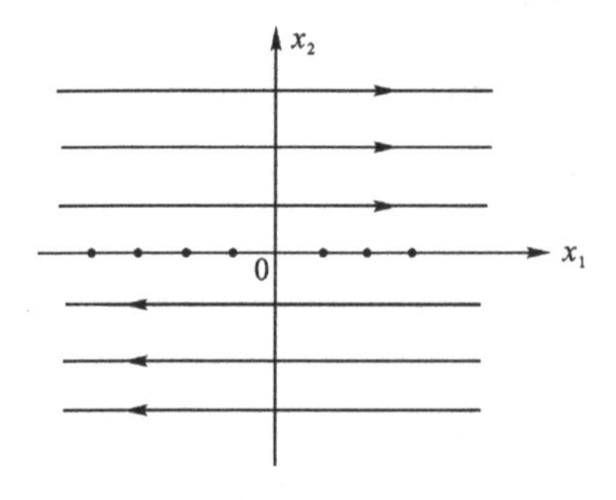

图 4-15

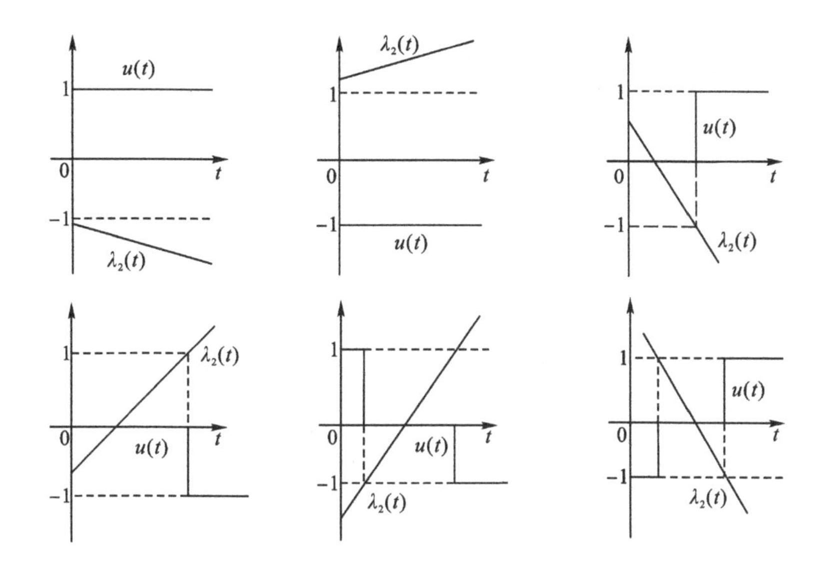

图 4-16　最优控制 u 的变化规律

下面来确立燃料消耗量的下限。

对状态方程 $\dot{x}_2(t)=u(t)$ 进行积分，并考虑初始条件和终端条件分别为 (ξ_1,ξ_2) 和 $(0,0)$，则得

$$\xi_2=-\int_0^{t_f}|u(t)|\mathrm{d}t$$

于是

$$|\xi_2|=\left|\int_0^{t_f}u(t)\mathrm{d}t\right|\leqslant\int_0^{t_f}|u(t)|\mathrm{d}t=J[u(\cdot)]$$

由此得出结论，对给定问题而言，燃料消耗量的下限为 $|\xi_2|$。因此，如能找到一个控制，它能使系统由 (ξ_1,ξ_2) 转移到 $(0,0)$，并且所消耗的燃料是 $|\xi_2|$，则该控制必然是最优控制。

为了详细分析燃料最优控制的属性对状态初值的依从关系，下面将在状态平面上进行讨论。对于本例的系统，$u(t)=\pm1$ 时的相轨迹由例 4-6 可知，可得到能够到达坐标原点的两条轨迹，如图 4-17 所示，其中

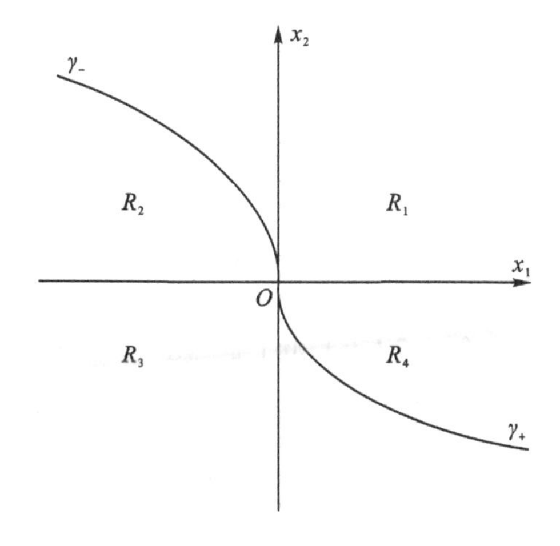

图 4-17　开关曲线

$$\gamma_+ = \left\{(x_1, x_2) \mid x_1 = \frac{1}{2}x_2^{\ 2}, x_2 \leqslant 0\right\};\ \gamma_- = \left\{(x_1, x_2) \mid x_1 = -\frac{1}{2}x_2^{\ 2}, x_2 \geqslant 0\right\}$$

即

$$\gamma = \gamma_+ \cup \gamma_- = \left\{(x_1, x_2) \mid x_1 = -\frac{1}{2}x_2 |x_2|\right\}$$

由图 4-17 可知，曲线 γ 及 x_1 轴把状态平面分成四个区域：

$$R_1 = \left\{(x_1, x_2) \middle| x_1 > -\frac{1}{2}x_2^{\ 2}, x_2 \geqslant 0\right\}$$

$$R_2 = \left\{(x_1, x_2) \middle| x_1 < -\frac{1}{2}x_2^{\ 2}, x_2 > 0\right\}$$

$$R_3 = \left\{(x_1, x_2) \middle| x_1 < \frac{1}{2}x_2^{\ 2}, x_2 \leqslant 0\right\}$$

$$R_4 = \left\{(x_1, x_2) \middle| x_1 > \frac{1}{2}x_2^{\ 2}, x_2 < 0\right\}$$

当初态 (ξ_1, ξ_2) 处于不同区域时，燃料最优控制问题的解将大不相同。

1) 初始状态 (ξ_1, ξ_2) 位于曲线 γ 上

设 $(\xi_1, \xi_2) \in \gamma_+$ 时，则 $u(t) = +1$ 是唯一的燃料最优控制。在这种情况下，由于不知道 c_1 是否为零，故必须讨论平常和奇异两种情形。

若 $c_1 \neq 0$，在前述的六种控制序列中，不仅只有控制序列 $\{+1\}$ 能驱使初始状态 $(\xi_1, \xi_2) \in \gamma_+$ 到达原点，而且这时有

$$x_2(t) = \xi_2 + \int_0^t (+1) \mathrm{d}\tau$$

当 $t = t_f$ 时，$x_2(t_f) = 0$，有

$$\int_0^{t_f} (+1) \mathrm{d}\tau = -\xi_2$$

从而有

$$J = \int_0^{t_f} |u(t)| \mathrm{d}t = \int_0^{t_f} (+1) \mathrm{d}\tau = -\xi_2$$

在 γ_+ 上，$x_2(0) = \xi_2 < 0$，得

$$J = |\xi_2|$$

这就是燃料消耗的下限。

若 $c_1 = 0$，$|c_2| = 1$，由前述可知，最优控制为 $u^*(t) = -\mathrm{sgn}\{c_2\} v(t)$。令 $x'_1(t)$ 和 $x'_2(t)$ 是系统方程当初态 $(\xi_1, \xi_2) \in \gamma_+$，$u^*(t) = -\mathrm{sgn}\{c_2\} v(t)$ 时的解，则

$$x'_2(t) = \xi_2 + \int_0^t [-\mathrm{sgn}\{c_2\} v(t)] \mathrm{d}\tau$$

$$x'_1(t) = \xi_1 + \xi_2 t + \int_0^t \mathrm{d}\tau \int_0^\tau [-\mathrm{sgn}\{c_2\} v(\sigma)] \mathrm{d}\sigma$$

令 $x_1(t)$ 和 $x_2(t)$ 是系统方程当初态 $(\xi_1, \xi_2) \in \gamma_+$，$u(t) = +1$ 时的解，即

$$x_2(t) = \xi_2 + \int_0^t (+1) \mathrm{d}\tau$$

$$x_1(t) = \xi_1 + \xi_2 t + \int_0^t \mathrm{d}\tau \int_0^\tau (+1) \mathrm{d}\sigma$$

有

$$x_1(t) - x_2'(t) = \int_0^t \mathrm{d}\tau \int_0^\tau [1 + \mathrm{sgn}\{\pi_2\} v(\sigma)] \mathrm{d}\sigma \geqslant 0 \tag{4-51}$$

由此可知，只有在 $u^*(t) = -\mathrm{sgn}\{c_2\} v(t)$ 时式(4-49)才会等于零，不然则大于零。这说明，若 $u^*(t) = -\mathrm{sgn}\{c_2\} v(t) \neq +1$ 时，它所对应的相轨迹总是位于 γ_+ 曲线的左侧，因而不可能使状态转移到给定终点(0,0)。

由上可知，只有 $u^*(t) = +1$ 是唯一的最优解。

同理，当 $(\xi_1, \xi_2) \in \gamma_-$ 时，$u^*(t) = -1$ 是唯一的最优解。

2)初态 (ξ_1, ξ_2) 位于 R_2，R_4 内

设 $(\xi_1, \xi_2) \in R_4$，则存在许多能使状态到达原点的燃料最优控制。

当 $c_1 \neq 0$ 时，上述六种可能的控制中，只有 $\{0, +1\}$ 及 $\{-1, 0, +1\}$ 能使状态转移到原点。

图 4-18 中相轨迹 ABO 与 $u(t) = \{0, +1\}$ 相对应；而 $ACDBO$ 与 $u(t) = \{-1, 0, +1\}$ 相对应。

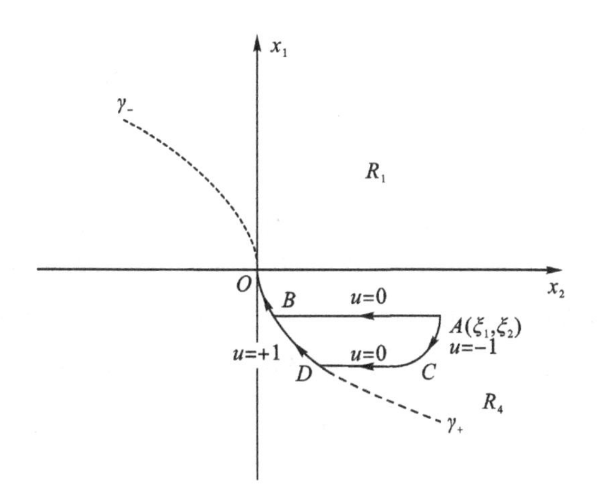

图 4-18　**相轨迹**

当采用 $\{0, +1\}$ 控制时，有

$$J\{0, +1\} = J_{AB} + J_{BO} = \int_0^{t_B} 0 \cdot \mathrm{d}t + \int_0^{t_f} 1 \cdot \mathrm{d}t \int_{t_B}^{t_f} 1 \cdot \mathrm{d}t = -\xi_2 = |\xi_2|$$

这是燃料消耗的下限，所以 $u^*(t) = \{0, +1\}$ 是最优控制。

若采用 $\{-1, 0, +1\}$ 控制时，有

$$\begin{aligned} J\{-1, 0, +1\} &= J_{AC} + J_{CD} + J_{DO} = \int_0^{t_C} |-1| \mathrm{d}t + \int_{t_C}^{t_D} 0 \cdot \mathrm{d}t + \int_{t_D}^{t_f} 1 \cdot \mathrm{d}t \\ &= \int_0^{t_C} \mathrm{d}t + \int_{t_D}^{t_f} \mathrm{d}t = |x_{2C} - \xi_2| + |x_{2D}| > |\xi_2| \end{aligned}$$

所以 $u(t) = \{-1, 0, +1\}$ 不是最优控制。

当 $c_1 = 0$、$|c_2| = 1$、$u(t) = -\mathrm{sgn}\{c_2\} v(t)$ 中的所有控制都可能是最优控制。事实上，由于 t_f 是自由的，$v(t)$ 有无穷多个取值方法，可以满足

$$\int_0^{t_f} v(t)\mathrm{d}t = -\xi_2 = |\xi_2|$$

$$\int_0^{t_f}\mathrm{d}t\int_0^t v(\tau)\mathrm{d}\tau = -\xi_1 - \xi_2 t$$

这说明，有无穷多个非负分段连续函数 $v(t)$ 可以充当最优控制。它们都既能把状态转移到原点，又能使燃料消耗达到下限。

应当指出，虽然有无穷多个解，均可实现最少燃料控制，但每一种控制所需的时间是不同的。其中以 $u^*(t)=\{0,+1\}$ 所需的时间最短。这是因为

$$t_f = \int_0^{t_f}\mathrm{d}t = \int_0^{t_f}\frac{\mathrm{d}x_1}{\mathrm{d}x_1}\mathrm{d}t = \int_{\xi_1}^0 \frac{\mathrm{d}x_1}{x_2} = \int_0^{\xi_1}\frac{\mathrm{d}x_1}{|x_2|} \tag{4-52}$$

对于同一个 x_1，$|x_2|$ 最大的最优轨迹转移时间 t_f 为最小。因此 $u^*(t)=\{0,+1\}$ 所需的时间为最短。对式(4-50)采用分段计算的方法，得

$$t_f^* = \int_0^{t_f}\mathrm{d}t = \int_0^{t_f}\frac{\mathrm{d}x_1}{\mathrm{d}x_1}\mathrm{d}t = \int_{\xi_1}^0\frac{dx_1}{x_2} = \int_{\xi_1}^{\frac{1}{2}\xi_2^2}\frac{\mathrm{d}x_1}{\xi_2} + \int_{\xi_2}^0\frac{x_2\mathrm{d}x_1}{x_2}$$

$$= \frac{1}{\xi_2}\left(\frac{1}{2}\xi_2^{\ 2} - \xi_1\right) - \xi_2 = -\left(\frac{1}{2}\xi_2 + \frac{\xi_1}{\xi_2}\right)$$

同理，当 $(\xi_1,\xi_2)\in R_2$ 时，亦有无穷多个非负分段连续函数可以充当最优控制，其中 $u^*(t)=\{0,-1\}$ 所需的时间最短。

3)初态 (ξ_1,ξ_2) 位于 R_1、R_3 内

设 $(\xi_1,\xi_2)\in R_1$，若燃料最优控制存在，则必有 $J^*=|\xi_2|$。此时在上述六种可能的控制中，只有 $u(t)=\{-1,0,+1\}$ 能将状态转移到原点，如图 4-19 所示。首先用 $u(t)=-1$ 控制，当状态由 A 点转移到 R_4 中的 C 点时，改用 $u(t)=0$，相轨迹水平左移，在 γ_+ 的交点 D 处改用 $u(t)=+1$ 控制，使状态转移到原点，即其转移路线为 $ABCDO$。

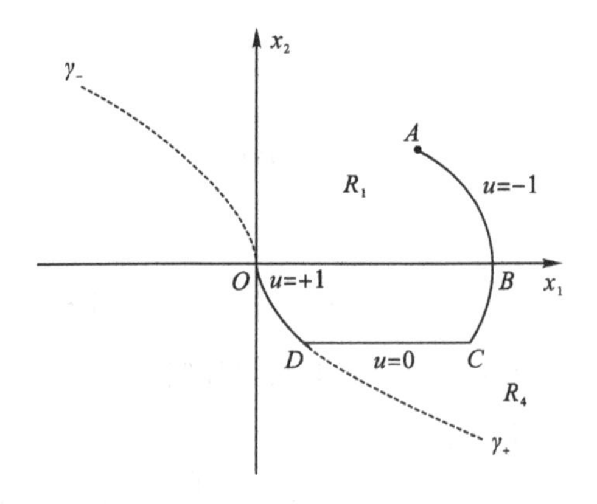

图 4-19 相轨迹

设 C 点的纵坐标为 ε，则可算出沿 $ABCDO$ 所消耗的燃料为

$$J = J_{AB} + J_{BC} + J_{DO} = \xi_2 + \varepsilon + \varepsilon$$

由此可知，随着 ε 的减小，所消耗的燃料亦减少，且 $\lim J = \xi_2 = |\xi_2|$。

但在 x_1 轴上不可能用 $u(t)=0$ 把 x_1 由非零转移为零，因此 $u(t)=\{-1,0,+1\}$ 控制序

列所消耗的燃料总是大于$|\xi_2|$，不是能量最优控制。由此可以断定，在$(\xi_1,\xi_2)\in R_1$时，燃料最优问题无解。

当然，当ε足够小时，J可近似等于$|\xi_2|$，这种情况有时称为ε-能量最优问题。ε-能量最优问题的最优解虽然存在，但由C点到D点所需的转移时间却很长。

当初始状态$(\xi_1,\xi_2)\in R_3$时，亦有类似的结论。

综上所述，可得燃料最优控制规律如下：

$$\begin{aligned}
&u^*(x_1,x_2)=+1, && (x_1,x_2)\in\gamma_+\\
&u^*(x_1,x_2)=-1, && (x_1,x_2)\in\gamma_-\\
&u^*(x_1,x_2)=0, && (x_1,x_2)\in R_2\cup R_4\\
&u^*(x_1,x_2)\text{无解}, && (x_1,x_2)\in R_1\cup R_3
\end{aligned}$$

4.6　时间-能量综合控制问题

从以上讨论可以看出，单纯以节省燃料为目的的能量最优控制问题（如ε-能量最优控制问题），往往导致控制过程所需时间过长，或出现奇异情况，得出无穷多解，很难在实际工程中应用，因为实际系统总是对系统的快速性提出某种程度的要求。若将缩短时间和节省燃料这两个要求加以综合考虑，可以预期综合的系统既能节省燃料，又能使过程所需的设计适当缩短。

为了同时兼顾响应时间和能量消耗两种因素，通常采用如下性能指标：

$$J=\int_0^{t_f}\{\rho+|\boldsymbol{u}(t)|\}\mathrm{d}t \tag{4-53}$$

式中，$\rho>0$称为加权系数，ρ愈大，表示对响应时间的重视程度愈高，若$\rho=0$，表示不计时间长短，只考虑节省能量；若$\rho=\infty$，表示不计能量消耗，只要求时间最短。

现以双积分模型为例来讨论时间-能量最优控制问题。

例4-8　已知系统的状态方程为

$$\dot{x}_1(t)=x_2(t),\dot{x}_2(t)=u(t)$$

控制变量的约束不等式为$|u(t)|\leqslant1$，寻求最优控制$u^*(t)$，使系统从任意状态(ξ_1,ξ_2)转移到状态空间原点(0,0)时，性能指数

$$J=\int_0^{t_f}\{\rho+|u(t)|\}\mathrm{d}t$$

取极小值。其中终端时间t_f是自由的。

解：系统的哈密顿函数为

$$H=\rho+|u(t)|+\lambda_1(t)x_2(t)+\lambda_2(t)u(t)$$

由极大值原理可知，使哈密顿函数H达到最小值的最优控制应为

$$u^*(t)=-\mathrm{dez}\{\lambda_2(t)\}$$

即

$$
\begin{aligned}
&u^*(t)=0, && |\lambda_2(t)|<1\\
&u^*(t)=-\mathrm{sgn}\{\lambda_2(t)\}, && |\lambda_2(t)|>1\\
&0\leqslant u^*(t)\leqslant 1, && \lambda_2(t)=-1\\
&-1\leqslant u^*(t)\leqslant 0, && \lambda_2(t)=+1
\end{aligned}
$$

由系统的伴随方程有

$$
\dot{\lambda}_1(t)=-\frac{\partial H}{\partial x_1}=0,\qquad \lambda_1(t)=c_1
$$

$$
\dot{\lambda}_2(t)=-\frac{\partial H}{\partial x_2}=-\lambda_1(t),\quad \lambda_2(t)=c_2-c_1t
$$

式中，$c_1=\lambda_1(0)$，$c_2=\lambda_2(0)$。

由于哈密顿函数不是时间的显函数，且终端时间 t_f 自由，所以沿最优轨迹哈密顿函数等于零。即

$$
H=0
$$

首先证明该系统不可能出现奇异情况。因为若出现奇异情况，则必有

$$
\lambda_1(t)=c_1=0,\lambda_2(t)=c_2=\pm 1
$$

由上一节可知，其最优控制为

$$
u^*(t)=-\mathrm{sgn}\{c_2\}v(t),0\leqslant v(t)\leqslant 1
$$

将 $\lambda_1(t)$、$\lambda_2(t)$和 $u^*(t)$代入哈密顿函数，可得

$$
H=\rho+|u^*(t)|-|u^*(t)|=\rho>0
$$

这与 $H=0$ 相矛盾，排除了$|\lambda_2(t)|=1$ 的可能性，因此该问题必然是平凡的，其极值控制是唯一的。

由上一节可知，如下的六种控制序列是可能的最优控制，即

$$
\{+1\}、\{-1\}、\{0,+1\}、\{0,-1\}、\{+1,0,-1\}、\{-1,0,+1\}
$$

下面首先讨论如何在状态平面上确定控制序列$\{-1,0,+1\}$的切换曲线问题。当控制序列为$\{-1,0,+1\}$时，最优控制 $u^*(t)$与 $\lambda_2(t)$的关系如图 4-20 所示，其状态轨迹如图 4-21所示。

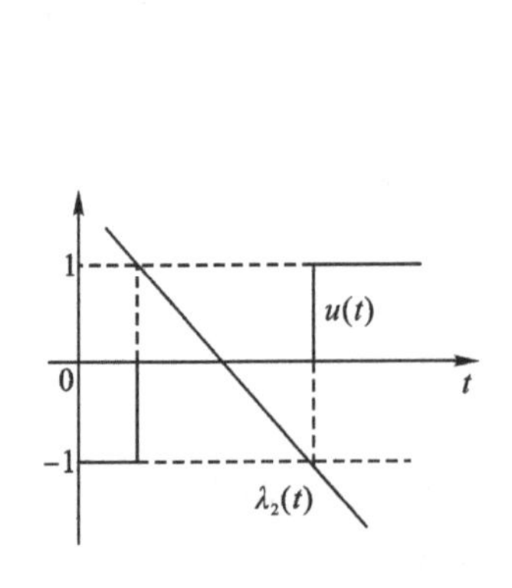

图 4-20　$u^*(t)$与 $\lambda_2(t)$的关系

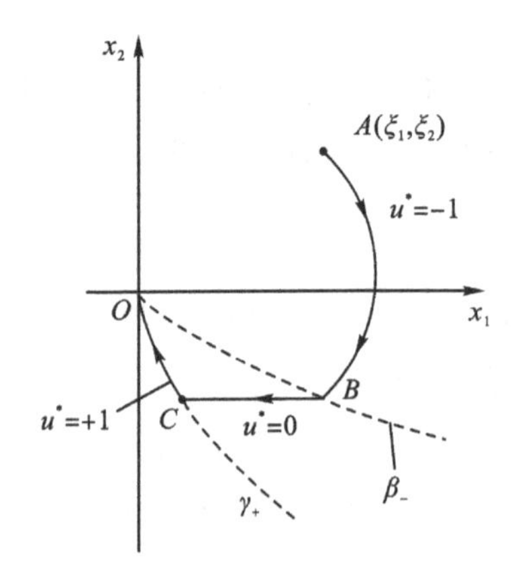

图 4-21　$\{-1,0,+1\}$控制

由图4-21可以看出，从$u(t)=0$向$u(t)=+1$的切换是在γ_+上进行的，这说明γ_+是第二次切换曲线。剩下的问题是如何确定$u(t)=-1$到$u(t)=0$的切换条件，即点B的位置，它与ρ的数值有关。若设图4-21中B、C两点的坐标分别为(x_{1B},x_{2B})及(x_{1C},x_{2C})，而相应的切换时间分别为t_B及t_C，显然有$x_{2B}=x_{2C}$。

由于在BC段$u(t)=0$，由状态方程解得

$$x_{1C}-x_{1B}=x_{2C}(t_C-t_B) \tag{4-54}$$

此外，开关时间t_B及t_C分别为

$$\lambda_2(t_B)=c_2-c_1 t_B=+1$$

$$\lambda_2(t_C)=c_2-c_1 t_C=-1$$

解得

$$t_C=t_B+\frac{2}{c_1} \tag{4-55}$$

当$u(t)=0$时，哈密顿函数为

$$H=\rho+\lambda_1 x_{2C}=0$$

即

$$c_1=\lambda_1=-\frac{\rho}{x_{2C}} \tag{4-56}$$

将式(4-55)及式(4-56)代入式(4-54)得

$$x_{1B}=x_{1C}+\frac{2x_{2C}{}^2}{\rho}=\frac{1}{2}x_{2C}{}^2+\frac{2x_{2C}{}^2}{\rho} \tag{4-57}$$

根据式(4-57)，即可由第二个切换点的坐标(x_{1C},x_{2C})及加权系数ρ计算出第一个切换点的横坐标x_{1B}。而第一个切换点的纵坐标x_{2B}与第二个切换点的纵坐标x_{2C}一致，即$x_{2C}=x_{2B}$。

由于曲线γ_+上的所有点均可能成为第二个切换点，它们所对应的点B，即第一个切换点也形成一条曲线，记为β_-，它也是一条通过原点的抛物线，从而有

$$\beta_-=\left\{(x_1,x_2)\,\middle|\,x_1=\frac{1}{2}x_2^2+\frac{2}{\rho}x_2^2,x_2\leqslant 0\right\}\text{或}\beta_-=\left\{(x_1,x_2)\,\middle|\,x_1=\frac{\rho+4}{2\rho}x_2^2,x_2<0\right\}$$

由上述分析可知，以γ_+及β_-两条切换线右侧的$A(\xi_1,\xi_2)$点为起始点的最优控制为$u^*(t)=\{-1,0,+1\}$。状态自$A(\xi_1,\xi_2)$出发，沿着抛物线AB运动，达到第一切换线β_-时，$u^*(t)$由-1切换为0，然后状态沿平行于x_1轴的直线BC运动，抵达第二切换线γ_+时，$u^*(t)$由0切换为$+1$，最后沿γ_+转移到坐标原点。

同理，对控制序列$\{+1,0,-1\}$，它的第一切换线是γ_-，而第二切换线是β_+，且

$$\beta_+=\left\{(x_1,x_2)\,\middle|\,x_1=-\frac{\rho+4}{2\rho}x_2^2,x_2>0\right\}$$

这样在状态平面上就有两类切换曲线，它们将状态平面分成四个区域R_1、R_2、R_3、R_4，如图4-22所示，各区域定义如下：

$$R_1=\left\{(x_1,x_2)\left|x_1\geqslant-\frac{1}{2}x_2|x_2|,x_1>-\frac{\rho+4}{2\rho}x_2|x_2|\right.\right\}$$

$$R_2=\left\{(x_1,x_2)\left|x_1<-\frac{1}{2}x_2|x_2|,x_1\geqslant-\frac{\rho+4}{2\rho}x_2|x_2|\right.\right\}$$

$$R_3=\left\{(x_1,x_2)\left|x_1\leqslant-\frac{1}{2}x_2|x_2|,x_1<-\frac{\rho+4}{2\rho}x_2|x_2|\right.\right\}$$

$$R_4=\left\{(x_1,x_2)\left|x_1>-\frac{1}{2}x_2|x_2|,x_1\leqslant-\frac{\rho+4}{2\rho}x_2|x_2|\right.\right\}$$

综上所述,时间-能量综合系统的最优控制为

$$\begin{cases}u^*(x_1,x_2)=+1, & (x_1,x_2)\in R_3\\ u^*(x_1,x_2)=-1, & (x_1,x_2)\in R_1\\ u^*(x_1,x_2)=0, & (x_1,x_2)\in R_2\cup R_4\end{cases}$$

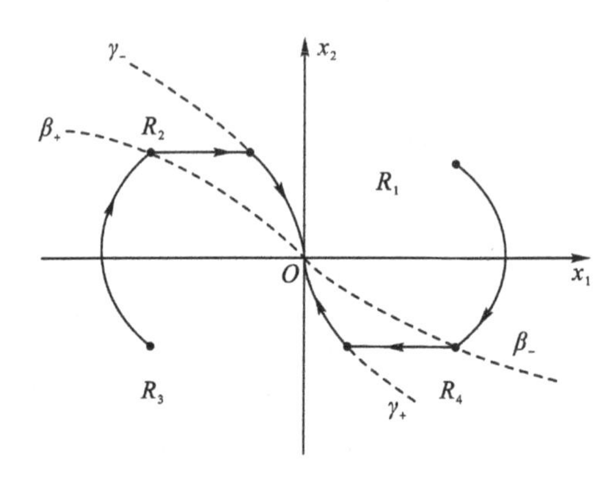

图 4-22 相轨迹图

由上述可以看出,时间-能量最优控制问题是比单纯能量最优控制和时间最优控制更为广泛的一类控制。当 $\rho\to\infty$ 时,β_- 与 γ_+ 重合、β_+ 与 γ_- 重合,可得时间最优控制。当 $\rho=0$ 时,β_-、β_+ 与 x_1 对轴重合,可得能量最优控制问题。

图 4-23 给出了上述控制规律的工程实现示意图。对状态变量 x_1 和 x_2 连续进行测量,并把信号 x_2 送进非线性器 N,产生信号 $x_2|x_2|$,然后分成两路:一路乘以常数 1/2 后与 x_1 相加,形成信号 $a(t)$;另一路乘以常数$\frac{\rho+4}{2\rho}$后与 x_1 相加,形成信号 $b(t)$。易见

$$a(t)>0,(x_1,x_2)\in R_1\cup R_4$$
$$a(t)<0,(x_1,x_2)\in R_2\cup R_3$$
$$a(t)=0,(x_1,x_2)\in \gamma_+\cup\gamma_-$$

以及

$$b(t)>0,(x_1,x_2)\in R_1\cup R_2$$
$$b(t)<0,(x_1,x_2)\in R_3\cup R_4$$
$$b(t)=0,(x_1,x_2)\in \beta_+\cup\beta_-$$

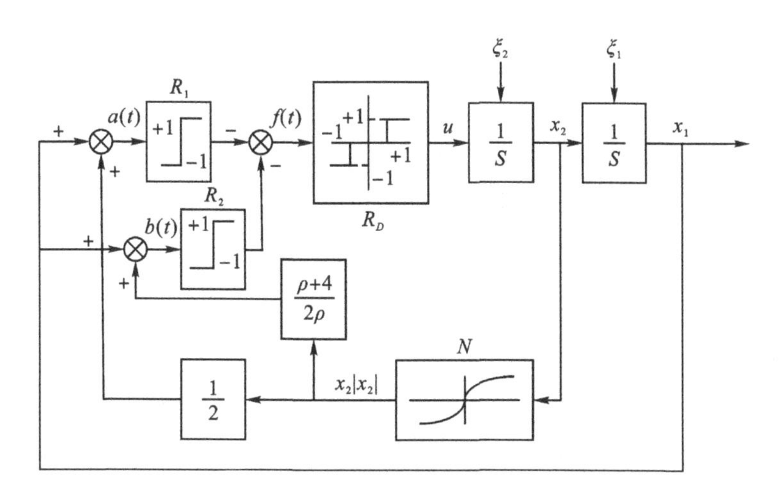

图 4-23 双积分对象的时间-能量综合最优控制系统

信号 $a(t)$和 $b(t)$分别送入继电器 R_1 和 R_2。把继电器 R_1 和 R_2 的输出反相相加,形成信号 $f(t)$。因为

$$f(t)=-\operatorname{sgn}\{a(t)\}-\operatorname{sgn}\{b(t)\}$$

由此推得

$$f(t)=-2,(x_1,x_2)\in R_1$$
$$f(t)=+2,(x_1,x_2)\in R_3$$
$$f(t)=0,(x_1,x_2)\in R_2\cup R_4$$

继电器 R_D是一个存在死区的理想继电器,其输入输出特性为

$$u(t)=+1,f(t)\geqslant 1$$
$$u(t)=0,f(t)<1$$
$$u(t)=-1,f(t)\leqslant 1$$

由上述两组方程可见,图 4-23 的系统提供了时间-能量最优控制问题的控制规律,而且是一个工程上易于实现的时不变调节器。

习 题

4-1 设有一阶系统

$$\dot{x}_1=-x+u,\ x(0)=2$$

其中控制约束为$|u(t)|\leqslant 1$,求使性能指标

$$J=\int_0^1(2x-u)\mathrm{d}t$$

取极小值的 $u^*(t)$、$x^*(t)$、$t_f{}^*$ 和 J^*。

4-2 已知二阶系统的状态方程为

$$\dot{x}_1=x_2+\frac{1}{4},\dot{x}_2=u$$

边界条件为

$$x_1(0)=x_2(0)=-\frac{1}{4}$$

控制约束为

$$|u(t)|\leqslant 1/2$$

试确定将系统在 t_f 时刻转移到零状态，且使性能指标

$$J=\int_0^{t_f} u^2 \mathrm{d}t$$

取极小值的 $u^*(t)$、$\boldsymbol{x}^*(t)$、t_f^* 和 J^*，其中 t_f 自由。

4-3 控制系统

$$\begin{cases}\dot{x}_1=u_1\\ \dot{x}_2=x_1+u_2\end{cases},\quad \begin{cases}x_1(0)=2\\ x_2(0)=0\end{cases},\quad \begin{cases}x_1(1)=1\\ x_2(1)=1\end{cases}$$

其中，u_1 无约束，$u_2(t)\leqslant\frac{1}{4}$。求使系统从 $t=0$ 的初态转移到 $t=1$ 的终态，并使性能指标

$$J=\int_0^1 (x_1+u_1^2+u_2^2)\mathrm{d}t$$

取极小值的 $\boldsymbol{u}^*(t)$、$\boldsymbol{x}^*(t)$ 和 J^*。

4-4 设系统状态方程为

$$\dot{x}=ux,\quad x(0)=x_0,\quad x_0>0$$

求使性能指标

$$J=\int_0^T [1-u(t)]x(t)\mathrm{d}t$$

为极大值的 $u^*(t)$、$x^*(t)$ 和 J^*，其中，$0\leqslant u(t)\leqslant 1$，$x(t)\geqslant 0$，$T$ 给定，$x(T)$ 自由。

4-5 设二阶系统的状态方程、状态边界条件分别为

$$\dot{\boldsymbol{x}}=\begin{pmatrix}0 & 0\\ 1 & 0\end{pmatrix}x+\begin{pmatrix}1\\ 0\end{pmatrix}u,\boldsymbol{x}(0)=\begin{pmatrix}2\\ 2\end{pmatrix},\boldsymbol{x}(8)=\begin{pmatrix}0\\ 0\end{pmatrix}$$

控制约束为

$$|u(t)|\leqslant 1$$

试求使性能指标

$$J[u(t)]=\int_0^8 |u(t)|\mathrm{d}t$$

取极小值的 $u^*(t)$、$\boldsymbol{x}^*(t)$ 和 J^*。

4-6 设一阶离散时间系统为

$$x(k+1)=x(k)+u(k)$$

初值 $x(0)=1$，性能指标为

$$J=\frac{1}{2}x^2(3)+\frac{1}{2}\sum_{k=0}^{2}u^2(k)$$

试求最优控制序列 $u(0)$、$u(1)$、$u(2)$，使 J 取极小值。

4-7 设二阶离散系统为

$$x(k+1)=\begin{bmatrix}0 & 1\\ -1 & 1\end{bmatrix}x(k)+\begin{bmatrix}0\\ 1\end{bmatrix}u(k)$$

始端 $x_1(0)=x_2(0)=1$，末端 $x_1(3)$ 自由，$x_2(3)=0$。试求最优控制序列 $u(0)$、$u(1)$、$u(2)$，使性能指标

$$J=\sum_{k=0}^{2}[x_1^2(k+1)+u^2(k)]$$

取极小值。

4-8　设离散系统的状态方程为

$$x(k+1)=1.3x(k)-0.3u(k),x(0)=5$$

试求最优控制序列 $u^*(k)$，使性能指标

$$J=\frac{1}{4}\sum_{k=0}^{3}[x(k)+u(k)]$$

取极小值。设控制约束为 $\frac{1}{2}\leqslant u(k)\leqslant 1$。

4-9　已知系统状态方程为

$$\dot{x}_1=10x_2,\dot{x}_2=5u(t)$$

控制约束为 $|u(t)|\leqslant 2$，求使系统由任意初始状态最快转移到终态 $x_1(t_f)=x_2(t_f)=0$ 的最优控制 $u^*(t)$，并写出开关曲线方程。若初态为

$$x_1(0)=3,x_2(0)=\sqrt{2}$$

求系统转移到终态所需的最短时间。

4-10　若系统的状态方程为

$$\begin{cases}\dot{x}_1=x_2\\ \dot{x}_2=-ax_2+u\end{cases}$$

边界条件为

$$x_1(0)=x_{10},x_2(0)=x_{20},x_1(t_f)=x_2(t_f)=0$$

控制约束为 $|u(t)|\leqslant 1$，求使性能指标

$$J=\int_0^{t_f}\mathrm{d}t=t_f$$

为最小的最优控制 $u^*(t)$ 和所需时间。

4-11　系统的状态方程为

$$\dot{x}_1=x_2,\quad \dot{x}_2=u(t)$$

控制约束为 $|u(t)|\leqslant 1$，采用时间最优控制使系统由任意初始状态到达终态

$$x_1(t_f)=2,\quad x_2(t_f)=1$$

求开关曲线方程，并绘出开关曲线的图形。

4-12　设受控系统的状态方程为

$$\begin{bmatrix}\dot{x}_1\\ \dot{x}_2\end{bmatrix}=\begin{bmatrix}0 & \omega\\ -\omega & 0\end{bmatrix}\begin{bmatrix}x_1\\ x_2\end{bmatrix}+\begin{bmatrix}0\\ 1\end{bmatrix}u$$

控制约束为 $|u(t)|\leqslant 1$，试求把系统状态 $\begin{bmatrix}\omega x_1\\ \omega x_2\end{bmatrix}=\begin{bmatrix}1\\ 1\end{bmatrix}$ 转移到原点，若采用恒值控制 $u(t)=1$ 时所需要的时间及采用时间最优控制时所需要的时间和最优控制律。

4-13 已知系统状态方程为

$$\dot{x}_1=x_2,\dot{x}_2=u(t)$$

控制约束为$|u(t)|\leqslant 1$。现需在预定时间 $t_f=10$ s 内，实现系统从初始状态(2,2)到终态(0,0)的转移，试求使性能指标

$$J[u(t)]=\int_0^{t_f}|u(t)|\mathrm{d}t$$

为极小值的最优控制 $u^*(t)$ 。

4-14 设系统状态方程为

$$\dot{x}_1(t)=x_2(t),\dot{x}_2(t)=u(t)$$

边界条件为

$$x_1(0)=x_2(0)=0,x_1(t_f)=x_2(t_f)=\frac{1}{4}$$

控制约束$|u(t)|\leqslant 1$，终端时刻 t_f可变。试确定最优控制 $u^*(t)$，使性能指标

$$J=\int_0^{t_f}u^2(t)\mathrm{d}t=\min$$

动态规划

第 5 章

动态规划法是美国学者贝尔曼于 1957 年提出来的，是处理控制变量存在有界闭集约束时，确定最优控制解的有效数学方法，与极小值原理一样被称为现代变分法，可用来解决非线性系统、时变系统的最优控制问题。

从本质上讲，动态规划是一种非线性规划，其核心是贝尔曼的最优原理，可归结为一个基本递推公式，求解多级决策问题时，要从终端开始，逆向递推，到始端为止，从而使决策过程连续地转移，可将一个多级决策过程化为多个单级决策过程，使求解简化。

动态规划的离散形式受到问题维数的限制，应用有一定的限制，但是对解决线性时间离散系统二次型性能指标最优控制问题特别有效。动态规划的连续形式不仅是一种可供选择的求解最优问题的方法，而且还揭示了动态规划与变分法、极大值原理之间的关系，具有重要的理论价值。

5.1 动态规划的基本原理

5.1.1 动态规划的基本思想

在实际应用中，一般的最优决策问题包含目标函数和约束条件，并在静态条件下求得某些最优结果。但实际工作中常会碰到最优决策是由一系列部分决策构成的，即一个系统的最优决策包含多级(多阶段)的决策，且随时间变化而变化。解决这类问题，通常采用动态规划方法。

动态规划是解决多级决策过程最优化的一种数学方法，是根据一类多级决策问题的特点，把多级决策问题变换为一系列互相联系的单级决策问题，然后把每个单级决策问题作为一个静态问题来分析，逐个加以解决。

一个“动态过程”划分为若干个相互联系的阶段后，在每一个阶段都需要做出决策，且一个阶段的决策确定后通常会影响下一阶段的决策，进而影响整个过程的活动路线。在每一个阶段的可供选择的策略中选出一个最优决策，使在预定的标准下达到最优的效果。

在多级决策问题中，各个阶段采取的决策，一般来说是与时间有关的，决策依赖于当前的状态，又随即引起状态的转移，一个决策序列就是在变化的状态中产生出来的，即为动态规划。

动态规划的基本思想归纳如下。

(1)动态规划方法的关键是正确写出基本递推关系式和恰当的边界条件(简称为基本方程)。要做到这一点,必须先将问题的过程分为几个相互联系的阶段,恰当地选取状态变量和决策变量,并定义最优函数,从而把一个大问题简化成一族同类型的子问题,然后逐个求解。即从边界条件开始,逐段递推寻优,在每一个子问题的求解中,均利用了它前面的子问题的最优化结果,依次进行,最后一个子问题的最优解即为整个问题的最优解。

(2)在多级决策过程中,动态规划方法是既把当前一段和未来各段分开,又把当前效益和未来效益结合起来考虑的一种优化方法。因此,每段决策的选取是从全局来考虑的,与该段的最优选择一般是不同的。

(3)在求整个问题的最优策略时,由于初始状态是已知的,而每段的决策都是该段状态的函数,故最优策略所经过的各段状态便可逐次变换得到,从而确定了最优路线。

5.1.2 多级决策问题

所谓多级决策问题,是指把一个多级决策过程分成若干阶段,要求对每一个阶段都做出决策(选择),以使整个过程取得最优结果。以典型的多级决策问题——最短路线问题为例,介绍动态规划的基本思想和方法。

设由 A 地至 E 地的线路如图 5-1 所示,全段分为 4 级,要求从 A 地出发,选择一条最短路线到达 E 地。其间要通过中间站 B、C 和 D,而每个中间站又有若干个可供选择的路线,各站之间的距离已标注在图中。

由图 5-1 可见,由 A 地到终点 E 地可有不同的路线,沿各种路线 A 与 E 之间的路程不同,为使 A 与 E 之间的路程最短,在路线的前三级要做出 3 次决策(选择)。也就是说,第一级由 A 到 $B(B_1,B_2)$,要求选择一条路线,使 AB 之间路程最短,称为一级决策过程;第二级由 $B(B_1,B_2)$到 $C(C_1,C_2)$,要求选择一条线路,使 ABC 路程最短,称为二级决策过程;第三级由 $C(C_1,C_2)$到 $D(D_1,D_2)$,要求选择一条线路,使 $ABCD$ 路程最短,称为三级决策过程;第四级由 $D(D_1,D_2)$到 E,只有一条路线选择,所以本级无决策问题。

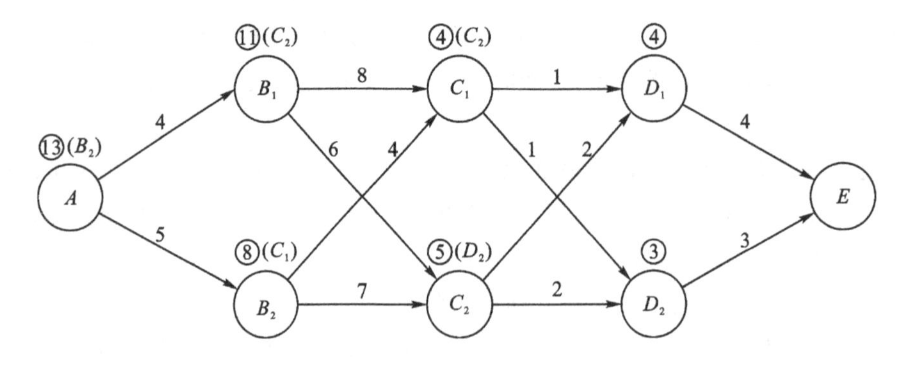

图 5-1 路线图

对于这样一个级数 $n=4$,每级有两个决策的简单问题,易知,共有 $2^{n-1}=8$ 种可能的路线。将每级路程加起来,就可得到每种路线的总路程。选择其中最小者,便可决定路程最短的路线。用这种“穷举法”确定最优路线,需要算出所有可能路线的路程。而每条路线要做 3 次加法,总共相加 24 次。一般说来,如果是 n 级,就需做$(n-1)2^{n-1}$次相加。

另一种可确定最优路线的方法是动态规划法。动态规划是一种逆序计算法，从终端 E 开始，到始端 A 为止，逆向递推。

设 N 为多级决策过程的级数；x 称为状态变量，表示在任一级所处的位置；$S_N(x)$ 为决策变量，表示状态 x 后所选取的下一点；$J_N(x)$ 称为性能指标，表示从状态 x 到终点 E 的最短距离；$d(x,S_N)$ 表示从 x 点到 S_N 点之间的距离。对于图 5－1 路线问题，从最后一级开始计算。

1. 第四级（D 级）

由于本级从 D_1 到 E 或从 D_2 到 E 都只有一种可能，所以本级无决策问题，$D(D_1,D_2)$ 到 E 的性能指标可表示为

$$J_4(D_1)=d(D_1,E)=4$$
$$J_4(D_2)=d(D_2,E)=3$$

将 $D(D_1,D_2)$ 至 E 的距离数值标注于图 5－1 中，数字用圆圈圈起来，表示本级性能指标，即在 D_1 和 D_2 点处分别标注④和③。由于本级无决策，故不用填写相应的决策变量。

2. 第三级（C 级）

本级决策有两种选择，每种选择有两条可能的路线。

若从 C_1 出发，可达 D_1，也可达 D_2，所以 C_1 到 E 的性能指标为

$$J_3(C_1)=\min\begin{Bmatrix}d(C_1,D_1)+J_4(D_1)\\d(C_1,D_2)+J_4(D_2)\end{Bmatrix}=\min\begin{Bmatrix}1+4\\1+3\end{Bmatrix}=4$$

由此可见，C_1 至 E 的最短距离为 4，路线为 C_1D_2E，决策变量为 $S_3(C_1)=D2$。因而在图 5－1 中的 C_1 点处，标注④（D_2）。

若从 C_2 出发，则有

$$J_3(C_2)=\min\begin{Bmatrix}d(C_2,D_1)+J_4(D_1)\\d(C_2,D_2)+J_4(D_2)\end{Bmatrix}=\min\begin{Bmatrix}2+4\\2+3\end{Bmatrix}=5$$

表明 C_2 至 E 的最短距离为 5，线路为 C_2D_2E，决策变量 $S_3(C_2)=D_2$。因而在图 5－1 中的 C_2 点处，标注⑤（D_2）。

3. 第二级（B 级）

本级有两种选择，每种选择有两种可能的路线：

$$J_2(B_1)=\min\begin{Bmatrix}d(B_1,C_1)+J_3(C_1)\\d(B_1,C_2)+J_3(C_2)\end{Bmatrix}=\min\begin{Bmatrix}8+4\\6+5\end{Bmatrix}=11\quad S_2(B_1)=C_2$$

$$J_2(B_2)=\min\begin{Bmatrix}d(B_2,C_1)+J_3(C_1)\\d(B_2,C_2)+J_3(C_2)\end{Bmatrix}=\min\begin{Bmatrix}4+4\\7+5\end{Bmatrix}=8\quad S_2(B_1)=C_1$$

因而在图 5－1 中 B_1 和 B_2 点处，分别标注⑪（C_1）和⑧（C_1）。

4. 第一级（A 级）

本级决策是唯一的，它有两种可能的路线，即

$$J_1(A)=\min\begin{Bmatrix}d(A,B_1)+J_2(B_1)\\d(A,B_2)+J_2(B_2)\end{Bmatrix}=\min\begin{Bmatrix}4+11\\5+8\end{Bmatrix}=13\quad S_1(A)=B_2$$

在图 5-1 中 A 点处，标注⑬ (B_2)。

最后，在图 5-1 中，从 A 开始，可顺序确定最短路线为 $AB_2C_1D_2E$，最短距离

$$J^* = J_1(A) = 13$$

在用动态规划求解最短路线问题时，采用的递推方程的一般形式为

$$J_N(x) = \min_{S_N(x)}\{d[x, S_N(x)] + J_{N+1}[S_N(x)]\}, N=3,2,1 \tag{5-1}$$

以及

$$J_4(x) = d(x, E) \tag{5-2}$$

与穷举法相比，动态规划法可使计算量大为减少。若过程为 n 级，则需相加 $4(n-2)+2$ 次。对于以上简单 2 取 1 决策的最短路线问题，用动态规划法求解，仅需做 10 次加法运算。以 $n=10$ 的决策过程为例，穷举法要做 4608 次加法，而动态规划法只需相加 34 次，计算量相差悬殊。对于多级、多决策问题，动态规划的优点更为突出。

5.1.3 动态规划的基本递推方程和嵌入原理

式(5-1)和式(5-2)是动态规划递推方程的一个特例。下面在推导动态规划的基本递推方程之前首先介绍一下嵌入原理。

嵌入原理是指为解决一个特定的最优决策问题，而把问题嵌入到一系列相似并易于求解的问题族中去，对这一问题族的求解，必然会给出特殊问题的解。对控制而言，初始状态固定、运算间隔一定的决策问题，总可以看成初始状态可变，运算间隔可变的更一般问题的特殊情况。

设 N 级决策过程的状态方程为

$$\boldsymbol{x}(k+1) = \boldsymbol{f}[\boldsymbol{x}(k), \boldsymbol{u}(k), k], k=0,1,\cdots,N-1$$

$$\boldsymbol{x}(0) = \boldsymbol{x}_0$$

式中，n 维状态向量 $\boldsymbol{x}(k)$ 满足约束 $\boldsymbol{x}(k) \in \boldsymbol{R}_x$；$r$ 维控制向量(决策)$\boldsymbol{u}(k)$ 满足约束 $\boldsymbol{u}(k) \in \boldsymbol{R}_u$；$\boldsymbol{R}_x$ 与 $\boldsymbol{R}_u$ 为有界闭集；$\boldsymbol{f}[\boldsymbol{x}(k), \boldsymbol{u}(k), \boldsymbol{k}]$ 为 $\boldsymbol{n}$ 维向量函数。

性能指标(代价函数)为

$$J[\boldsymbol{x}(0), 0] = \sum_{k=0}^{N-1} L[\boldsymbol{x}(k), \boldsymbol{u}(k), k] \tag{5-3}$$

式中，$L(\cdot)$ 与 $\boldsymbol{f}(\cdot)$ 是区间上的连续函数，且 $\boldsymbol{L}(\cdot)$ 是正定的；k 表示各级决策过程的阶段变量；$\boldsymbol{x}(k)$ 表示第 $(k+1)$ 级开始时的状态变量；$\boldsymbol{u}(k)$ 表示第 $(k+1)$ 级内所采用的控制或决策向量。

求最优控制序列 $\{\boldsymbol{u}(0), \boldsymbol{u}(1), \cdots, \boldsymbol{u}(N-1)\}$，使性能指标式(5-3)极小。

一般情况下，将始于 $\boldsymbol{x}(0)$ 的最小代价表示为 $J^*[\boldsymbol{x}(0), 0]$，同理，将始于 $\boldsymbol{x}(k)$ 的最小代价表示为 $J^*[\boldsymbol{x}(k), k]$，其目的是强调 $J(\cdot)$ 对初始时刻的依赖。根据嵌入原理的基本思想，把确定始于 $\boldsymbol{x}(0)$ 的最小代价 $J^*[x(0), 0]$ 的问题，嵌入到确定始于 $\boldsymbol{x}(k)$ 的最小代价 $J^*[\boldsymbol{x}(k), k]$ 问题之中，以便将多级决策过程化为多个单级决策过程。因此，转而研究如下问题

$$J[\boldsymbol{x}(k), k] = \sum_{j=k}^{N-1} L[\boldsymbol{x}(j), \boldsymbol{u}(j), j]$$

式中，$\boldsymbol{x}(k)$被认为是固定的。状态方程为

$$\boldsymbol{x}(j+1)=\boldsymbol{f}[\boldsymbol{x}(j),\boldsymbol{u}(j),j],\quad j=k,k+1,\cdots,N-1$$

式中，$\boldsymbol{x}(j)$和$\boldsymbol{u}(j)$的约束条件同上。

因此，始于第k级任一容许状态$\boldsymbol{x}(k)$的最小代价为

$$\begin{aligned}J^*[\boldsymbol{x}(k),k] &= \min_{\{\boldsymbol{u}(k),\boldsymbol{u}(k+1),\cdots,\boldsymbol{u}(N-1)\}}\{\sum_{j=k}^{N-1}L[\boldsymbol{x}(j),\boldsymbol{u}(j),j]\}\\ &= \min_{\{\boldsymbol{u}(k),\boldsymbol{u}(k+1),\cdots,\boldsymbol{u}(N-1)\}}\{L[\boldsymbol{x}(k),\boldsymbol{u}(k),k]+\sum_{j=k+1}^{N-1}L[(\boldsymbol{x}(j),\boldsymbol{u}(j),j]\}\end{aligned}\tag{5-4}$$

式(5-4)中，右端括号中的第一项是第k级所付代价；第二项是从第$k+1$级到第N级的代价和。同样将上式中的求极小运算也分解为两部分。即在本级决策$u(k)$作用求极小，以及在剩余决策序列$\{\boldsymbol{u}(k+1),\cdots,\boldsymbol{u}(N-1)\}$作用下求极小，即

$$\begin{aligned}J^*[\boldsymbol{x}(k),k] &= \min_{\{\boldsymbol{u}(k)\}}\min_{\boldsymbol{u}(k+1),\cdots,\boldsymbol{u}(N-1)\}}\{L[\boldsymbol{x}(k),\boldsymbol{u}(k),k]+\sum_{j=k+1}^{N-1}L[\boldsymbol{x}(j),\boldsymbol{u}(j),j]\}\\ &= \min_{\{\boldsymbol{u}(k)\}}\{L[\boldsymbol{x}(k),\boldsymbol{u}(k),k]+\min_{\{\boldsymbol{u}(k+1),\cdots,\boldsymbol{u}(N-1)\}}\sum_{j=k+1}^{N-1}L[(\boldsymbol{x}(j),\boldsymbol{u}(j),j]\}\end{aligned}\tag{5-5}$$

根据最小性能指标的定义，如下关系成立：

$$J^*[\boldsymbol{x}(k+1),k+1]=\min_{\boldsymbol{u}(k+1),\cdots,\boldsymbol{u}(N-1)\}}\{\sum_{j=k+1}^{N-1}L[(\boldsymbol{x}(j),\boldsymbol{u}(j),j]\}\tag{5-6}$$

将式(5-6)代入式(4-5)中，可得动态规划的基本递推方程为

$$J^*[\boldsymbol{x}(k),k]=\min_{\boldsymbol{u}(k)}\{L[\boldsymbol{x}(k),\boldsymbol{u}(k),k]+J^*[\boldsymbol{x}(k+1),k+1]\}$$
$$k=0,1,\cdots,N-2\tag{5-7}$$

式(5-7)表明，根据已知的$J^*[\boldsymbol{x}(k+1),k+1]$，可以求出$J^*[\boldsymbol{x}(k),k]$ ($k=0,1,\cdots,N-2$)。因此，式(5-7)是最优性能指标的递推方程，通常称为动态规划的基本递推方程。它是一种由最后一级开始，由后向前逆向的递推。

由式(5-4)可知

$$J^*[\boldsymbol{x}(N-1),N-1]=\min_{\boldsymbol{u}(N-1)}\{L[\boldsymbol{x}(N-1),\boldsymbol{u}(N-1),N-1]\}\tag{5-8}$$

对于任何$\boldsymbol{x}(N-1)\in\boldsymbol{R}_x$，式(5-8)只是函数$L[\boldsymbol{x}(N-1),\boldsymbol{u}(N-1),N-1]$对$\boldsymbol{u}(N-1)\in\boldsymbol{R}_u$的最小化问题，已经不是式(5-3)复杂的多级极小化问题了。于是首先对所有$\boldsymbol{x}(N-1)\in\boldsymbol{R}_x$，解方程式(5-8)，然后分别令$k=N-2,N-3,\cdots,0$，应用递推方程式(5-7)逆向逐级递推，依次算出

$$\begin{cases}J^*[\boldsymbol{x}(N-2),N-2]=\min\limits_{\boldsymbol{u}(N-2)}\{L[\boldsymbol{x}(N-2),\boldsymbol{u}(N-2),N-2]+J^*[\boldsymbol{x}(N-1),N-1]\}\\ J^*[\boldsymbol{x}(N-3),N-3]=\min\limits_{\boldsymbol{u}(N-3)}\{L[\boldsymbol{x}(N-3),\boldsymbol{u}(N-3),N-3]+J^*[\boldsymbol{x}(N-2),N-2]\}\\ \qquad\vdots\\ J^*[\boldsymbol{x}(0),0]=\min\limits_{\boldsymbol{u}(0)}\{L[\boldsymbol{x}(0),\boldsymbol{u}(0),0]\}+J^*[\boldsymbol{x}(1),1]\}\end{cases}\tag{5-9}$$

式(5-9)也是一个单级最优决策问题，易于求解。这样可利用递推方程把一个多级最优

决策过程化成多个单级最优决策过程。最后一步的递推解及最优策略$\{\boldsymbol{u}^*(0),\boldsymbol{u}^*(1),\cdots,\boldsymbol{u}^*(N-1)\}$正是要求的最优解。

因此,将一个复杂的多级决策问题嵌入到一类相似问题中,要解决以下两个关键问题:

(1)这类相似问题中的一个问题有比较简单的解,如求 $J^*[\boldsymbol{x}(N-1),N-1]$。

(2)得到联系这一类问题中的各组成部分的关系式,如递推公式(5-7)。

也就是说,从原来的多级决策问题出发,导出的类似的式(5-7)和式(5-8),这是两个关键问题。

值得注意的是,上述推导过程中对系统的动态描述没有任何假设,特别是系统的差分方程 $\boldsymbol{f}[\boldsymbol{x}(k),\boldsymbol{u}(k),k]$及每一时刻的性能指标 $L[\boldsymbol{x}(k),\boldsymbol{u}(k),k]$可随时序 k 而变化,并且其描述可以是任意非线性形式,对 $\boldsymbol{x}(k)$与 $\boldsymbol{u}(k)$的约束条件还可以随时序不同而不同,而且也可以是非线性的。

5.1.4　最优性原理

用动态规划求解多级决策过程的最优化问题时,要用到最优性原理,该原理 1957 年由贝尔曼提出,故又称为贝尔曼最优性原理,其叙述如下。

定理 5-1　多级决策过程的最优决策具有这样的性质,即不论初始状态和初始决策如何,其余的决策对于由初始决策所形成的状态来说,必定也是一个最优策略。

也就是说,若有一个初始状态 $\boldsymbol{x}(0)$的 N 级决策过程,其最优策略为$\{\boldsymbol{u}^*(0),\boldsymbol{u}^*(1),\cdots,\boldsymbol{u}^*(N-1)\}$,那么,对于以 $\boldsymbol{x}(k)$为初始状态的 $N-k$ 级决策过程来说,决策集合$\{\boldsymbol{u}^*(k),\boldsymbol{u}^*(k+1),\cdots,\boldsymbol{u}^*(N-1)\}$必定是最优策略。

证明:设策略或决策序列 $\boldsymbol{u}^*=\{\boldsymbol{u}^*(0),\boldsymbol{u}^*(1),\cdots,\boldsymbol{u}^*(N-1)\}$是使性能指标 J 最小的最优策略或最优决策序列,相应的最小代价为

$$J^*[\boldsymbol{x}(0)]=J^*[\boldsymbol{x}(0),\boldsymbol{u}^*]=J^*[\boldsymbol{x}(0),\boldsymbol{u}^*(0),\boldsymbol{u}^*(1),\cdots,\boldsymbol{u}^*(N-1)]$$

现反设 $\boldsymbol{u}^*(j)$在 $j=k,k+1,\cdots,N-1$ 区间内不是最优决策序列。也就是在此区间内还存在另一个决策序列 $\boldsymbol{u}^{\circ}(j)$ $(j=k,k+1,\cdots,N-1)$比 $\boldsymbol{u}^*(j)$ $(j=k,k+1,\cdots,N-1)$有更小的代价,即

$$J[\boldsymbol{x}(k),\boldsymbol{u}^{\circ}(k),\boldsymbol{u}^{\circ}(k+1),\cdots,\boldsymbol{u}^{\circ}(N-1)]<J[\boldsymbol{x}(k),\boldsymbol{u}^*(k),\boldsymbol{u}^*(k+1),\cdots,\boldsymbol{u}^*(N-1)]$$

在反设的条件下,有两个决策序列:

$$\boldsymbol{u}^*(j),j=0,1,\cdots,N-1$$

$$\boldsymbol{u}^{**}(j)=\begin{cases}\boldsymbol{u}^*(j),j=0,1,2,\cdots,k-1\\ \boldsymbol{u}^{\circ}(j),\ j=k,k+1,\cdots,N-1\end{cases}$$

导致如下结果:

$$\begin{aligned}J^*&=J[\boldsymbol{x}(0),\boldsymbol{u}^*(0),\cdots,\boldsymbol{u}^*(N-1)]\\&=L[\boldsymbol{x}(0),\boldsymbol{u}^*(0)]+\cdots+L[\boldsymbol{x}(k-1),\boldsymbol{u}^*(k-1),k-1]\\&\quad+\{L[\boldsymbol{x}(k),\boldsymbol{u}^*(k),k]\}+\cdots L[\boldsymbol{x}(N-1),\boldsymbol{u}^*(N-1),N-1]\}\\&>L[\boldsymbol{x}(0),\boldsymbol{u}^*(0),0]+\cdots L[\boldsymbol{x}(k-1),\boldsymbol{u}^*(k-1),k-1]\\&\quad+\{L[\boldsymbol{x}(k),\boldsymbol{u}^{\circ}(k),k]+\cdots L[\boldsymbol{x}(N-1),\boldsymbol{u}^{\circ}(N-1),N-1]\}\end{aligned}$$

$$=J[\boldsymbol{x}(0),\boldsymbol{u}^*(0),\boldsymbol{u}^*(k-1),\boldsymbol{u}^{\circ}(k),\cdots,\boldsymbol{u}^{\circ}(N-1)]=J^{**}$$

即

$$J^*>J^{**}$$

这与 $J^*=J[\boldsymbol{x}(0),\boldsymbol{u}^*(0),\boldsymbol{u}^*(1),\cdots,\boldsymbol{u}^*(N-1)]$是最小代价矛盾，因此，反设不成立。最优性原理得证。

从最优曲线的角度看，最优性原理也可以表述为，最优曲线的一部分必为最优曲线。

递推方程式(5-7)体现了最优性原理，递推方程是根据当前阶段付出的代价与下一个阶段的最小代价之和求最小，来计算始于 $\boldsymbol{x}(k)$ 的最小代价。所以，不论按递推公式求出的第 k 级最优决策 $\boldsymbol{u}^*(k)$ 如何，对于由 $\boldsymbol{x}(k)$ 和 $\boldsymbol{u}^*(k)$ 所形成的下一个状态来说，剩余的决策序列是一个最优决策序列。最优性原理为导出递推方程提供了理论基础。

例 5.1　已知离散系统状态方程为

$$x(k+1)=x(k)+u(k),\quad x(4)=2$$

性能指标为

$$J=\sum_{k=0}^{3}[x^3(k)+u(k)x(k)+u^2(k)x(k)]$$

式中，控制 $u(k)$ 限取 $+1$ 或 -1，各级代价要求非负。试求最优控制序列 $u^*(k)$ 和最优曲线序列 $x^*(k)$ $(k=0,1,2,3)$。

解: 本例为 $N=4$ 级最优决策问题。

(1)令 $k=3$，由状态方程和终端状态有

$$x(4)=x(3)+u(3),\quad x(4)=2$$

则

$$x(3)=2-u(3)$$

$$J^*[3]=\min_{u(3)\in\{-1,1\}}\{x^3(3)+u(3)x(3)+u^2(3)x(3)\}$$

$$=\min_{u(3)\in\{-1,1\}}\{8-10u(3)+7u^2(3)-2u^3(3)\}=\begin{cases}3, & u(3)=+1\\27, & u(3)=-1\end{cases}$$

故有

$$u^*(3)=1,x^*(3)=2-u^*(3)=1,J^*(3)=3$$

(2)令 $k=2$，则

$$x(3)=x(2)+u(2)=1,x(3)=1-u(2)$$

$$J^*[2]=\min_{u(2)\in\{-1,1\}}\{x^3(2)+u(2)x(2)+u^2(2)x(2)\}+J^*[3]$$

$$=\min_{u(2)\in\{-1,1\}}\{1-2u(2)+3u^2(2)-2u^3(2)\}=\begin{cases}3, & u(2)=+1\\11, & u(2)=-1\end{cases}$$

故有

$$u^*(2)=1,x^*(2)=1-u^*(2)=0,J^*[2]=3$$

(3)令 $k=1$，则

$$x(2)=x(1)+u(1)=0,\quad x(1)=-u(1)$$

$$J^*[1]=\min_{u(1)\in\{-1,1\}}\{x^3(1)+u(1)x(1)+u^2(1)x(1)\}+J^*[2]$$

$$=\min_{u(1)\in\{-1,1\}}\{-2u^3(1)-u^2(1)+3\}=\begin{cases}0, u(1)=+1\\4, u(1)=-1\end{cases}$$

故有

$$u^*(1)=1, x^*(1)=-1, J^*[1]=0$$

(4)令 $k=0$,则

$$x(1)=x(0)+u(0)=-1, x(0)=-1-u(0)$$

$$J^*[0]=\min_{u(0)\in\{-1,1\}}\{x^3(0)+u(0)x(0)+u^2(0)x(0)\}+J^*[1]$$

$$=\min_{u(0)\in\{-1,1\}}\{-2u^3(0)-2u^3(0)-4u(0)-1\}=\begin{cases}-12, & u(0)=+1(\text{舍去})\\0, & u(0)=-1\end{cases}$$

故有

$$u^*(0)=-1, x^*(0)=0, J^*[0]=0$$

最优控制序列和最优曲线序列分别为

$$u^*(k)=\{-1,1,1,1\},\quad x^*(k)=\{0,-1,0,1,2\}$$

针对例 5.1 中的问题,可由 MATLAB 求解,代码如下。

```
************************** Ex5 - 1.mlx**************************
%定义符号型(sym)变量
syms J x0 x1 x2 x3 x4 u0 u1 u2 u3 k;
%N=4,最优决策问题
x=[x0 x1 x2 x3 x4]
u=[u0 u1 u2 u3]
x(5)=2
J(5)=0
%由状态方程为 x(i+1)=x(i)+u(i),迭代求 x 和 u
for i=4:-1:1
    x(i)=solve(x(i+1)==x(i)+u(i),x(i))
    J(i)=x(i)^3+u(i)*x(i)+u(i)^2*x(i)
    J(i)=simplify(J(i))+J(i+1)

    J1(i)=subs(J(i),u(i),1)
    p1=double(J1(i))
    J2(i)=subs(J(i),u(i),-1)
    p2=double(J2(i))
    if (p1>p2&p1>0&p2>0)
        u(i)=-1
        J(i)=p2
    elseif (p1<p2&p1>=0&p2>=0)
```

```
        u(i)=1
        J(i)=p1
    elseif (p1>p2&p2<=0&p1>=0)
        u(i)=1
        J(i)=p1
    elseif (p1<p2&p1<=0&p2>=0)
        u(i)=-1
        J(i)=p2
    else
        break
    end
    x(i)=subs(x(i),{u3,u2,u1,u0},{u(i) u(i) u(i) u(i)})
end
%最优控制序列、最优曲线序列及最优性能指标
x
u
disp(['J*=J(0)=',num2str(double(J(1)))])
***************************END***************************
```

程序运行结果：

$x=(0\quad -1\quad 0\quad 1\quad 2)$

$u=(-1\quad 1\quad 1\quad 1)$

$J*=J(0)=0$

对于与时间没有关系的静态规划问题，只要人为合理地引入时间因素，也可视为多级决策问题，用动态规划去处理。在资源分配问题中，通常把资源分配给一个或几个使用者的过程作为一个阶段。

例 5.2 某发电站三台发电机并联运行示意图，如图 5-2 所示。规定：当一台发电机运行时，使用 1 号机；当两台发电机运行时，使用 1 号机和 2 号机。一般情况下，三台发电机同时运行，以减少运行费用。

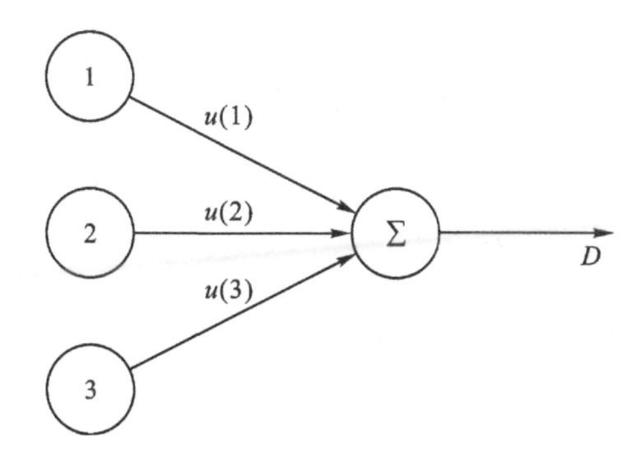

图 5-2 发电机并联运行示意图

发电机的运行费用分别为

1 号机：$C[u(1)]=\frac{1}{2}u^2(1)$，元/h

2 号机：$C[u(2)]=u^2(2)$，元/h

3 号机：$C[u(3)]=\frac{3}{2}u^2(3)$，元/h

式中，$u(i)$ $(i=1,2,3)$表示 i 号机的输出功率(MW)。

假定电站的总负荷 D(MW)=9.9 MW，且不会使任何一台发电机超出额定容量。试用动态规划法求 1 号机和 2 号机同时运行，及三台发电机同时运行时的最佳负荷分配方案，使电站运行费用达最小值。

解：当同时运行的发电机台数为 n 时，电站的最小运行费用可表示为

$$J_n(D)=\min_{u(n)}\{C[u(n)]+J_{n-1}[D-u(n)]\}$$

式中，$u(n)$为 n 号发电机的输出功率(MW)；$C[u(n)]$为 n 号发电机的运行费用(元/h)；$J_{n-1}[D-u(n)]$为除 n 号发电机外的其他 $n-1$ 台发电机的最小运行费用。

只有 1 号机运行时，有

$$J_1(D)=\frac{1}{2}u^2(1)=\frac{1}{2}D^2=49.005$$

当 1 号机和 2 号机同时运行时，则有

$$\begin{aligned}J_2(D)&=\min_{u(2)}\{[u^2(2)+J_1[u(1)]\}=\min_{u(2)}\{[u^2(2)+J_1[D-u(2)]\}\\&=\min_{u(2)}\left\{[u^2(2)+\frac{1}{2}[D-u(2)]^2\right\}\end{aligned}$$

由于不考虑各发电机额定容量的限制，故在求最佳负荷分配时，可取

$$\frac{\partial}{\partial u(2)}\left\{u^2(2)+\frac{1}{2}[D-u(2)]^2\right\}=3u(2)-D=0$$

解得

$$u^*(2)=\frac{1}{3}D=3.3$$

$$u^*(1)=D-u^*(2)=\frac{2}{3}D=6.6$$

因此，当 1 号机和 2 号机同时运行时，最佳负荷分配方案为，1 号机承担总负荷的 2/3，2 号机承担总负荷的 1/3。此时电站的总运行费用为

$$J_2(D)=\frac{1}{2}u^{*2}(1)+u^{*2}(2)=\frac{1}{2}\left(\frac{2}{3}D\right)^2+\left(\frac{1}{3}D\right)^2=\frac{1}{3}D^2=32.67$$

当三台发电机同时运行时，则有

$$J_3(D)=\min_{u(3)}\left\{\frac{3}{2}u^2(3)+J_2\,[D-u(3)]^2\right\}=\min_{u(3)}\left\{\frac{3}{2}u^2(3)+\frac{1}{3}[D-u(3)]^2\right\}$$

同样，取

$$\frac{\partial}{\partial u(3)}\left\{\frac{3}{2}u^2(3)+\frac{1}{3}[D-u(3)]^2\right\}=\frac{11}{3}u(3)-\frac{2}{3}D=0$$

解得

$$u^*(3)=\frac{2}{11}D=1.8$$

$$u^*(2)=\frac{1}{3}[D-u^*(3)]=\frac{1}{3}\left[D-\frac{2}{11}D\right]=\frac{3}{11}D=2.7$$

$$u^*(1)=\frac{2}{3}[D-u^*(3)]=\frac{2}{3}\left[D-\frac{2}{11}D\right]=\frac{6}{11}D=5.4$$

因此，当三台发电机同时运行时，最佳负荷分配方案为，1 号机承担总负荷的 6/11，2 号机承担总负荷的 3/11，3 号机承担总负荷的 2/11。此时，电站的总运行费用为

$$J_3(D)=\frac{1}{2}[u^*(1)]^2+[u^*(2)]^2+\frac{3}{2}[u^*(3)]^2$$

$$=\frac{1}{2}\left(\frac{6}{11}D\right)^2+\left(\frac{3}{11}D\right)^2+\frac{3}{2}\left(\frac{2}{11}D\right)^2=\frac{3}{11}D^2=26.73$$

由上可知，在最佳负荷分配的前提下，对同一总负荷 D 而言，三台发电机同时运行的总费用($3D^2/11$)比 1 号机和 2 号机同时运行的总费用($D^2/3$)低，而 1 号机和 2 号机同时运行的总费用($D^2/3$)又比仅 1 号机运行的总费用($D^2/2$)低。

针对例 5.1 中的问题，可由 MATLAB 求解，代码如下。

```
***************************** Ex5 - 2.mlx *****************************
%定义符号型(sym)变量
syms G0 G1 G2 G3 q0 q1 q2 q3 q4 J0(t) J1(t) J2(t) J3(t) p0 p1 p2 p3 u0 u1 u2 u3 u4 D
J C
%N=3,资源分配
p=[0 p1 p2 p3]; q=[q0 q1 q2]; u=[u1 u2 u3 u4]; G=[G0 G1 G2 G3];
J=[J0(t) J1(t) J2(t) J3(t)]
eqs1=(u(1)^2)/2;eqs2=u(2)^2;eqs3=3*u(3)^2/2;
c=[ 0 eqs1 eqs2 eqs3]
J(1)=0
G(1)=0
%迭代求解
for i=2:1:4
    J(i)=c(i)+J(i-1)
    p(i)=subs(J(i-1),u1,D-u(i-1))
    if i==4
        p(i)=subs(J(i-1),u2,D-u(i-1))
    end
    J(i)=subs(J(i),J(i-1),p(i))
    if i==2
        q(i-1)=solve(diff(J(i),u(i-1))==D,u(i-1))
        G(i)=subs(J(i),u(i-1),q(i-1))
    else
```

```
        q(i-1)=solve(diff(J(i),u(i-1))==0,u(i-1))
        G(i)=subs(J(i),u(i-1),q(i-1))
        J(i)=subs(G(i),D,u(i-1))
    end
end
%最佳负荷分配和最小运行费用
u=q
J=G
***************************END***************************
```

程序运行结果：

$$u=\begin{pmatrix} D & \frac{D}{3} & \frac{2D}{11}\end{pmatrix}$$

$$J=\begin{pmatrix} 0 & \frac{D^2}{2} & \frac{D^2}{3} & \frac{3D^2}{11}\end{pmatrix}$$

5.2 离散系统的动态规划

利用离散动态规划的方法，可以方便地求解控制变量与状态变量均有约束时离散系统的最优控制问题。

定理 5-2 非线性离散系统的状态差分方程为

$$\boldsymbol{x}(k+1)=\boldsymbol{f}[\boldsymbol{x}(k),\boldsymbol{u}(k),k],\ k=0,1,2,\cdots,N-1$$

$$\boldsymbol{x}(0)=\boldsymbol{x}_0$$

式中，n 维状态向量 $\boldsymbol{x}(k)$满足约束 $\boldsymbol{x}(k)\in\boldsymbol{R}$；$r$ 维控制向量 $\boldsymbol{u}(k)$满足约束 $\boldsymbol{u}(k)\in\boldsymbol{R}_u$；$\boldsymbol{R}_x$ 与 $\boldsymbol{R}_u$ 为有界闭集；$\boldsymbol{f}(\cdot)$为 n 维向量函数。

性能指标(代价函数)取综合型

$$J[\boldsymbol{x}(0),0]=\Phi[\boldsymbol{x}(N),N]+\sum_{k=0}^{N-1}L[\boldsymbol{x}(k),\boldsymbol{u}(k),k] \tag{5-10}$$

式中，$L(\cdot)$与 $\boldsymbol{f}(\cdot)$是在区间上的连续函数，且 $L(\cdot)$是正定的。

在容许的控制域中使性能指标式(5-10)取极小的最优控制序列 $\boldsymbol{u}^*(k)$ $(k=0,1,\cdots,N-1)$存在的充分条件为满足以下递推方程，即

$$J_{k+1}^*[\boldsymbol{x}(k),k]=\min_{\boldsymbol{u}(k)}\{L[\boldsymbol{x}(k),\boldsymbol{u}(k),k]+J_{k+2}^*[\boldsymbol{x}(k+1),k+1]\}\quad k=0,1,\cdots,N-2 \tag{5-11}$$

且有

$$J_N^*[\boldsymbol{x}(N-1),N-1]=\min_{\boldsymbol{u}(N-1)}\{\Phi[\boldsymbol{x}(N),N]+L[\boldsymbol{x}(N-1),\boldsymbol{u}(N-1),N-1]\} \tag{5-12}$$

式(5-11)和式(5-12)为最优性原理的离散表示，即动态规划的离散形式。其优点是从终端 $N-1$ 级开始逆向一次仅对一个控制向量求极小。

关于定理 5-2 的证明，与动态规划的基本递推方程的推导类同。这里仅说明动态规划

的基本递推方程式(5-11)和式(5-12)的求解步骤。

1. 求第 N 级最优控制 $\boldsymbol{u}^*(N-1)$

根据

$$J_{N-1}^*[\boldsymbol{x}^*(N-1),N-1]=\min_{\boldsymbol{u}(N-1)}\{\Phi[x(N),N]+L[\boldsymbol{x}(N-1),\boldsymbol{u}(N-1),N-1]\}$$

和

$$\boldsymbol{x}(N)=\boldsymbol{f}[\boldsymbol{x}(N-1),\boldsymbol{u}(N-1),N-1]$$

可求得

$$\boldsymbol{u}^*[\boldsymbol{x}^*(N-1)]\text{和 }J_{N-1}^*[\boldsymbol{x}^*(N-1),N-1]$$

2. 求第 $N-1$ 级最优控制 $\boldsymbol{u}^*(N-2)$

根据

$$J_{N-2}^*[\boldsymbol{x}^*(N-2),N-2]=\min_{\boldsymbol{u}(N-2)}\{L[\boldsymbol{x}(N-2),\boldsymbol{u}(N-2),N-2]+J_N^*[\boldsymbol{x}^*(N-1),N-1]\}$$

和

$$\boldsymbol{x}(N-1)=\boldsymbol{f}[\boldsymbol{x}(N-2),\boldsymbol{u}(N-2),N-2]$$

可求得

$$\boldsymbol{u}^*[\boldsymbol{x}^*(N-2)]\text{和 }J_{N-2}^*[\boldsymbol{x}^*(N-2),N-2]$$

3. 求第 $k+1$ 级最优控制 $\boldsymbol{u}^*(k)$

根据

$$J_{k+1}^*[\boldsymbol{x}^*(k),k]=\min_{\boldsymbol{u}(k)}\{L[\boldsymbol{x}(k),\boldsymbol{u}(k),k]+J_{k+2}^*[\boldsymbol{x}^*(k+1),k+1]\}$$

和

$$\boldsymbol{x}(k+1)=\boldsymbol{f}[\boldsymbol{x}(k),\boldsymbol{u}(k),k]$$

可求得

$$\boldsymbol{u}^*[\boldsymbol{x}^*(k)]\text{和 }J_{k+1}^*[\boldsymbol{x}^*(k),k]$$

4. 求第 2 级最优控制 $\boldsymbol{u}^*(1)$

根据

$$J_2^*[\boldsymbol{x}^*(1),1]=\min_{\boldsymbol{u}(1)}\{L[\boldsymbol{x}(1),\boldsymbol{u}(1),1]+J_3^*[\boldsymbol{x}^*(2),2]\}$$

和

$$\boldsymbol{x}(2)=\boldsymbol{f}[\boldsymbol{x}(1),\boldsymbol{u}(1),1]$$

可求得

$$\boldsymbol{u}^*[\boldsymbol{x}^*(1)]\text{和 }J_2^*[\boldsymbol{x}^*(1),1]$$

5. 求第 1 级最优控制 $\boldsymbol{u}^*(0)$

根据

$$J_2^*[\boldsymbol{x}^*(0),0]=\min_{\boldsymbol{u}(0)}\{L[\boldsymbol{x}(0),\boldsymbol{u}(0),0]+J_2^*[\boldsymbol{x}^*(1),1]\}$$

和

$$\boldsymbol{x}(1)=\boldsymbol{f}[\boldsymbol{x}(0),\boldsymbol{u}(0),0]$$

及

$$\boldsymbol{x}(0)=\boldsymbol{x}_0$$

可求得

$$\boldsymbol{u}^*[\boldsymbol{x}^*(0)]\text{和 } J_1^*[\boldsymbol{x}^*(0),0]$$

最后，由已知 $\boldsymbol{x}(0)=\boldsymbol{x}_0$，顺序求出 $\boldsymbol{u}^*(0)$，$\boldsymbol{x}^*(1)$和 $\boldsymbol{u}^*(1)$，$\boldsymbol{x}^*(2)$和 $\boldsymbol{u}^*(2)$，…，$\boldsymbol{x}^*(N-1)$和 $\boldsymbol{u}^*(N-1)$。

例 5-3 已知离散系统状态方程为

$$x(k+1)=2x(k)+u(k),x(0)=1$$

性能指标为

$$J=x^2(3)+\sum_{k=0}^{2}[x^2(k)+u^2(k)]$$

式中，状态 $x(k)$及控制 $u(k)$均不受约束。试求最优控制序列$\{u^*(0),u^*(1),u^*(2)\}$使性能指标极小。

解：本例为 $N=3$ 级最优决策问题。

(1)令 $k=2$，利用式(5-12)得

$$J_3^*[x^*(2)]=\min_{u(2)}\{x^2(3)+x^2(2)+u^2(2)\}$$

根据状态方程，有

$$x(3)=2x(2)+u(2)$$

则有

$$J_3^*[x(2)]=\min_{u(2)}\{[2x(2)+u(2)]^2+x^2(2)+u^2(2)\}$$

由于 $u(k)$不受约束，故令

$$\frac{\partial J\{\cdot\}}{\partial u(2)}=2[2x(2)+u(2)]+2u(2)=0$$

求得

$$u^*(2)=-x(2)\text{和 } J_3^*[x(2)]=3x^2(2)$$

(2)令 $k=1$，则

$$\begin{aligned}J_2^*[x(1)]&=\min_{u(1)}\{[x^2(1)+u^2(1)]+J_3^*[x(2)]\}\\&=\min_{u(1)}\{[x^2(1)+u^2(1)]+3[2x(1)+u(1)]^2\}\end{aligned}$$

则有

$$\frac{\partial J\{\cdot\}}{\partial u(1)}=2u(1)+6[2x(1)+u(1)]=8u(1)+12x(1)=0$$

解得

$$u^*(1)=-\frac{3}{2}x(1)\text{和 } J_2^*[x(1)]=4x^2(1)$$

(3)令 $k=0$，则

$$\begin{aligned}J_1^*[x(0)]&=\min_{u(0)}\{[x^2(0)+u^2(0)]+J_2^*[x(1)]\}\\&=\min_{u(0)}\{[x^2(0)+u^2(0)]+4[2x(0)+u(0)]^2\}\end{aligned}$$

则有

$$\frac{\partial J\{\cdot\}}{\partial u(0)}=2u(0)+8[2x(0)+u(0)]=10u(0)+16x(0)=0$$

解得

$$u^*(0)=-\frac{8}{5}x(0)\text{和 }J_1^*[x(0)]=\frac{21}{5}x(0)$$

代入已知的 $x(0)=1$，按正向顺序求出

$$u^*(0)=-\frac{8}{5},\ x^*(1)=2x(0)+u^*(0)=\frac{2}{5}$$

$$u^*(1)=-\frac{3}{5},\ x^*(2)=2x^*(1)+u^*(1)=\frac{1}{5}$$

$$u^*(2)=-\frac{1}{5},\ x^*(3)=2x^*(2)+u^*(2)=\frac{1}{5}$$

则最优控制、最优曲线和最优性能指标分别为

$$u^*(k)=\left\{-\frac{8}{5},-\frac{3}{5},-\frac{1}{5}\right\}=\{-1.6,-0.6,-0.2\}$$

$$x^*(k)=\left\{1,\frac{2}{5},\frac{1}{5},\frac{1}{5}\right\}=\{1,0.4,0.2,0.2\}$$

$$J^*=J_1^*[x(0)]=\frac{21}{5}=4.2$$

由上例可见，利用动态规划求解最优控制问题要进行两次搜索：第一次搜索逆向进行，即用第 $k+1$ 级的最小代价 $J^*[\boldsymbol{x}(k+1)]$，根据递推方程式(5-11)去计算第 k 级最小代价 $J^*[\boldsymbol{x}(k)]$；第二次搜索正向进行，应用第一次搜索得到的决策函数 $\boldsymbol{u}^*[\boldsymbol{x}(k+1)]$，根据系统方程 $\boldsymbol{x}(k+1)=\boldsymbol{f}[\boldsymbol{x}(k),\boldsymbol{u}(k),k]$ 正向迭代，求出最优决策序列及最优曲线。

针对例 5.1 中的问题，可由 MATLAB 求解，代码如下。

```
*************************** Ex5-2.mlx ***************************
%定义符号型(sym)变量
syms f0 f1 f2 f3  p0 p1 p2 J3 J1 J2 x0 x1 x2 x3 x4 u0 u1 u2 u3 k;
% N=3 级最优决策问题;
x=[x0 x1 x2 x3]; f=[f0 f1 f2 f3 ]; u=[u0 u1 u2 ]; p=[p0 p1 p2];
J=[J1 J2 J3 ];
x(1)=1;
%由状态方程 x(i+1)=2x(i)+u(i)迭代求 x,J,u
for i=3:-1:1
    x(i+1)=2*x(i)+u(i)
    if i<3
        J(i)=x(i)^2+u(i)^2+J(i+1)
        J(i)=subs(J(i))
        f(i+1)=x(i+1)
        J(i)=subs(J(i),x2,f(i+1))
```

```
        if i==1
            J(i)=subs(J(i),x1,f(i+1))
        end
    else
      J(i)=x(4)^2+x(i)^2+u(i)^2
    end
    p(i)=solve(diff(J(i),u(i))==0,u(i))
    J(i)=subs(J(i),u(i),p(i))
end
%代入初值正向顺序求出
for i=1:1:3
    x(i+1)=subs(x(i+1),u(i),p(i))
    x(i+1)=subs(x(i+1),{x1,x2},{x(i) x(i)} )
    if i<3
        p(i+1)=subs(p(i+1),{x1,x2},{x(i+1) x(i+1)})
   end
end
u=p
x
J=J(1)
***************************END***************************
```

程序运行结果：

$$u = \left(-\frac{8}{5} \quad -\frac{3}{5} \quad -\frac{1}{5}\right)$$

$$x = \left(1 \quad \frac{2}{5} \quad \frac{1}{5} \quad \frac{1}{5}\right)$$

$$J = \frac{21}{5}$$

由上可知，离散动态规划的特点可归纳如下。

(1)计算结果丰富。不仅获得了 N 级决策过程的最优控制和最优曲线，还获得了“$N-1$ 级，…，1 级”决策过程在不同初始状态下的一族最优控制和最优曲线。

(2)计算中只用到初始状态。不需求像极小值原理求解两点边值问题。

(3)要求计算机存储容量大，运算速度高。由于分级递推解决问题，需逐级进行最小化计算，存储控制函数、状态转移特性及最优指标函数，当状态变量数目增多时，问题更加突出。

(4)离散动态规划是在“无后效性”假设前提下进行的。即系统从任一状态出发时，系统的行为只取决于这一状态及其以后的控制，而与系统到达这一状态的历史信息无关。“无后效性”要求在采样间隔内结束状态转移过程。

(5)动态规划法是一种逆向计算法。虽然某些特例也可用正向计算法求解,但不具有普遍意义。

(6)函数方程所作的最小化运算,仍是指标函数存在极值的必要条件。

(7)动态规划算法存在维数灾问题。如果多级的过程是 n 段,同时允许每一段上控制值有 m 个,则可能的控制(如线路)范围是很大的(m^n),这是动态规划算法的主要缺点。

5.3 连续系统的动态规划

动态规划方法也可利用动态规划的连续形式来求解连续系统的最优化问题。

定理 5-3 设连续系统的状态方程为

$$\begin{cases}\dot{\boldsymbol{x}}(t)=\boldsymbol{f}[\boldsymbol{x}(t),\boldsymbol{u}(t),t]\\ \boldsymbol{x}(t_0)=\boldsymbol{x}_0\end{cases} \tag{5-13}$$

性能指标为

$$J[\boldsymbol{x}_0,t_0]=\Phi[\boldsymbol{x}(t_f),t_f]+\int_{t_0}^{t_f}L[\boldsymbol{x}(t),\boldsymbol{u}(t),t]\mathrm{d}t \tag{5-14}$$

式中,n 维状态向量 $\boldsymbol{x}(t)$满足约束 $\boldsymbol{x}(t)\in\boldsymbol{R}_x$;$r$ 维控制向量 $\boldsymbol{u}(t)$满足约束 $\boldsymbol{u}(t)\in\boldsymbol{R}_u$,$\boldsymbol{f}(\cdot)$为 n 维向量函数;$\boldsymbol{R}_x$与 $\boldsymbol{R}_u$为有界闭集。$\boldsymbol{f}(\cdot)$,$\Phi(\cdot)$,$L(\cdot)$连续且可微,$\boldsymbol{J}[\boldsymbol{x}(t),t]$连续,且对 $\boldsymbol{x}(t)$和 t 有连续的一阶和二阶偏导数。在容许的控制域 $\boldsymbol{R}_u$ 中,使性能指标式(5-14)取极小的最优控制 $\boldsymbol{u}^*(t)$存在的充分条件为满足以下哈密顿-雅可比方程

$$-\frac{\partial J^*[\boldsymbol{x}(t),t]}{\partial t}=\min_{\boldsymbol{u}(t)}\left\{L[\boldsymbol{x}(t),\boldsymbol{u}(t),t]+\left[\frac{\partial J^*[\boldsymbol{x}(t),t]}{\partial \boldsymbol{x}(t)}\right]^{\mathrm{T}}\cdot\boldsymbol{f}[\boldsymbol{x}(t),\boldsymbol{u}(t),t]\right\}$$

和终端边界条件

$$J^*[\boldsymbol{x}(t_f),t_f]=\Phi[\boldsymbol{x}(t_f),t_f]$$

以上即为动态规划的连续形式。

证明:为使问题具有一般性,采用

$$J[\boldsymbol{x}(t),t]=\Phi[\boldsymbol{x}(t_f),t_f]+\int_{t}^{t_f}L[\boldsymbol{x}(\tau),\boldsymbol{u}(\tau),\tau]\mathrm{d}t \tag{5-15}$$

作为以上问题的性能指标。只要确定了 $J^*[\boldsymbol{x}(t),t]$及相应的最优控制 $\boldsymbol{u}^*(t)$和最优曲线 $\boldsymbol{x}^*(t)$,则以上问题对应于 t_0和 $\boldsymbol{x}(t_0)$的最优解也随之确定。

假定可将$[t,t_f]$最优过程分为两段:从 t 到 $t+\Delta t$ 与 $t+\Delta t$ 到 t_f,则性能指标可表示为

$$J[\boldsymbol{x}(t),t]=\Phi[\boldsymbol{x}(t_f),t_f]+\int_{t}^{t+\Delta t}L[\boldsymbol{x}(\tau),\boldsymbol{u}(\tau),\tau]\mathrm{d}\tau+\int_{t+\Delta t}^{t_f}L[\boldsymbol{x}(\tau),\boldsymbol{u}(\tau),\tau]\mathrm{d}\tau \tag{5-16}$$

利用式(5-15),式(5-16)还可进一步写成

$$J[\boldsymbol{x}(t),t]=\int_{t}^{t+\Delta t}L[\boldsymbol{x}(\tau),\boldsymbol{u}(\tau),\tau]\mathrm{d}\tau+J[\boldsymbol{x}(t+\Delta t),t+\Delta t] \tag{5-17}$$

式(5-17)给出了从时刻 t 到终端时刻 t_f的所有可能的性能指标函数。但根据最优性原理,在寻求$[t,t+\Delta t]$区间上的最优控制时,假定在$[t+\Delta t,t_f]$区间上的最优控制已求出,即最优性能指标函数 $J^*[\boldsymbol{x}(t+\Delta t),t+\Delta t]$对$[t+\Delta t,t_f]$上的所有 $x[t+\Delta t]$已给定。因而要求

从 t 到 t_f 的最优控制仅需在 $[t,t+\Delta t]$ 区间找出最优控制 $\boldsymbol{u}^*[t,t+\Delta t]$，则

$$J^*[\boldsymbol{x}(t),t]=\min_{\boldsymbol{u}(t,+\Delta t)}\left\{\int_t^{t+\Delta t}L[\boldsymbol{x}(\tau),\boldsymbol{u}(\tau),\tau]\mathrm{d}\tau+J^*[\boldsymbol{x}(t+\Delta t),t+\Delta t]\right\} \tag{5-18}$$

式(5－18)称为连续函数的最优性原理的表达式，但它没有给出求解最优控制的直观方法。现对式(5－18)右端的第一项用积分中值定理进行简化积分运算，即

$$\int_t^{t+\Delta t}L[\boldsymbol{x}(\tau),\boldsymbol{u}(\tau),\tau]\mathrm{d}\tau=L[\boldsymbol{x}(t+\alpha\Delta t),\boldsymbol{u}(t+\alpha\Delta t),t+\alpha\Delta t]\Delta t \tag{5-19}$$

式(5－18)右端的第二项利用泰勒级数展开，即

$$J^*[\boldsymbol{x}(t+\Delta t),t+\Delta t]=J^*[\boldsymbol{x}(t),t]+\left[\frac{\partial J^*[\boldsymbol{x}(t),t]}{\partial \boldsymbol{x}(t)}\right]^{\mathrm{T}}\frac{\mathrm{d}\boldsymbol{x}(t)}{\mathrm{d}t}\Delta t+\frac{\partial J^*[\boldsymbol{x}(t),t]}{\partial t}\Delta t+o(x,\Delta t^2) \tag{5-20}$$

式中，$o(x,\Delta t^2)$ 表示关于 Δt 的高阶无穷小量。

将式(5－19)和式(5－20)代入式(5－18)，整理化简后得

$$-\frac{\partial J^*[\boldsymbol{x}(t),t]}{\partial t}=\min_{\boldsymbol{u}(t,+\Delta t)}\left\{L[\boldsymbol{x}(t+\alpha\Delta t),\boldsymbol{u}(t+\alpha\Delta t),t+\alpha\Delta t]+\left[\frac{\partial J^*[\boldsymbol{x}(t),t]}{\partial \boldsymbol{x}(t)}\right]^{\mathrm{T}}\boldsymbol{f}[\boldsymbol{x}(t),\boldsymbol{u}(t),t]\right\}$$

令 $\Delta t\to 0$，得哈密顿-雅可比方程

$$-\frac{\partial J^*[\boldsymbol{x}(t),t]}{\partial t}=\min_{\boldsymbol{u}(t)}\left\{L[\boldsymbol{x}(t),\boldsymbol{u}(t),t]+\left[\frac{\partial J^*[\boldsymbol{x}(t),t]}{\partial \boldsymbol{x}(t)}\right]^{\mathrm{T}}\boldsymbol{f}[\boldsymbol{x}(t),\boldsymbol{u}(t),t]\right\} \tag{5-21}$$

式(5－21)是一个偏微分方程，终端边界条件为

$$J^*[\boldsymbol{x}(t_f),t_f]=\boldsymbol{\Phi}[\boldsymbol{x}(t_f),t_f] \tag{5-22}$$

如果定义哈密顿函数为

$$H[\boldsymbol{x}(t),\boldsymbol{u}(t),\boldsymbol{\lambda}(t),t]=L[\boldsymbol{x}(t),\boldsymbol{u}(t),t]+\boldsymbol{\lambda}^{\mathrm{T}}(t)\boldsymbol{f}[\boldsymbol{x}(t),\boldsymbol{u}(t),t]$$

式中

$$\boldsymbol{\lambda}^{\mathrm{T}}(t)=\left[\frac{\partial J[\boldsymbol{x}(t),t]}{\partial \boldsymbol{x}(t)}\right]^{\mathrm{T}}$$

则哈密顿-雅可比方程又可写成

$$-\frac{\partial J^*[\boldsymbol{x}(t),t]}{\partial t}=\min_{\boldsymbol{u}(t)}\left\{H\left[\boldsymbol{x}(t),\boldsymbol{u}(t),\frac{\partial J^*[\boldsymbol{x}(t),t]}{\partial \boldsymbol{x}(t)}\right]^{\mathrm{T}},t\right\} \tag{5-23}$$

式(5－23)即为求解最优解的充分条件。

用动态规划方法求解连续系统的最优化问题计算步骤如下。

1. 求最优控制的隐式解

当 $\boldsymbol{u}(t)\in\boldsymbol{R}_u$ 时，在 $\boldsymbol{R}_u$ 中遍取 $\boldsymbol{u}(t)$，使得

$$H^*\left[\boldsymbol{x}(t),\boldsymbol{u}^*(t),\frac{\partial J^*}{\partial \boldsymbol{x}},t\right]=\min_{\boldsymbol{u}(t)}H\left[\boldsymbol{x}(t),\boldsymbol{u}(t),\frac{\partial J^*}{\partial \boldsymbol{x}},t\right]$$

求出最优控制

$$\boldsymbol{u}^*(t)=\boldsymbol{u}^*\left[\boldsymbol{x}(t),\frac{\partial J^*}{\partial \boldsymbol{x}},t\right]$$

当 $\boldsymbol{u}(t)$ 无约束时，可由

$$\frac{\partial H}{\partial u(t)}=0$$

求出上述隐式解。

2. 求最优性能指标

将

$$\boldsymbol{u}^*\left[\boldsymbol{x}(t),\frac{\partial J^*}{\partial \boldsymbol{x}},t\right]$$

代入哈密顿-雅可比方程式(5-21),得

$$-\frac{\partial J^*}{\partial t}=L[\boldsymbol{x}(t),\boldsymbol{u}^*(t),t]+\left[\frac{\partial J^*}{\partial \boldsymbol{x}(t)}\right]^{\mathrm{T}}\boldsymbol{f}[\boldsymbol{x}(t),\boldsymbol{u}^*(t),t]$$

这是一个关于 $J^*[x(t),t]$的一阶偏微分方程,结合终端边界条件式(5-22),即

$$J^*[\boldsymbol{x}(t_f),t_f]=\Phi[\boldsymbol{x}(t_f),t_f]$$

便可求出最优性能指标 $J^*[x(t),t]$。

3. 求最优控制的显式解

由求得的 $J^*[x(t),t]$,计算$\frac{\partial J^*}{\partial \boldsymbol{x}}$并代入 $\boldsymbol{u}^*\left[\boldsymbol{x}(t),\frac{\partial J^*}{\partial \boldsymbol{x}},t\right]$,便可得最优控制显式解 $\boldsymbol{u}^*[x(t),t]$。

4. 求最优曲线 $\boldsymbol{x}^*(t)$

将求得的 $\boldsymbol{u}^*[\boldsymbol{x}(t),t]$代入状态方程式(5-13),得闭环最优系统。利用初始条件 $\boldsymbol{x}(t_0)=\boldsymbol{x}_0$,可得最优曲线 $\boldsymbol{x}^*(t)$。

需要强调的是,$J[\boldsymbol{x}(t),t]$对 $\boldsymbol{x}(t)$和 t 有连续的一阶和二阶偏导数是一个很强的条件;哈密顿-雅可比方程又涉及解偏微分方程,然而求解一个非线性偏微分方程的解,特别是解析解是非常困难的,除非问题特别简单,否则求其解析解通常是不可能的。这也从另一个侧面说明,只有当最优控制问题比较简单时,才能求得其最优函数,故连续系统的哈密顿-雅可比方程不如最小值原理用起来方便。换言之,除了线性二次型问题,偏微分方程式(5-21)的求解异常困难。

例 5.4 设线性定常系统的状态方程为

$$\dot{\boldsymbol{x}}(t)=\boldsymbol{A}\boldsymbol{x}(t)+\boldsymbol{B}\boldsymbol{u}(t),\boldsymbol{x}(0)=\boldsymbol{x}_0$$

性能指标为

$$J=\frac{1}{2}\int_0^{\infty}[\boldsymbol{x}^{\mathrm{T}}(t)\boldsymbol{Q}\boldsymbol{x}(t)+R\boldsymbol{u}^2(t)]\mathrm{d}t$$

式中

$$\boldsymbol{A}=\begin{bmatrix}0 & 1\\0 & 0\end{bmatrix},\boldsymbol{B}=\begin{bmatrix}0\\1\end{bmatrix},\boldsymbol{Q}=\begin{bmatrix}2 & 0\\0 & 0\end{bmatrix},R=\frac{1}{2},\boldsymbol{x}(0)=\begin{bmatrix}1\\0\end{bmatrix}$$

试用连续动态规划方法确定使性能指标为极小的最优控制 $\boldsymbol{u}^*(t)$,最优性能指标 J^* 和最优曲线 $\boldsymbol{x}^*(t)$。

解:采用连续动态规划求解的步骤如下:

(1)求 $\boldsymbol{u}^*\left[\boldsymbol{x}(t),\frac{\partial J^*}{\partial \boldsymbol{x}},t\right]$隐式解。令

$$H^*\left[\boldsymbol{x}(t),\boldsymbol{u}^*(t),\frac{\partial J^*}{\partial \boldsymbol{x}(t)}\right]=\frac{1}{2}\boldsymbol{x}^{\mathrm{T}}(t)\boldsymbol{Q}\boldsymbol{x}(t)+\frac{1}{2}R\boldsymbol{u}^2(t)+\left(\frac{\partial J^*}{\partial \boldsymbol{x}(t)}\right)^{\mathrm{T}}\boldsymbol{A}\boldsymbol{x}(t)+\left(\frac{\partial J^*}{\partial \boldsymbol{x}(t)}\right)^{\mathrm{T}}\boldsymbol{B}\boldsymbol{u}(t)$$

由控制方程得

$$\frac{\partial H}{\partial \boldsymbol{u}(t)}=R\boldsymbol{u}(t)+\boldsymbol{B}^{\mathrm{T}}\frac{\partial J^*}{\partial \boldsymbol{x}(t)}=0$$

则有

$$\boldsymbol{u}^*\left[\boldsymbol{x}(t),\frac{\partial J^*}{\partial \boldsymbol{x}(t)}\right]=-R^{-1}\boldsymbol{B}^{\mathrm{T}}\frac{\partial J^*}{\partial \boldsymbol{x}(t)}$$

(2) 求 $J^*[\boldsymbol{x}^*(t)]$。将求得的 $\boldsymbol{u}^*\left[\boldsymbol{x}(t),\frac{\partial J^*}{\partial \boldsymbol{x}},t\right]$代入哈密顿函数,有

$$H^*=\frac{1}{2}\boldsymbol{x}^{\mathrm{T}}(t)\boldsymbol{Q}\boldsymbol{x}(t)+\left(\frac{\partial J^*}{\partial \boldsymbol{x}(t)}\right)^{\mathrm{T}}\boldsymbol{A}\boldsymbol{x}(t)-\frac{1}{2}\left(\frac{\partial J^*}{\partial \boldsymbol{x}(t)}\right)^{\mathrm{T}}\boldsymbol{B}R^{-1}\boldsymbol{B}^{\mathrm{T}}\frac{\partial J^*}{\partial \boldsymbol{x}(t)}$$

由于本例为线性定常二次型问题,可设

$$J^*[\boldsymbol{x}(t)]=\frac{1}{2}\boldsymbol{x}^{\mathrm{T}}(t)\boldsymbol{P}\boldsymbol{x}(t),\frac{\partial J^*}{\partial t}=0$$

从而,哈密顿-雅可比方程为

$$\frac{1}{2}\boldsymbol{x}^{\mathrm{T}}(t)\boldsymbol{Q}\boldsymbol{x}(t)+\left(\frac{\partial J^*}{\partial \boldsymbol{x}(t)}\right)^{\mathrm{T}}\boldsymbol{A}\boldsymbol{x}(t)-\frac{1}{2}R^{-1}\left[\left(\frac{\partial J^*}{\partial \boldsymbol{x}(t)}\right)^{\mathrm{T}}\boldsymbol{B}\right]^2=0 \tag{5-24}$$

在式(5-24)中,代入$\frac{\partial J^*}{\partial \boldsymbol{x}(t)}=\boldsymbol{P}\boldsymbol{x}(t)$,可得

$$\frac{1}{2}\boldsymbol{x}^{\mathrm{T}}(t)[\boldsymbol{P}\boldsymbol{A}+\boldsymbol{A}^{\mathrm{T}}\boldsymbol{P}-\boldsymbol{P}\boldsymbol{B}R^{-1}\boldsymbol{B}^{\mathrm{T}}\boldsymbol{P}+\boldsymbol{Q}]\boldsymbol{x}(t)=0$$

令 $\boldsymbol{P}=\begin{bmatrix}P_{11} & P_{12}\\ P_{21} & P_{22}\end{bmatrix}$,并代入有关的 $\boldsymbol{A}$、$\boldsymbol{B}$、$\boldsymbol{Q}$、R 得如下代数方程组:

$$2-2P_{12}^2=0$$
$$P_{11}-2P_{12}P_{22}=0$$
$$2P_{12}-2P_{22}^2=0$$

联立求解得

$$\boldsymbol{P}=\begin{bmatrix}2 & 1\\ 1 & 1\end{bmatrix}>0$$

于是,最优指标为

$$J^*[\boldsymbol{x}(t)]=x_1^2(t)+x_1(t)x_2(t)+\frac{1}{2}x_2^2(t)$$

令 $t=0$,代入已知的 $x_1(0)=1,x_2(0)=0$,得

$$J^*[\boldsymbol{x}(0)]=1$$

(3)求最优控制 $u(t)$的显式解:

$$\boldsymbol{u}^*(t)=-R^{-1}\boldsymbol{B}^{\mathrm{T}}\boldsymbol{P}\boldsymbol{x}(t)=-2x_1(t)-2x_2(t)$$

表明最优控制具有状态线性反馈的形式。

(4)求最优曲线 $\boldsymbol{x}^*(t)$。将求得的 $\boldsymbol{u}^*(t)$代入状态方程,得闭环系统方程为

$$\dot{\boldsymbol{x}}(t)=(\boldsymbol{A}-\boldsymbol{B}R^{-1}\boldsymbol{B}^{\mathrm{T}}\boldsymbol{P})\boldsymbol{x}(t)=\tilde{\boldsymbol{A}}\boldsymbol{x}(t)$$

式中

$$\tilde{\boldsymbol{A}}=\boldsymbol{A}-\boldsymbol{B}R^{-1}\boldsymbol{B}^{\mathrm{T}}\boldsymbol{P}=\begin{bmatrix}0 & 1\\ -2 & -2\end{bmatrix}$$

闭环系统的状态转移矩阵为

$$\mathrm{e}^{\tilde{\boldsymbol{A}}t}=L^{-1}[(s\boldsymbol{I}-\tilde{\boldsymbol{A}})^{-1}]=L^{-1}\left[\frac{1}{s^2+2s+2}\begin{bmatrix}s+2 & 1\\ -2 & s\end{bmatrix}\right]=L^{-1}\begin{bmatrix}\dfrac{(s+1)+1}{(s+1)^2+1^2} & \dfrac{1}{(s+1)^2+1^2}\\ \dfrac{-2}{(s+1)^2+1^2} & \dfrac{(s+1)-1}{(s+1)^2+1^2}\end{bmatrix}$$

$$=\begin{bmatrix}\mathrm{e}^{-t}(\cos t+\sin t) & \mathrm{e}^{-t}\sin t\\ -2\mathrm{e}^{-t}\sin t & \mathrm{e}^{-t}(\cos t-\sin t)\end{bmatrix}$$

则最优曲线为

$$\boldsymbol{x}^*(t)=\mathrm{e}^{\tilde{\boldsymbol{A}}t}\boldsymbol{x}(0)=\begin{bmatrix}\mathrm{e}^{-t}(\cos t+\sin t)\\ -2\mathrm{e}^{-t}\sin t\end{bmatrix}$$

则最优曲线为

$$\boldsymbol{u}^*(t)=-R^{-1}\boldsymbol{B}^{\mathrm{T}}\boldsymbol{P}\boldsymbol{x}(t)=-2\mathrm{e}^{-t}(\cos t+\sin t)+4\mathrm{e}^{-t}\sin t=-2\mathrm{e}^{-t}\cos t+2\mathrm{e}^{-t}\sin t$$

```
*************************** Ex5-4.mlx ***************************
%定义符号型(sym)变量
syms p11 p12 p22 A B C Q R x1 x2 u S;
assume(p11,{'real','positive'})
assume(p12,{'real','positive'})
assume(p22,{'real','positive'})
%系统和性能指标参数
A=[0,1;0,0];B=[0;1];
R=1/2;Q=[2,0;0,0];
x=[x1;x2];x0=[1;0];
I=eye(2,2);
P=[p11,p12;p12,p22];
%求解哈密顿-雅可比方程
P=solve(Q+P*A+A'*P-P*B*R^(-1)*B'*P==0);
p11=P.p11;
p12=P.p12;
p22=P.p22;
p=[p11 p12;p12 p22]
%求 u(t)的显示解
k=-R^(-1)*B'*p
u=k*x
```

```
%最优曲线
a=A+B*k
f=(S*I-a)^(-1)
eA=ilaplace(f)
%最优控制和最优性能指标
u=subs(u,[x1,x2],[x(1),x(2)])
J=1/2*int(x'*Q*x+R*u^2,[0,+inf])
fplot(x,[0,8])
hold on;
fplot(u,[0,8]
title('x(t)and u(t)')
xlabel('t');
ylabel('x and u');
hold off;
*************************** END ***************************
```

程序运行结果：

$$x=\begin{bmatrix} e^{-t}(\cos(t)+\sin(t)) \\ -2e^{-t}\sin(t) \end{bmatrix}$$

$$u=4e^{-t}\sin(t)-2e^{-t}(\cos(t)+\sin(t))$$

$$J=1$$

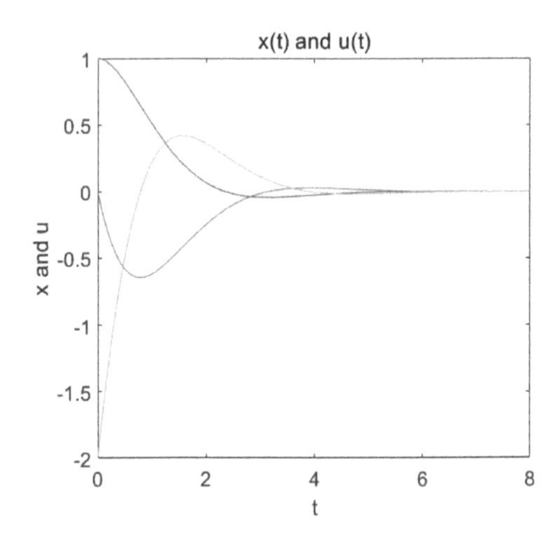

图 5-3　最优曲线 $x^*(t)$ 和最优控制 $u^*(t)$

例 5.4 中的控制量 $\boldsymbol{u}(t)$不受约束，故得到的最优控制 $\boldsymbol{u}^*(t)$是状态的线性反馈。当控制量 $\boldsymbol{u}(t)$受约束时，所得到的最优控制 $\boldsymbol{u}^*(t)$就不是状态的线性反馈。

例 5.5　设一阶受控系统为

$$\dot{x}(t)=-x(t)+u(t),\ x(0)=1$$

控制 $u(t)$ 的约束条件为

$$-1 \leqslant u(t) \leqslant 1$$

试确定最优控制 $u^*(t)$，使性能指标

$$J=\int_0^{\infty} x^2(t)\mathrm{d}t$$

为极小值。

解：哈密顿函数为

$$\begin{aligned} H &= L+\boldsymbol{\lambda}^{\mathrm{T}}\boldsymbol{f}=x^2(t)+\frac{\partial J^*}{\partial x}[-x(t)+u(t)] \\ &= x^2(t)-\frac{\partial J^*}{\partial x}x(t)+\frac{\partial J^*}{\partial x}u(t) \end{aligned} \tag{5-25}$$

由于控制 $u(t)$ 受不等式约束，要使 H 取极小值，最优控制 $u^*(t)$ 取决于 $\frac{\partial J^*}{\partial x}$ 的符号，则有

$$\text{当 } \frac{\partial J^*}{\partial x}>0 \text{ 时}, u^*(t)=-1$$

$$\text{当 } \frac{\partial J^*}{\partial x}<0 \text{ 时}, u^*(t)=1$$

即

$$u^*(t)=-\operatorname{sgn}\left(\frac{\partial J^*}{\partial x}\right)$$

式中，sgn 为符号函数。

将 $u^*(t)$ 代入哈密顿-雅可比方程式(5-23)，得

$$-\frac{\partial J^*[x(t),t]}{\partial t}=\min_{u(t)}\left[x^2(t)-\frac{\partial J^*}{\partial x(t)}x(t)+\frac{\partial J^*}{\partial x(t)}u(t)\right]$$

注意到 J^* 与 t 无关，则有

$$-\frac{\partial J^*}{\partial t}=x^2(t)-\frac{\partial J^*}{\partial x(t)}x(t)-\frac{\partial J^*}{\partial x(t)}\operatorname{sgn}\left[\frac{\partial J^*}{\partial x(t)}\right]=0$$

即

$$x^2(t)-\frac{\partial J^*}{\partial x(t)}x(t)-\left|\frac{\partial J^*}{\partial x(t)}\right|=0$$

由于受控对象是一个稳定的一阶非周期环节，且初始状态 $x(0)=1$ 及终端时间为 ∞，故其必为平衡状态 $x(\infty)=0$，在 $0\leqslant t<\infty$ 区间内，$x(t)>0$。另外，给定的性能指标 J 是 $x(t)$ 二次函数的积分，必有

$$\frac{\partial J^*}{\partial x(t)}>0, t\in[0,\infty]$$

因此

$$x^2(t)-\frac{\partial J^*}{\partial x(t)}x(t)-\frac{\partial J^*}{\partial x(t)}=0$$

整理并分离变量

$$\frac{\partial J^*}{\partial x(t)}=\frac{x^2(t)}{1+x(t)}$$
$$=\frac{[1+x(t)]^2-2[1+x(t)]+1}{1+x(t)}=[1+x(t)]-2+\frac{1}{1+x(t)}$$

积分得

$$J^*[x(t)]=\frac{1}{2}x^2(t)-x(t)+\ln[1+x(t)]+c$$

上式中的积分常数 c 可根据边界条件确定。当 $t=\infty$时，$x(\infty)=0$，性能指标为

$$J^*[x(\infty)]=\int_{\infty}^{\infty}x^2(t)\mathrm{d}t=0$$

故 $c=0$，则有

$$J^*[x(t)]=\frac{1}{2}x^2(t)-x(t)+\ln[1+x(t)]$$

由

$$u^*(t)=-\mathrm{sgn}\left(\frac{\partial J^*}{\partial x}\right)=-\mathrm{sgn}\,\frac{x^2(t)}{1+x(t)}$$

可知

$$\begin{cases}u^*(t)=-1, & x(t)>0\\ u^*(t)=0, & x(t)=0\end{cases}$$

将 $u^*(t)$代入系统状态方程

$$\dot{x}(t)=-x(t)-1,\ x(0)=1$$

拉氏变换

$$sX(s)-x(0)=-X(s)-\frac{1}{s}$$

整理

$$X(s)=\frac{s-1}{s(s+1)}=\frac{2}{s+1}-\frac{1}{s}$$

拉氏变换反变换，可得最优轨线为

$$\begin{cases}x(t)=2\mathrm{e}^{-t}-1, & 0\leqslant t<\ln 2\\ x(t)=0, & t\geqslant\ln 2\end{cases}$$

最优控制为

$$\begin{cases}u^*(t)=-1, & 0\leqslant t<\ln 2\\ u^*(t)=0, & t\geqslant\ln 2\end{cases}$$

最优性能指标为

$$J^*[x(0)]=\frac{1}{2}x^2(0)-x(0)+\ln[1+x(0)]=\ln 2-\frac{1}{2}=0.193$$

由于本例中的控制 $u(t)$受到不等式约束，所以得到的最优控制不是状态的线性反馈。

本例中的受控对象为一阶惯性环节，初始状态 $x(0)=1$。当控制取为 $u(t)=0$ 时，系统状态方程为

$$\dot{x}(t)=-x(t),\ x(0)=1$$

则状态解为 $x(t)=\mathrm{e}^{-t}$。此时，系统的性能指标为

$$J=\int_0^{\infty} x^2(t)\mathrm{d}t=\int_0^{\infty} \mathrm{e}^{-2t}\mathrm{d}t=\frac{1}{2}=0.5$$

显然，$J=0.5$ 比 $J^*=0.193$ 要大得多。因此，在施加控制时，应令 $u(t)=-1$，使 $x(t)$ 获得最大的减速度，从 $x(0)=1$ 很快地衰减下来。当衰减到 $x(t)=0$ 时，应及时令 $u(t)=0$。这时，状态就能稳定在 $x(t)=0$ 的平衡状态了。相应地从 $x(0)=1$ 衰减到 $x(t)=0$ 的时间 $t=\ln 2=0.693$ s。

另外，在求解过程中需注意的是$\frac{\partial J^*}{\partial x(t)}$连续是一个不易满足的强条件。

例 5.6 双积分环节的最小时间控制问题，其状态方程可表示为

$$\begin{cases}\dot{x}_1(t)=x_2(t)\\ \dot{x}_2(t)=u(t)\end{cases},\begin{cases}x_1(0)=x_1^0\\ x_2(0)=x_2^0\end{cases},\begin{cases}x_1(t_f)=0\\ x_2(t_f)=0\end{cases}$$

求 $u^*(t)$及 $t_f{}^*$，使$|u(t)|\leqslant 1$ 且 $J=t_f=\int_0^{t_f}\mathrm{d}t$ 取极小值。

解:哈密顿函数为

$$H=1+\frac{\partial J^*}{\partial x_1(t)}x_2(t)+\frac{\partial J^*}{\partial x_2(t)}u(t)$$

由于$|u(t)|\leqslant 1$，可推得

$$u^*(t)=-\mathrm{sgn}\frac{\partial J^*}{\partial x_2(t)}$$

将 $u^*(t)$代入哈密顿-雅可比方程，则有

$$0=1+\frac{\partial J^*}{\partial x_1(t)}x_2(t)+\frac{\partial J^*}{\partial x_2(t)}u^*(t) \tag{5-26}$$

根据状态方程，式(5-26)可化为

$$0=1+\frac{\partial J^*}{\partial x_1(t)}\dot{x}_1(t)+\frac{\partial J^*}{\partial x_2(t)}\dot{x}_2(t)=1+\frac{\mathrm{d}J^*}{\mathrm{d}t} \tag{5-27}$$

解得

$$J^*(t)=-t+c$$

此与最优值函数不含 $t\left(\frac{\partial J^*}{\partial t}=0\right)$矛盾，原因是哈密顿-雅可比方程要求$\frac{\partial J^*}{\partial x_1(t)}$、$\frac{\partial J^*}{\partial x_2(t)}$连续，而 $u^*(t)=\pm 1$ 可知在 $u^*(t)$的换接点处，有可能破坏$\frac{\partial J^*}{\partial x_1(t)}$、$\frac{\partial J^*}{\partial x_2(t)}$的连续性，故不能简单地用哈密顿-雅可比方程求解。同时，也说明$\frac{\partial J^*}{\partial x(t)}$连续是一个不易满足的强条件。

还需注意的是关于 $J^*[x(t),t]$的一阶偏微分方程虽然可求解，但非常复杂。

例 5.7 设一阶非线性系统状态方程及初始条件为

$$\dot{x}(t)=-x^3(t)+u(t),x(0)=x_0$$

试用动态规划法求最优控制，使性能指标

$$J=\frac{1}{2}\int_0^{\infty}[x^2(t)+u^2(t)]\mathrm{d}t$$

取极小值。

解:设哈密顿函数为

$$H=\frac{1}{2}[x^2(t)+u^2(t)]+\lambda(t)[-x^3(t)+u(t)] \tag{5-28}$$

由于 $u(t)$ 不受约束,则控制方程为

$$\frac{\partial H}{\partial u(t)}=u(t)+\lambda(t)=0$$

得

$$u^*(t)=-\lambda(t)$$

则

$$H^*(t)=\frac{1}{2}x^2(t)-\frac{1}{2}\lambda^2(t)-\lambda(t)x^3(t)$$

令

$$\lambda(t)=\frac{\partial J^*[x(t)]}{\partial x(t)}$$

式中,$J^*[x(t)]$ 为最优性能指标。

根据哈密顿-雅可比方程及边界条件,有

$$-\frac{\partial J^*[x(t)]}{\partial t}=H^*(t)$$

因为性能指标中无终端指标项,所以

$$J^*[x(t_f),t_f]=0$$

则

$$-\frac{\partial J^*[x(t)]}{\partial t}=\frac{1}{2}x^2(t)-\frac{1}{2}\left[\frac{\partial J^*[x(t)]}{\partial x(t)}\right]^2-\left[\frac{\partial J^*[x(t)]}{\partial x(t)}\right]x^3(t)$$

即

$$2\left[\frac{\partial J^*[x(t)]}{\partial t}\right]=-x^2(t)+\left[\frac{\partial J^*[x(t)]}{\partial x(t)}\right]^2+2\left[\frac{\partial J^*[x(t)]}{\partial x(t)}\right]x^3(t)$$

设该非线性偏微分方程的解具有如下幂级数形式:

$$J^*[x(t)]=p_0+p_1x(t)+\frac{1}{2!}p_2x^2(t)+\frac{1}{3!}p_3x^3(t)+\frac{1}{4!}p_4x^4(t)+\frac{1}{5!}p_5x^5(t)+\cdots$$

因为 $J^*[x(t)]$ 是不显含 t 的显函数,则有

$$\frac{\partial J^*[x(t)]}{\partial t}=0$$

$$\frac{\partial J^*[x(t)]}{\partial x(t)}=p_1+p_2x(t)+\frac{1}{2}p_3x^2(t)+\frac{1}{6}p_4x^3(t)+\frac{1}{24}p_5x^4+\cdots$$

因此,有

$$\left[\frac{\partial J^*[x(t)]}{\partial x(t)}\right]^2=p_1^2+p_2^2x^2(t)+\frac{1}{4}p_3^2x^4(t)+\frac{1}{36}p_4^2x^6(t)+2p_1p_2x(t)+p_1p_3x^2(t)$$
$$+\frac{1}{3}p_1p_4x^3(t)+\frac{1}{6}p_1p_5x^4(t)+p_2p_3x^3(t)+\frac{1}{3}p_2p_4x^4(t)+\cdots$$

则

$$2\frac{\partial J^*[x(t)]}{\partial x(t)}x^3(t)=2[p_1+p_2x(t)+\frac{1}{2}p_3x^2(t)+\frac{1}{6}p_4x^3(t)+\cdots]x^3(t)$$

$$=2p_1x^3(t)+2p_2x^4(t)+p_3x^5(t)+\frac{1}{3}p_4x^6(t)+\cdots$$

代入哈密顿-雅可比方程，有

$$p_1^2+2p_1p_2x(t)+(p_2^2+p_1p_3-1)x^2(t)+\left(\frac{1}{3}p_1p_4+p_2p_3+2p_1\right)x^3(t)$$

$$+\left(\frac{1}{4}p_3^2+\frac{1}{6}p_1p_5+\frac{1}{3}p_2p_4+2p_2\right)x^4(t)+\cdots=0$$

解得

$$p_1=0,p_2=1,p_3=0,p_4=-6,\cdots$$

由于在最优控制作用下，闭环系统一定稳定，即当 $t_f\to\infty$时，$x(t_f)=0$，故

$$J^*[x(t_f),t_f]=J^*[x(\infty)]=p_0=0$$

$$J^*[x(t)]\approx\frac{1}{2!}p_2x^2+\frac{1}{4!}p_4x^4=\frac{1}{2}x^2(t)-\frac{1}{4}x^4(t)$$

$$u^*(t)=-\lambda(t)=-\frac{\partial J^*[x(t)]}{\partial x(t)}=-x(t)+x^3(t)$$

代入状态方程得

$$\dot{x}(t)=-x^3(t)+u^*(t)=-x(t)$$

最优控制曲线为

$$x(t)=x^*(t)=x_0\mathrm{e}^{-t}$$

由此也可看出，最优控制系统确实是稳定的。

5.4 动态规划与变分法和极小值原理的关系

变分法、极小值原理和动态规划法都是研究最优控制问题的求解方法。因此，对于同一个问题，三种方法得到的结论应该相同，这说明三者之间存在着内在的联系，又互有差异。

变分法为最优控制理论提供了基本理论和方法，变分法能够处理控制约束为开集、哈密顿函数存在对控制的连续偏导数的最优控制问题。通过欧拉方程和横截条件，可以确定不同情况下的极值控制。如果容许控制属于闭集，则经典变分法便变得无能为力。

极小值原理可以认为是变分法的直接推广，其能够处理控制约束为闭集、哈密顿函数不存在对控制的连续偏导数的最优控制问题。极小值原理以哈密顿方式发展了经典变分法，针对常微分方程所描述的控制有约束的变分问题，得到了一组常微分方程组表示的最优解的必要条件。在一定条件下，变分法的结论是极小值原理结论的推论。由于闭集控制约束的普遍性，极小值原理的应用更为广泛。

动态规划法结论的导出具有相对的独立性，但当最小代价函数关于其所有变量均存在二次连续偏导数时，可以容易地推导出极小值原理的所有结论。动态规划法以哈密顿-雅可比方式发展了经典变分法，可以解决比常微分方程所描的更具一般性的最优控制问题，对于连续系统，给出了一个偏微分方程表示的充分条件。

由于许多工程实际问题的最优性能指标不满足可微性条件，所以能用极小值原理求解的最优控制问题，未必能写出哈密顿-雅可比方程。解常微分方程一般比解偏微分方程容易，因此极小值原理比动态规划好用。但对于线型二次型最优控制问题，动态规划能方便地给出最优解，且最优控制常是状态反馈的形式。

对于离散最优控制问题，动态规划法给出的逆向递推求解方法，相较于变分法、最小值原理给出的两点边值问题，计算更加方便，应用范围更广。

由于动态规划结论是充分条件，故便于建立动态规划、极小值原理与变分法之间的联系。三种方法都没有给出解的存在性和唯一性的等结论。

5.4.1 动态规划与变分法

设性能指标泛函为

$$J=\int_{t_0}^{t_f} L[\boldsymbol{x}(t),\dot{\boldsymbol{x}}(t),t]\mathrm{d}t$$

引入哈密顿-雅可比方程，即

$$-\frac{\partial J^*}{\partial t}=\min_{u(t)}\left\{L[\boldsymbol{x}(t),\dot{\boldsymbol{x}}(t),t]+\left[\frac{\partial J^*}{\partial \boldsymbol{x}}\right]^{\mathrm{T}}\dot{\boldsymbol{x}}\right\}$$

对 $\dot{x}$ 求偏导，则有

$$\frac{\partial L}{\partial \dot{\boldsymbol{x}}}+\frac{\partial J^*}{\partial \boldsymbol{x}}=0 \tag{5-29}$$

再对 t 求导，有

$$\frac{\mathrm{d}}{\mathrm{d}t}\frac{\partial L}{\partial \dot{\boldsymbol{x}}}+\frac{\partial^2 J^*}{\partial t\partial \boldsymbol{x}}+\frac{\partial^2 J^*}{\partial \boldsymbol{x}^2}\dot{\boldsymbol{x}}=0 \tag{5-30}$$

哈密顿-雅可比方程对 $\boldsymbol{x}(t)$ 求偏导，有

$$\frac{\partial L}{\partial \boldsymbol{x}}+\frac{\partial L}{\partial \dot{\boldsymbol{x}}}\frac{\partial \dot{\boldsymbol{x}}^{\mathrm{T}}}{\partial \boldsymbol{x}}+\frac{\partial^2 J^*}{\partial \boldsymbol{x}^2}\dot{\boldsymbol{x}}+\frac{\partial^2 J^*}{\partial t\partial \boldsymbol{x}}+\frac{\partial J^*}{\partial \boldsymbol{x}}\frac{\partial \dot{\boldsymbol{x}}^{\mathrm{T}}}{\partial \boldsymbol{x}}=0 \tag{5-31}$$

由式(5-29)至式(5-31)，有

$$\frac{\partial L}{\partial \boldsymbol{x}}-\frac{\mathrm{d}}{\mathrm{d}t}\frac{\partial L}{\partial \dot{\boldsymbol{x}}}=0$$

由此可见，由动态规划的哈密顿-雅可比方程，可得出变分法求性能指标泛函极值的必要条件——欧拉方程。也可以说，动态规划是最优问题的一种现代变分法，包含了经典变分法的内容。

5.4.2 动态规划与极大值原理

系统的状态方程为

$$\dot{\boldsymbol{x}}(t)=\boldsymbol{f}[\boldsymbol{x}(t),\boldsymbol{u}(t),t]$$

求使性能指标函数

$$J=\Phi[\boldsymbol{x}(t_f),t_f]+\int_{t_0}^{t_f} L[\boldsymbol{x}(t),\boldsymbol{u}(t),t]\mathrm{d}t$$

最小的最优控制 $\boldsymbol{u}^*(t)$，其中 t_f 固定。

哈密顿-雅可比方程为

$$-\frac{\partial J^*}{\partial t}=\min_{\boldsymbol{u}(t)\in R_u}\left\{L[\boldsymbol{x}(t),\boldsymbol{u}(t),t]+\left[\frac{\partial J^*}{\partial \boldsymbol{x}}\right]^{\mathrm{T}}\boldsymbol{f}[\boldsymbol{x}(t),\boldsymbol{u}(t),t]\right\} \tag{5-32}$$

边界条件为

$$J^*[\boldsymbol{x}(t_f),t_f]=\Phi[\boldsymbol{x}(t_f),t_f]$$

定义哈密顿函数 H 为

$$H[\boldsymbol{x}(t),\boldsymbol{u}(t),\boldsymbol{\lambda}(t),t]=L[\boldsymbol{x}(t),\boldsymbol{u}(t),t]+\boldsymbol{\lambda}^{\mathrm{T}}\boldsymbol{f}[\boldsymbol{x}(t),\boldsymbol{u}(t),t]$$

令

$$\boldsymbol{\lambda}(t)=\frac{\partial J^*}{\partial \boldsymbol{x}}$$

则哈密顿-雅可比方程为

$$-\frac{\partial J^*}{\partial t}=\min_{\boldsymbol{u}(t)\in R_u}\{H[\boldsymbol{x}(t),\boldsymbol{u}(t),\boldsymbol{\lambda}(t),t]\}=H[\boldsymbol{x}^*(t),\boldsymbol{u}^*(t),\boldsymbol{\lambda}(t),t]$$

伴随方程

$$\dot{\boldsymbol{\lambda}}(t)=\frac{\mathrm{d}\boldsymbol{\lambda}(t)}{\mathrm{d}t}=\frac{\mathrm{d}}{\mathrm{d}t}\left(\frac{\partial J^*}{\partial \boldsymbol{x}}\right)=\frac{\partial^2 J^*}{\partial t\partial \boldsymbol{x}}+\frac{\partial^2 J^*}{\partial \boldsymbol{x}^2}\dot{x}=\frac{\partial}{\partial \boldsymbol{x}}\left(\frac{\partial J^*}{\partial t}\right)+\frac{\partial^2 J^*}{\partial \boldsymbol{x}^2}\boldsymbol{f} \tag{5-33}$$

式(5－32)对 x 求偏导，有

$$\frac{\partial}{\partial \boldsymbol{x}}\left(-\frac{\partial J^*}{\partial t}\right)=\frac{\partial L}{\partial \boldsymbol{x}}+\frac{\partial^2 J^*}{\partial \boldsymbol{x}^2}\boldsymbol{f}+\left[\frac{\partial \boldsymbol{f}}{\partial \boldsymbol{x}}\right]^{\mathrm{T}}\frac{\partial J^*}{\partial \boldsymbol{x}} \tag{5-34}$$

由式(5－34)代入式(5－33)，可得

$$\dot{\boldsymbol{\lambda}}(t)=-\frac{\partial L}{\partial \boldsymbol{x}}-\left(\frac{\partial \boldsymbol{f}}{\partial \boldsymbol{x}}\right)^{\mathrm{T}}\frac{\partial J^*}{\partial \boldsymbol{x}}=-\frac{\partial H}{\partial \boldsymbol{x}}$$

横截条件

$$\boldsymbol{\lambda}(t_f)=\frac{\partial J^*}{\partial \boldsymbol{x}(t_f)}=\frac{\partial \Phi[\boldsymbol{x}(t_f),t_f]}{\partial \boldsymbol{x}(t_f)}$$

t_f 自由时，有

$$H^*(t_f)=-\frac{\partial \Phi[\boldsymbol{x}(t_f),t_f]}{\partial t_f}$$

综上所述，由动态规划求解最优问题的必要条件与极大值原理是相同的。由此可以把连续动态规划与极大值原理沟通。类似地，亦可以把离散动态规划与离散极大值原理沟通。一般来说，极大值原理通常用于解决常微分方程描述的最优控制问题，而动态规划除了可以用来解决这方面的问题之外，还可以用来研究偏微分方程所描述的最优控制问题，因而更具有普遍性。

习　题

5－1　城市街道示意图题 5－1 图所示，图中数字表示相应两地的距离，试求从 A 到 P，及从 H 到 K 的最短路线。

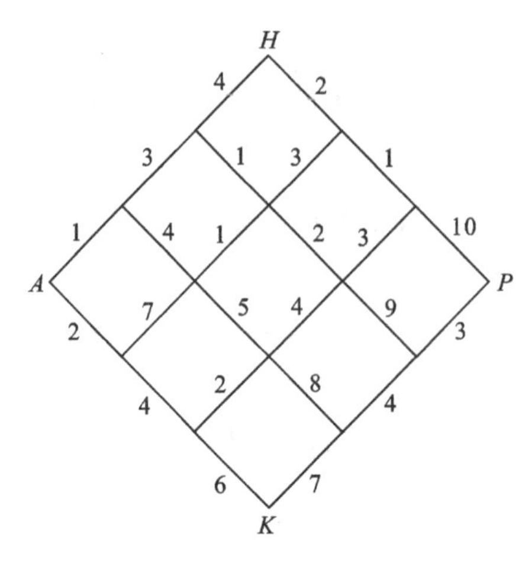

题 5-1 图

5-2 已知一阶离散系统 $x(k+1)=x(k)+0.1[x^2(k)+u(k)]$，$x(0)=3$。求最优控制系列 $u^*(k)$，使性能指标 $J=\sum_{i=0}^{1}|x(k)-3u(k)|$ 取最小。

5-3 已知二阶系统状态方程和初始条件分别为

$$x(k+1)=\begin{bmatrix}2 & 0\\ 1 & 1\end{bmatrix}x(k)+\begin{bmatrix}1\\ 0\end{bmatrix}u(k),\ x(0)=\begin{bmatrix}1\\ 0\end{bmatrix}$$

求 $u^*(k)$ 和 $x^*(k)$，使性能指标泛函

$$J=\sum_{k=0}^{1}\left\{x^{\mathrm{T}}(k+1)\begin{bmatrix}0 & 0\\ 0 & 2\end{bmatrix}x(k+1)+2u^2(k)\right\}$$

达极小。

5-4 已知一阶系统 $x(k+1)=x(k)u(k)+u(k)$，$x(0)=1$，$u(k)$ 的取值可为 1、-1、0，试用动态规划法求使性能指标泛函

$$J=|x(3)|+\sum_{k=0}^{2}[|x(k)|+3|u(k-1)+1|]$$

最小的最优控制序列 $u^*(k)$，其中 $k=0,1,2$。

5-5 对二阶受控系统 $\ddot{\theta}+\theta=u$，假定 θ 和 $\dot{\theta}$ 可以直接测量，力矩 u 不受限制，试求使性能指标 $J=\int_0^{+\infty}(\theta^2+\dot{\theta}^2+u^2)\mathrm{d}t$ 为最小的最优控制 u^*。

5-6 带状态延迟的一阶离散控制系统的状态方程为

$$x(k+1)=x(k)+2x(k-1)+u(k)$$

已知初始状态为 $x(0)$ 和 $x(-1)$，求使性能指标泛函

$$J=\frac{1}{2}\sum_{k=0}^{1}[x^2(k)+u^2(k)]$$

为极小的最优控制 $u(0)$ 和 $u(1)$。

5-7 已知二阶系统

$$x(k+1)=\begin{bmatrix}0 & 1\\ -1 & 1\end{bmatrix}x(k)+\begin{bmatrix}0\\ 1\end{bmatrix}u(k),x(0)=[1\quad 1]^{\mathrm{T}}$$

求使

$$J=\sum_{k=0}^{2}[x_1^2(k+1)+u^2(k)]$$

取极小值的最优控制序列 $u(0)$、$u(1)$、$u(2)$。

5-8　三个电阻并联的电路如图所示，当总电流 $I=18.3$ A 时，试确定如何分配电流，才能保证电阻总的消耗功率为最小。

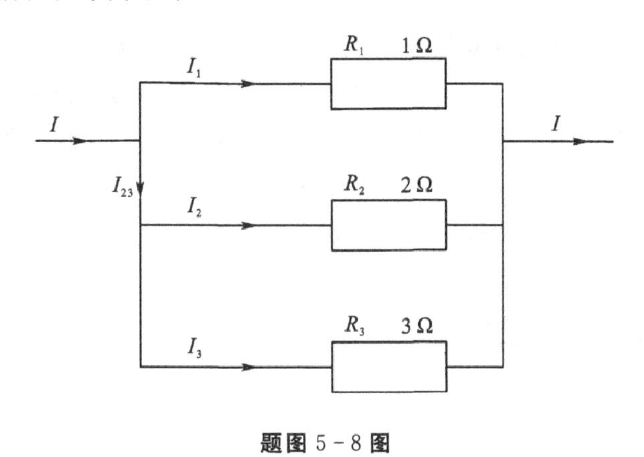

题图 5-8 图

5-9　设有某种机器 100 台，拟安排两种生产任务，进行第一种任务的生产时，每台机器每年可收入 10 万元，机器的损坏率为 1/4，进行第二种任务的生产时，每台机器每年可收入 7 万元，机器的损坏率为 1/10，问怎样安排四年的生产任务才能使总收入最高，最后还能剩下多少台完好的机器？

5-10　生产库存系统的状态方程为

$$x(k+1)=x(k)+u(k)-s(k)$$

其中 $x(k)$、$u(k)$、$s(k)$ 分别是季度的库存量、生产速度和销售速度。设生产费用为 $0.005u^2(k)$，库存费用为 $x(k)$，那么四个季度的总费用为

$$J=\sum_{k=0}^{3}[0.005u^2(k)+x(k)]$$

现设初始库存量 $x(0)=0$，四个季度的订货分别为 $s(0)=600$ 个，$s(1)=700$ 个，$s(2)=500$ 个，$s(3)=1200$ 个。求最优生产速度 $u^*(k)$ $(k=0,1,2,3)$，使 $x(4)=0$（年底无积压），并且使总费用 J 最小。

5-11　已知系统状态空间表达式为

$$\dot{x}=u,x(0)=x_0$$

t_f 可变，试用连续动态规划求使性能指标

$$J=\frac{1}{2}\int_0^{t_f}(x^2+u^2)\mathrm{d}t$$

取极小的最优控制 $u^*(t)$ 和最优指标 J^*。

线性二次型最优控制问题

第 6 章

若线性系统的性能指标函数取状态变量和控制变量的二次型函数的积分，则称这种动态系统的最优问题为线性系统二次型性能指标的最优控制问题，简称线性二次型最优控制问题或线性二次型问题。由于线性二次型问题的最优解可以写成统一的解析表达式和实现求解过程的规范化，且可导致一个简单的线性状态反馈控制律，易于构成闭环最优反馈控制，便于工程实现，因而在实际工程问题中得到了广泛应用。

6.1 线性二次型问题

设线性时变系统的状态空间表达式为

$$\begin{cases}\dot{\boldsymbol{x}}(t)=\boldsymbol{A}(t)\boldsymbol{x}(t)+\boldsymbol{B}(t)\boldsymbol{u}(t),\boldsymbol{x}(t_0)=\boldsymbol{x}_0\\ \boldsymbol{y}(t)=\boldsymbol{C}(t)\boldsymbol{x}(t)\end{cases} \tag{6-1}$$

式中，$\boldsymbol{x}(t)$为 n 维状态向量；$\boldsymbol{u}(t)$为 r 维控制向量，且不受约束；$\boldsymbol{y}(t)$为 m 维输出向量($0<m\leqslant r\leqslant n$)；$\boldsymbol{A}(t)$、$\boldsymbol{B}(t)$、$\boldsymbol{C}(t)$分别为 $n\times n$、$n\times r$、$m\times n$ 维时变矩阵，在特殊情况下为常数矩阵。

在工程实践中，总希望设计的系统，使其输出 $\boldsymbol{y}(t)$尽量接近理想输出 $\boldsymbol{y}_r(t)$，为此定义误差向量

$$\boldsymbol{e}(t)=\boldsymbol{y}_r(t)-\boldsymbol{y}(t) \tag{6-2}$$

因此，最优控制的目的通常是设法找到一个控制向量 $\boldsymbol{u}(t)$使误差向量 $\boldsymbol{e}(t)$最小。

由于假设控制向量 $\boldsymbol{u}(t)$不受约束，$\boldsymbol{e}(t)$趋于极小有可能导致 $\boldsymbol{u}(t)$极大，这在工程上意味着控制能量过大以至无法实现，因此需要考虑对控制能量加以约束。此外，如果实际问题中对终态控制精度要求甚严，应突出此种要求。

一般的二次型性能指标表示为

$$J=\frac{1}{2}\boldsymbol{e}^{\mathrm{T}}(t_f)\boldsymbol{F}\boldsymbol{e}(t_f)+\frac{1}{2}\int_{t_0}^{t_f}[\boldsymbol{e}^{\mathrm{T}}(t)\boldsymbol{Q}(t)\boldsymbol{e}(t)+\boldsymbol{u}^{\mathrm{T}}(t)\boldsymbol{R}(t)\boldsymbol{u}(t)]\mathrm{d}t \tag{6-3}$$

式中，$\boldsymbol{F}$ 为半正定 $m\times m$ 维常数矩阵；$\boldsymbol{Q}(t)$为半正定 $m\times m$ 维对称矩阵，$\boldsymbol{R}(t)$为正定 $r\times r$ 维对称矩阵；终端时刻 t_f固定。要求确定最优控制 $\boldsymbol{u}^*(t)$，使性能指标式(6-3)极小。

在二次型指标式(6-3)中，其各项都有明确的物理含义，现分别介绍如下。

1. 积分项$\frac{1}{2}\int_{t_0}^{t_f}\boldsymbol{e}^{\mathrm{T}}(t)\boldsymbol{Q}(t)\boldsymbol{e}(t)\mathrm{d}t$

设积分项

$$L_e = \frac{1}{2}[\boldsymbol{e}^{\mathrm{T}}(t)\boldsymbol{Q}(t)\boldsymbol{e}(t)] = \frac{1}{2}\sum_{i=1}^{m}\sum_{j=1}^{m} q_{ij}(t)e_i(t)e_j(t)$$

由于 $\boldsymbol{Q}(t)$ 为半正定，在 $[t_0, t_f]$ 非负，积分 $\int_{t_0}^{t_f} L_e \mathrm{d}t$ 表示了在区间上误差大小，反映了系统在控制过程中动态跟踪误差的累积和，故称为过程代价，用来限制过程的误差，以保证系统响应具有适当的快速性。

由于误差的二次型表达形式，所以权矩阵 $\boldsymbol{Q}(t)$ 实际上能给较大的误差以较大的加权，而 $\boldsymbol{Q}(t)$ 为时间函数，则意味着对不同时刻误差赋予不同的加权，反映了系统的控制效果。

2. 积分项 $\frac{1}{2}\int_{t_0}^{t_f} \boldsymbol{u}^{\mathrm{T}}(t)\boldsymbol{R}(t)\boldsymbol{u}(t)\mathrm{d}t$

设积分项

$$L_u = \frac{1}{2}[\boldsymbol{u}^{\mathrm{T}}(t)\boldsymbol{R}(t)\boldsymbol{u}(t)] = \frac{1}{2}\sum_{i=1}^{r}\sum_{j=1}^{r} q_{ij}(t)u_i(t)u_j(t)$$

由于 $\boldsymbol{R}(t)>0$，且对称，而控制信号的大小往往正比于作用力或力矩，故 $\int_{t_0}^{t_f} L_u \mathrm{d}t$ 表示了在整个控制过程中所消耗的控制能量，故称为控制代价，用来限制 $\boldsymbol{u}(t)$ 的幅值和平滑性，以保证系统的安全性。同时用来限制控制过程的能量消耗，以保证系统具有适当的节能性。

$\boldsymbol{R}(t)$ 实际上能给各控制分量赋予不同的权，它是时间的函数，则意味着对不同时刻的控制分量赋予不同的加权。

3. 终值项 $\frac{1}{2}\boldsymbol{e}^{\mathrm{T}}(t_f)\boldsymbol{F}\boldsymbol{e}(t_f)$

设终值项

$$\frac{1}{2}\boldsymbol{e}^{\mathrm{T}}(t_f)\boldsymbol{F}\boldsymbol{e}(t_f) = \frac{1}{2}\sum_{i=1}^{m}\sum_{j=1}^{m} f_{ij}(t)e_i(t)e_j(t)$$

终值项的物理含义是表示在控制过程结束后，对系统终态跟踪误差的要求，强调了系统接近终端时的误差，以保证终端状态具有适当的准确性，故称为终端代价。该项也同样反映了系统的控制要求。如对终端误差限制为 $\boldsymbol{e}(t_f)=0$，此项可略去。

上述分析表明，使二次型性能指标式(6-3)极小的物理意义：使系统在整个控制过程中的动态跟踪误差与控制能量消耗，以及控制过程结束时的终端跟踪误差综合最优。

从性能指标的物理意义来看，权矩阵 $\boldsymbol{F}$、$\boldsymbol{Q}(t)$ 和 $\boldsymbol{R}(t)$ 都必须取非负矩阵，不能取负定矩阵；否则具有大误差和控制能量消耗很大的系统，仍然会有一个小的性能指标，从而违背了最优控制的原意。要求权矩阵 $\boldsymbol{R}(t)$ 正定，是由于最优控制律的需要，以保证最优解的存在。

线性二次型最优控制问题，根据 $\boldsymbol{C}(t)$ 矩阵和理想输出 $\boldsymbol{y}_r(t)$ 的不同情况可分为三种类型。

1. 当 $\boldsymbol{C}(t)=\boldsymbol{I}$，$\boldsymbol{y}_r(t)=0$ 时，称为状态调节器问题

由系统状态空间表达式(6-1)和误差向量式(6-2)，有

$$\boldsymbol{e}(t) = -\boldsymbol{y}(t) = -\boldsymbol{x}(t)$$

则二次型性能指标式(6-3)演变为

$$J = \frac{1}{2}\boldsymbol{x}^{\mathrm{T}}(t_f)\boldsymbol{F}\boldsymbol{x}(t_f) + \frac{1}{2}\int_{t_0}^{t_f}[\boldsymbol{x}^{\mathrm{T}}(t)\boldsymbol{Q}(t)\boldsymbol{x}(t) + \boldsymbol{u}^{\mathrm{T}}(t)\boldsymbol{R}(t)\boldsymbol{u}(t)]\mathrm{d}t \qquad (6-4)$$

式中，$\boldsymbol{F}$ 为半正定 $n\times n$ 常数矩阵；$\boldsymbol{Q}(t)$ 为半正定 $n\times n$ 对称矩阵；$\boldsymbol{R}(t)$ 为正定 $r\times r$ 对称矩阵；$\boldsymbol{Q}(t)$、$\boldsymbol{R}(t)$ 在 $[t_0, t_f]$ 上均连续有界；终端时刻 t_f 固定。

此时，线性二次型最优控制问题为，当系统式(6-1)受扰偏离原零平衡状态时，要求产生一控制向量，使系统状态 $\boldsymbol{x}(t)$ 恢复到原平衡状态附近，并使性能指标式(6-4)极小。因而，称为状态调节器问题。

2. 当 $y_r(t)=0$ 时，称为输出调节器问题。

由系统状态空间表达式(6-1)和误差向量式(6-2)，有

$$\boldsymbol{e}(t) = -\boldsymbol{y}(t)$$

从性能指标式(6-3)演变为

$$J = \frac{1}{2}\boldsymbol{y}^{\mathrm{T}}(t_f)\boldsymbol{F}\boldsymbol{y}(t_f) + \frac{1}{2}\int_{t_0}^{t_f}[\boldsymbol{y}^{\mathrm{T}}(t)\boldsymbol{Q}(t)\boldsymbol{y}(t) + \boldsymbol{u}^{\mathrm{T}}(t)\boldsymbol{R}(t)\boldsymbol{u}(t)]\mathrm{d}t \qquad (6-5)$$

式中，$\boldsymbol{F}$ 为半正定 $n\times n$ 常数矩阵；$\boldsymbol{Q}(t)$ 为半正定 $n\times n$ 对称矩阵；$\boldsymbol{R}(t)$ 为正定 $r\times r$ 对称矩阵；$\boldsymbol{Q}(t)$、$\boldsymbol{R}(t)$ 在 $[t_0, t_f]$ 上均连续有界；终端时刻 t_f 固定。

此时，线性二次型最优控制问题为，当系统式(6-1)受扰偏离原输出平衡状态时，要求产生一控制向量，使系统输出 $\boldsymbol{y}(t)$ 保持在原平衡状态附近，并使性能指标式(6-5)极小，因而称为输出调节器。

3. 当 $\boldsymbol{C}(t) \neq \boldsymbol{I}, y_r(t) \neq 0$ 时，称为输出跟踪器问题。

此时，线性系统状态空间表达式(6-1)，二次型性能指标式(6-3)保持不变。线性二次型最优控制问题归结为，当理想输出向量 $y_r(t)$ 作用于系统时，要求系统产生一控制向量，使系统实际输出向量 $\boldsymbol{y}(t)$ 始终跟踪 $y_r(t)$ 的变化，并使性能指标式(6-3)极小。即以极小的控制能量为代价，使误差保持在零值附近。因而称为输出跟踪器问题。

6.2 状态调节器

状态调节器问题，就是要求系统的状态保持在平衡状态附近。当受扰偏离原零平衡状态时，要求产生一控制向量，使系统状态 $\boldsymbol{x}(t)$ 恢复到原平衡状态附近，并使性能指标极小。工业上的许多控制问题都属于这一类，如电网电压的控制，温度控制以及压力控制等。

对于线性定常系统，任何平衡状态通过线性变换均可转化为零状态。为方便起见，通常将系统的零状态取为平衡状态。

状态调节器问题按终端时刻 t_f 有限或无限分为有限时间的状态调节器问题和无限长时间的状态调节器问题。

6.2.1 有限时间状态调节器

如果系统是线性时变的，终端时刻 t_f 是有限的，则称为有限时间状态调节器，其最优解由如下定理给出。

定理 6-1　设线性时变系统的状态方程为

$$\dot{\boldsymbol{x}}(t)=\boldsymbol{A}(t)\boldsymbol{x}(t)+\boldsymbol{B}(t)\boldsymbol{u}(t),\boldsymbol{x}(t_0)=\boldsymbol{x}_0 \tag{6-6}$$

式中，$\boldsymbol{r}(t)$为 n 维状态向量；$\boldsymbol{u}(t)$为 r 维控制向量，且不受约束，$\boldsymbol{A}(t)$、$\boldsymbol{B}(t)$分别是 $n\times n$、$n\times r$ 维时变矩阵，其各元在$[t_0,t_f]$上连续且有界。使性能指标式(6-4)极小的最优控制 $\boldsymbol{u}^*(t)$存在的充分必要条件为

$$\boldsymbol{u}^*(t)=-\boldsymbol{R}^{\mathrm{T}}(t)\boldsymbol{B}^{\mathrm{T}}(t)\boldsymbol{P}(t)\boldsymbol{x}(t) \tag{6-7}$$

最优性能指标为

$$J^*=\frac{1}{2}\boldsymbol{x}^{\mathrm{T}}(t_0)\boldsymbol{P}(t_0)\boldsymbol{x}(t_0) \tag{6-8}$$

式中，$\boldsymbol{P}(t)$为 $n\times n$ 维对称非负定矩阵，满足下列黎卡提(Riccati)矩阵微分方程

$$-\dot{\boldsymbol{P}}(t)=\boldsymbol{P}(t)\boldsymbol{A}(t)+\boldsymbol{A}^{\mathrm{T}}(t)\boldsymbol{P}(t)-\boldsymbol{P}(t)\boldsymbol{B}(t)\boldsymbol{R}^{-1}\boldsymbol{B}^{\mathrm{T}}(t)\boldsymbol{P}(t)+\boldsymbol{Q}(t) \tag{6-9}$$

其终端边界条件为

$$\boldsymbol{P}(t_f)=\boldsymbol{F} \tag{6-10}$$

而最优曲线 $\boldsymbol{x}^*(t)$，则是下列线性向量微分方程的解：

$$\dot{\boldsymbol{x}}(t)=[\boldsymbol{A}(t)-\boldsymbol{B}(t)\boldsymbol{R}^{-1}(t)\boldsymbol{B}^{\mathrm{T}}(t)\boldsymbol{P}(t)]\boldsymbol{x}(t),\boldsymbol{x}(t_0)=\boldsymbol{x}_0 \tag{6-11}$$

证明：充分性：若式(6-7)成立，需证 $\boldsymbol{u}^*(t)$必为最优控制。

根据连续动态规划法中的哈密顿-雅可比方程有

$$-\frac{\partial J^*[\boldsymbol{x}(t),t]}{\partial t}=\min_{\boldsymbol{u}(t)}\left\{L[\boldsymbol{x}(t),\boldsymbol{u}(t),t]+\left[\frac{\partial J^*[\boldsymbol{x}(t),t]}{\partial \boldsymbol{x}(t)}\right]^{\mathrm{T}}\boldsymbol{f}[\boldsymbol{x}(t),\boldsymbol{u}(t),t]\right\} \tag{6-12}$$

代入线性时变系统的状态方程式(6-6)及状态调节器二次型性能指标式(6-4)，有

$$\begin{aligned}-\frac{\partial J^*[\boldsymbol{x}(t),t]}{\partial t}=\min_{\boldsymbol{u}(t)}\Bigg\{&\frac{1}{2}\boldsymbol{x}^{\mathrm{T}}(t)\boldsymbol{Q}(t)\boldsymbol{x}(t)+\frac{1}{2}\boldsymbol{u}^{\mathrm{T}}(t)\boldsymbol{R}(t)\boldsymbol{u}(t)\\&+\left[\frac{\partial J^*[\boldsymbol{x}(t),t]}{\partial \boldsymbol{x}(t)}\right]^{\mathrm{T}}[\boldsymbol{A}(t)\boldsymbol{x}(t)+\boldsymbol{B}(t)\boldsymbol{u}(t)]\Bigg\}\end{aligned} \tag{6-13}$$

式(6-13)两边分别对 $\boldsymbol{u}(t)$求偏导，考虑到 $J^*[\boldsymbol{x}(t),t]$仅依赖于 $\boldsymbol{x}(t)$和 t，则有

$$0=\boldsymbol{R}(t)\boldsymbol{u}(t)+\boldsymbol{B}^{\mathrm{T}}(t)\frac{\partial J^*[\boldsymbol{x}(t),t]}{\partial \boldsymbol{x}(t)}$$

即

$$\boldsymbol{u}^*(t)=-\boldsymbol{R}^{-1}(t)\boldsymbol{B}^{\mathrm{T}}(t)\frac{\partial J^*[\boldsymbol{x}(t),t]}{\partial \boldsymbol{x}(t)} \tag{6-14}$$

将式(6-14)代入式(6-13)，有

$$\begin{aligned}-\frac{\partial J^*[\boldsymbol{x}(t),t]}{\partial t}=&\frac{1}{2}\boldsymbol{x}^{\mathrm{T}}(t)\boldsymbol{Q}(t)\boldsymbol{x}(t)+\frac{1}{2}\left[\frac{\partial J^*[\boldsymbol{x}(t),t]}{\partial \boldsymbol{x}(t)}\right]^{\mathrm{T}}\boldsymbol{B}(t)\boldsymbol{R}^{-1}(t)\boldsymbol{B}^{\mathrm{T}}(t)\frac{\partial J^*[\boldsymbol{x}(t),t]}{\partial \boldsymbol{x}(t)}\\&+\boldsymbol{x}^{\mathrm{T}}(t)\boldsymbol{A}^{\mathrm{T}}(t)\frac{\partial J^*[\boldsymbol{x}(t),t]}{\partial \boldsymbol{x}(t)}-\left[\frac{\partial J^*[\boldsymbol{x}(t),t]}{\partial \boldsymbol{x}(t)}\right]^{\mathrm{T}}\boldsymbol{B}(t)\boldsymbol{R}^{-1}(t)\boldsymbol{B}^{\mathrm{T}}(t)\frac{\partial J^*[\boldsymbol{x}(t),t]}{\partial \boldsymbol{x}(t)}\\=&\frac{1}{2}\boldsymbol{x}^{\mathrm{T}}(t)\boldsymbol{Q}(t)\boldsymbol{x}(t)-\frac{1}{2}\left[\frac{\partial J^*[\boldsymbol{x}(t),t]}{\partial \boldsymbol{x}(t)}\right]^{\mathrm{T}}\boldsymbol{B}(t)\boldsymbol{R}^{-1}(t)\boldsymbol{B}^{\mathrm{T}}(t)\frac{\partial J^*[\boldsymbol{x}(t),t]}{\partial \boldsymbol{x}(t)}\\&+\boldsymbol{x}^{\mathrm{T}}(t)\boldsymbol{A}^{\mathrm{T}}(t)\frac{\partial J^*[\boldsymbol{x}(t),t]}{\partial \boldsymbol{x}(t)}\end{aligned} \tag{6-15}$$

由于性能指标函数是二次型的，所以可以假设其解具有如下形式，即

$$J^*[\boldsymbol{x}(t),t]=\frac{1}{2}\boldsymbol{x}^{\mathrm{T}}(t)\boldsymbol{P}(t)\boldsymbol{x}(t) \tag{6-16}$$

式中,$\boldsymbol{P}(t)$ 是 $n\times n$ 对称矩阵。

利用矩阵和向量的微分公式

$$\begin{cases}\dfrac{\partial}{\partial t}[\boldsymbol{x}^{\mathrm{T}}(t)\boldsymbol{P}(t)\boldsymbol{x}(t)]=\boldsymbol{x}^{\mathrm{T}}(t)\dot{\boldsymbol{P}}(t)\boldsymbol{x}(t) \quad (\boldsymbol{P}(t)\text{为对称阵})\\ \dfrac{\partial}{\partial \boldsymbol{x}(t)}[\boldsymbol{x}^{\mathrm{T}}(t)\boldsymbol{P}(t)\boldsymbol{x}(t)]=2\boldsymbol{x}^{\mathrm{T}}(t)\boldsymbol{P}(t)=2\boldsymbol{P}(t)\boldsymbol{x}(t)\end{cases}$$

可得

$$\begin{cases}\dfrac{\partial J^*[\boldsymbol{x}(t),t]}{\partial t}=\dfrac{1}{2}\boldsymbol{x}^{\mathrm{T}}(t)\dot{\boldsymbol{P}}(t)\boldsymbol{x}(t)\\ \dfrac{\partial J^*[\boldsymbol{x}(t),t]}{\partial \boldsymbol{x}(t)}=\boldsymbol{P}(t)\boldsymbol{x}(t)\end{cases} \tag{6-17}$$

代入式(6-15),则有

$$-\frac{1}{2}\boldsymbol{x}^{\mathrm{T}}(t)\dot{\boldsymbol{P}}(t)\boldsymbol{x}(t)=\frac{1}{2}\boldsymbol{x}^{\mathrm{T}}(t)\boldsymbol{Q}(t)\boldsymbol{x}(t)-\frac{1}{2}\boldsymbol{x}^{\mathrm{T}}(t)\boldsymbol{P}(t)\boldsymbol{B}(t)\boldsymbol{R}^{-1}(t)\boldsymbol{B}^{\mathrm{T}}(t)\boldsymbol{P}(t)\boldsymbol{x}(t)+\boldsymbol{x}^{\mathrm{T}}(t)\boldsymbol{A}^{\mathrm{T}}(t)\boldsymbol{P}(t)\boldsymbol{x}(t) \tag{6-18}$$

式(6-18)是一个二次型函数,可写成

$$\frac{1}{2}\boldsymbol{x}^{\mathrm{T}}(t)[\dot{\boldsymbol{P}}(t)+\boldsymbol{Q}(t)-\boldsymbol{P}(t)\boldsymbol{B}(t)\boldsymbol{R}^{-1}(t)\boldsymbol{B}^{\mathrm{T}}(t)\boldsymbol{P}(t)+2\boldsymbol{A}^{\mathrm{T}}(t)\boldsymbol{P}(t)]\boldsymbol{x}(t)=0 \tag{6-19}$$

因

$$\boldsymbol{A}^{\mathrm{T}}(t)\boldsymbol{p}(t)=\frac{1}{2}[\boldsymbol{A}^{\mathrm{T}}(t)\boldsymbol{P}(t)+\boldsymbol{P}(t)\boldsymbol{A}(t)]$$

将其代入式(6-19),则有

$$\frac{1}{2}\boldsymbol{x}^{\mathrm{T}}(t)[\dot{\boldsymbol{P}}(t)+\boldsymbol{Q}(t)-\boldsymbol{P}(t)\boldsymbol{B}(t)\boldsymbol{R}^{-1}(t)\boldsymbol{B}^{\mathrm{T}}(t)\boldsymbol{P}(t)+\boldsymbol{P}(t)\boldsymbol{A}(t)+\boldsymbol{A}^{\mathrm{T}}(t)\boldsymbol{P}(t)]\boldsymbol{x}(t)=0$$

对于非零 $\boldsymbol{x}(t)$,矩阵 $\boldsymbol{P}(t)$ 应满足如下黎卡提方程

$$\dot{\boldsymbol{P}}(t)+\boldsymbol{P}(t)\boldsymbol{A}(t)+\boldsymbol{A}^{\mathrm{T}}(t)\boldsymbol{P}(t)-\boldsymbol{P}(t)\boldsymbol{B}(t)\boldsymbol{R}^{-1}(t)\boldsymbol{B}^{\mathrm{T}}(t)\boldsymbol{P}(t)+\boldsymbol{Q}(t)=0$$

这是一个非线性矩阵微分方程,其边界条件推导如下。

当 $t=t_f$ 时,由式(6-4)和式(6-16),可得

$$J^*[\boldsymbol{x}(t_f),t_f]=\frac{1}{2}\boldsymbol{x}^{\mathrm{T}}(t_f)\boldsymbol{F}\boldsymbol{x}(t_f)=\frac{1}{2}\boldsymbol{x}^{\mathrm{T}}(t_f)\boldsymbol{P}(t_f)\boldsymbol{x}(t_f)$$

可得终端边界条件为

$$\boldsymbol{P}(t_f)=\boldsymbol{F}$$

最优控制由式(6-14)和式(6-17),得

$$\boldsymbol{u}^*(t)=-\boldsymbol{R}^{-1}(t)\boldsymbol{B}^{\mathrm{T}}(t)\boldsymbol{P}(t)\boldsymbol{x}(t) \tag{6-20}$$

最优曲线由式(6-6)和式(6-20),可得

$$\dot{\boldsymbol{x}}^*(t)=[\boldsymbol{A}(t)-\boldsymbol{B}(t)\boldsymbol{R}^{-1}(t)\boldsymbol{B}^{\mathrm{T}}(t)\boldsymbol{P}(t)]\boldsymbol{x}^*(t)$$

性能指标极小值由式(6-16),可得

$$J^*=\frac{1}{2}\boldsymbol{x}^{\mathrm{T}}(t_0)\boldsymbol{P}(t_0)\boldsymbol{x}(t_0)$$

必要性：若 $\boldsymbol{u}^*(t)$ 为最优控制，需证式(6-7)成立。

因 $\boldsymbol{u}^*(t)$ 为最优控制，故必满足极大值原理。构造哈密顿函数

$$H[\boldsymbol{x}(t),\boldsymbol{u}(t),\boldsymbol{\lambda}(t),t]=\frac{1}{2}\boldsymbol{x}^{\mathrm{T}}(t)\boldsymbol{Q}(t)\boldsymbol{x}(t)+\frac{1}{2}\boldsymbol{u}^{\mathrm{T}}(t)\boldsymbol{R}(t)\boldsymbol{u}(t)+\boldsymbol{\lambda}^{\mathrm{T}}(t)\boldsymbol{A}(t)\boldsymbol{x}(t)+\boldsymbol{\lambda}^{\mathrm{T}}(t)\boldsymbol{B}(t)\boldsymbol{u}(t)$$

考虑极值条件

$$\frac{\partial H}{\partial \boldsymbol{u}(t)}=\boldsymbol{R}(t)\boldsymbol{u}(t)+\boldsymbol{B}^{\mathrm{T}}(t)\boldsymbol{\lambda}(t)=0,\frac{\partial^2 H}{\partial \boldsymbol{u}^2(t)}=\boldsymbol{R}(t)>0$$

故

$$\boldsymbol{u}^*(t)=-\boldsymbol{R}^{-1}(t)\boldsymbol{B}^{\mathrm{T}}(t)\lambda(t) \tag{6-21}$$

可使哈密顿函数极小。

由正则方程

$$\dot{\boldsymbol{x}}(t)=\frac{\partial H}{\partial \boldsymbol{\lambda}(t)}=\boldsymbol{A}(t)\boldsymbol{x}(t)-\boldsymbol{B}(t)\boldsymbol{R}^{-1}(t)\boldsymbol{B}^{\mathrm{T}}(t)\boldsymbol{\lambda}(t) \tag{6-22}$$

$$\dot{\boldsymbol{\lambda}}(t)=-\frac{\partial H}{\partial \boldsymbol{x}(t)}=-\boldsymbol{Q}(t)\boldsymbol{x}(t)-\boldsymbol{A}^{\mathrm{T}}(t)\boldsymbol{\lambda}(t) \tag{6-23}$$

因终端 $\boldsymbol{x}(t_f)$ 自由，所以横截条件为

$$\boldsymbol{\lambda}(t_f)=\frac{\partial}{\partial \boldsymbol{x}(t_f)}\left[\frac{1}{2}\boldsymbol{x}^{\mathrm{T}}(t_f)\boldsymbol{F}\boldsymbol{x}(t_f)\right]=\boldsymbol{F}\boldsymbol{x}(t_f) \tag{6-24}$$

由于式(6-24)中 $\boldsymbol{\lambda}(t_f)$ 与 $\boldsymbol{x}(t_f)$ 存在线性关系，且正则方程又是线性的，因此可以假设

$$\boldsymbol{\lambda}(t)=\boldsymbol{P}(t)\boldsymbol{x}(t) \tag{6-25}$$

式中，$\boldsymbol{P}(t)$ 为待定矩阵。

对式(6-25)求导，得

$$\dot{\boldsymbol{\lambda}}(t)=\dot{\boldsymbol{P}}(t)\boldsymbol{x}(t)+\boldsymbol{P}(t)\dot{\boldsymbol{x}}(t) \tag{6-26}$$

根据式(6-22)、式(6-25)和式(6-26)，得

$$\dot{\boldsymbol{\lambda}}(t)=[\dot{\boldsymbol{P}}(t)+\boldsymbol{P}(t)\boldsymbol{A}(t)-\boldsymbol{P}(t)\boldsymbol{B}(t)\boldsymbol{R}^{-1}(t)\boldsymbol{B}^{\mathrm{T}}(t)\boldsymbol{P}(t)]\boldsymbol{x}(t) \tag{6-27}$$

将式(6-25)代入式(6-23)中，可得

$$\dot{\boldsymbol{\lambda}}(t)=-[\boldsymbol{Q}(t)+\boldsymbol{A}^{\mathrm{T}}(t)\boldsymbol{P}(t)]\boldsymbol{x}(t) \tag{6-28}$$

比较式(6-27)和式(6-28)，证得黎卡提方程式(6-9)成立。

在式(6-25)中，令 $t=t_f$，有

$$\boldsymbol{\lambda}(t_f)=\boldsymbol{P}(t_f)\boldsymbol{x}(t_f) \tag{6-29}$$

比较式(6-29)和式(6-24)，可证得黎卡提方程的边界条件式(6-10)成立。

因 $\boldsymbol{P}(t)$ 可解，将式(6-25)代入式(6-21)，证得 $\boldsymbol{u}^*(t)$ 表达式(6-6)成立。

将式(6-7)代入式(6-6)，得最优闭环系统方程式(6-11)，其解必为最优曲线 $\boldsymbol{x}^*(t)$。

由此可见，从二次型性能指标函数得出的最优控制是一状态反馈形式。

应该指出，对于有限时间状态调节器，上述定理推导过程中，对系统的稳定性、能控性或能观测性均无任何要求。

当$[t_0,t_f]$有限时，使二次型性能指标为最小的控制是状态线性反馈。然而只要其控制区间是有限的，此种线性反馈系统总是时变的。甚至当系统为定常时，即 $\boldsymbol{Q}$、$\boldsymbol{R}$、$\boldsymbol{A}$、$\boldsymbol{B}$ 均为常数矩阵时，这种线性反馈系统仍为时变的。

因为黎卡提方程是非线性的，一般无法求解析解，而只能用计算机求数值解，这时可用差分代替微分，即

$$\dot{\boldsymbol{P}}(t)=\frac{\mathrm{d}\boldsymbol{P}(t)}{\mathrm{d}t}\approx\frac{\boldsymbol{P}(t+\Delta t)-\boldsymbol{P}(t)}{\Delta t}$$

则黎卡提方程可写成

$$\boldsymbol{P}(t+\Delta t)=\boldsymbol{P}(t)+\Delta t[-\boldsymbol{P}(t)\boldsymbol{A}(t)-\boldsymbol{A}^{\mathrm{T}}(t)\boldsymbol{P}(t)+\boldsymbol{P}(t)\boldsymbol{B}(t)\boldsymbol{R}^{-1}(t)\boldsymbol{B}^{\mathrm{T}}(t)\boldsymbol{P}(t)-\boldsymbol{Q}(t)]$$

把 $\boldsymbol{P}(t_f)=\boldsymbol{F}$ 作为初始条件，从时间上以 $-\Delta t$ 为间隔逆向逐步求出各时刻的 $\boldsymbol{P}(t)$ 值。因为 $\boldsymbol{P}(t)$ 计算与状态变量无关，所以可以离线预先算出存储备用。

综上所述，状态调节器的设计步骤如下。

(1)根据系统要求和工程实际经验，选定加权矩阵 $\boldsymbol{F}$、$\boldsymbol{Q}(t)$、$\boldsymbol{R}(t)$；

(2)根据 $\boldsymbol{A}(t)$、$\boldsymbol{B}(t)$、$\boldsymbol{F}$、$\boldsymbol{Q}(t)$、$\boldsymbol{R}(t)$ 求解黎卡提矩阵微分方程，得矩阵 $\boldsymbol{P}(t)$；

$$-\dot{\boldsymbol{P}}(t)=\boldsymbol{P}(t)\boldsymbol{A}(t)+\boldsymbol{A}^{\mathrm{T}}(t)\boldsymbol{P}(t)-\boldsymbol{P}(t)\boldsymbol{B}(t)\boldsymbol{R}^{-1}\boldsymbol{B}^{\mathrm{T}}(t)t)\boldsymbol{P}(t)+\boldsymbol{Q}(t)$$

$$\boldsymbol{P}(t_f)=\boldsymbol{F}$$

(3)求最优控制 $\boldsymbol{u}^*(t)=-\boldsymbol{R}^{\mathrm{T}}(t)\boldsymbol{B}^{\mathrm{T}}(t)\boldsymbol{P}(t)\boldsymbol{x}(t)$；

(4)根据系统闭环状态的线性向量微分方程，求最优轨线 $\boldsymbol{x}^*(t)$；

$$\dot{\boldsymbol{x}}(t)=[\boldsymbol{A}(t)-\boldsymbol{B}(t)\boldsymbol{R}^{-1}(t)\boldsymbol{B}^{\mathrm{T}}(t)\boldsymbol{P}(t)]\boldsymbol{x}(t),\boldsymbol{x}(t_0)=\boldsymbol{x}_0$$

(5)计算最优性能指标 $J^*=\frac{1}{2}\boldsymbol{x}^{\mathrm{T}}(t_0)\boldsymbol{P}(t_0)\boldsymbol{x}(t_0)$。

例 6.1 设系统状态方程为

$$\begin{cases}\dot{x}_1(t)=x_2(t)\\ \dot{x}_2(t)=u(t)\end{cases}$$

初始条件为

$$x_1(0)=1,\ x_2(0)=0$$

性能指标为

$$J=\frac{1}{2}\int_0^{t_f}[x_1{}^2(t)+u^2(t)]\mathrm{d}t$$

式中，t_f 为某一给定值。试求最优控制 $u^*(t)$ 使 J 极小。

解：本例为有限时间状态调节器问题。由题意得

$$\boldsymbol{A}=\begin{bmatrix}0&1\\0&0\end{bmatrix},\boldsymbol{B}=\begin{bmatrix}0\\1\end{bmatrix},\boldsymbol{F}=0,\boldsymbol{Q}=\begin{bmatrix}1&0\\0&0\end{bmatrix},R=1$$

由黎卡提方程，有

$$-\dot{\boldsymbol{P}}(t)=\boldsymbol{P}(t)\boldsymbol{A}+\boldsymbol{A}^{\mathrm{T}}\boldsymbol{P}(t)-\boldsymbol{P}(t)\boldsymbol{B}R^{-1}\boldsymbol{B}^{\mathrm{T}}(t)+\boldsymbol{Q},\boldsymbol{P}(t_f)=\boldsymbol{F}$$

令

$$\boldsymbol{P}(t)=\begin{bmatrix}P_{11}(t)&P_{12}(t)\\P_{12}(t)&P_{22}(t)\end{bmatrix}$$

代入黎卡提方程，有

$$-\begin{bmatrix}\dot{P}_{11}(t)&\dot{P}_{12}(t)\\ \dot{P}_{12}(t)&\dot{P}_{22}(t)\end{bmatrix}=\begin{bmatrix}P_{11}(t)&P_{12}(t)\\P_{12}(t)&P_{22}(t)\end{bmatrix}\begin{bmatrix}0&1\\0&0\end{bmatrix}+\begin{bmatrix}0&0\\1&0\end{bmatrix}\begin{bmatrix}P_{11}(t)&P_{12}(t)\\P_{12}(t)&P_{22}(t)\end{bmatrix}$$

$$-\begin{bmatrix}P_{11}(t) & P_{12}(t)\\ P_{12}(t) & P_{22}(t)\end{bmatrix}\begin{bmatrix}0\\1\end{bmatrix}\begin{bmatrix}0 & 1\end{bmatrix}\begin{bmatrix}P_{11}(t) & P_{12}(t)\\ P_{12}(t) & P_{22}(t)\end{bmatrix}+\begin{bmatrix}1 & 0\\0 & 0\end{bmatrix}$$

整理，有

$$-\begin{bmatrix}\dot{P}_{11}(t) & \dot{P}_{12}(t)\\ \dot{P}_{12}(t) & \dot{P}_{22}(t)\end{bmatrix}=\begin{bmatrix}0 & P_{11}(t)\\0 & P_{12}(t)\end{bmatrix}+\begin{bmatrix}0 & 0\\ P_{11}(t) & P_{12}(t)\end{bmatrix}$$

$$-\begin{bmatrix}P_{12}^2(t) & P_{12}(t)P_{22}(t)\\ P_{12}(t)P_{22}(t) & P_{22}^2(t)\end{bmatrix}+\begin{bmatrix}1 & 0\\0 & 0\end{bmatrix}$$

得下列微分方程组和边界条件

$$\dot{P}_{11}(t)=-1+P_{12}{}^2(t)\qquad P_{11}(t_f)=0$$

$$\dot{P}_{12}(t)=-P_{11}+P_{12}(t)P_{22}(t)\qquad P_{12}(t_f)=0$$

$$\dot{P}_{22}(t)=-2P_{12}+P_{22}{}^2(t)\qquad P_{22}(t_f)=0$$

利用计算机逆时间方向求解上述微分方程组，可以得到 $\boldsymbol{P}(t)$，$t\in[0,t_f]$。

最优控制为

$$u^*(t)=-\boldsymbol{R}^{-1}\boldsymbol{B}^{\mathrm{T}}\boldsymbol{P}(t)\boldsymbol{x}(t)=-P_{12}(t)x_1(t)-P_{22}(t)x_2(t)$$

式中，$P_{12}(t)$ 和 $P_{22}(t)$ 随时间变化曲线如图 6－1 所示。

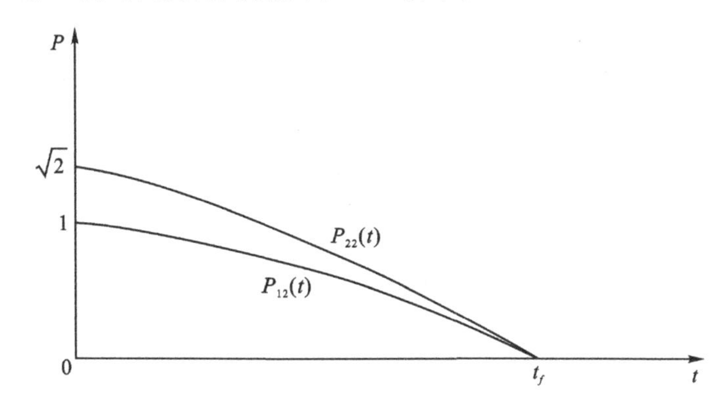

图 6－1　黎卡提方程解曲线

由于反馈系数 $P_{12}(t)$ 和 $P_{22}(t)$ 都是时变的，在设计系统时，需离线算出 $P_{12}(t)$ 和 $P_{22}(t)$ 的值，并存储于计算机内，以便实现控制时调用。

最优控制系统的结构图如图 6－2 所示。

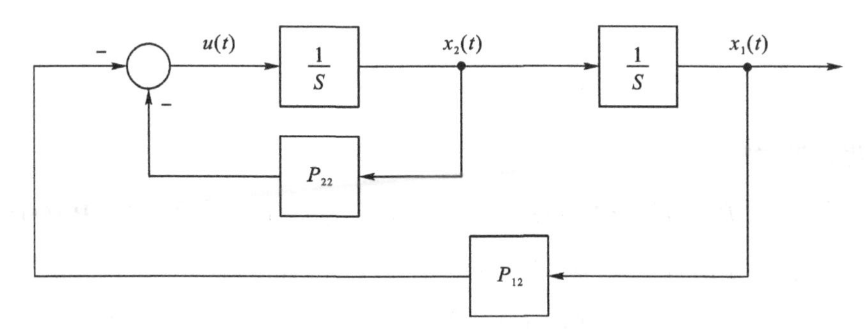

图 6－2　最优控制系统结构图

针对例 6.1 中的问题,同样可由 MATLAB 求解,命令如下。

```
*************************** %Ex6-1.mlx***************************
syms p11(t) p12(t) p22(t) A B F Q R x1(t) x2(t) u t tf;
%定义变量
A=[0,1;0,0];B=[0;1];
F=0;R=1;Q=[1,0;0,0];
x=[x1(t);x2(t)];x0=[1;0];
I=eye(2,2);
P=[p11,p12;p12,p22]
%求解黎卡提方程
eq=-diff(P,t)==(Q+P*A+A'*P-P*B*R^(-1)*B*P)
col=[p11(tf)==0 p12(tf)==0 p22(tf)==0]
%u
  u=-R^(-1)*B'*p*x
*************************** END ***************************
```

运行程序结果显示:

$$u(t)=-p_{12}(t)x_1(t)-p_{22}(t)x_2(t)$$

例 6.2 在拦截或交会问题中,设 $x_1(t)$ 与 $x_2(t)$ 分别表示相对位移与速度,且有

$$\begin{cases}\dot{x}_1(t)=x_2(t)\\ \dot{x}_2(t)=u(t)\end{cases}$$

求反馈控制 $u^*(t)$ 使

$$J=\frac{1}{2}Fx_2^2(t_f)+\frac{1}{2}\int_0^{t_f}u^2(t)\mathrm{d}t$$

取极小值。

解:由题意得

$$\boldsymbol{A}=\begin{bmatrix}0 & 1\\ 0 & 0\end{bmatrix},\boldsymbol{B}=\begin{bmatrix}0\\ 1\end{bmatrix},\boldsymbol{F}=\begin{bmatrix}0 & 0\\ 0 & F\end{bmatrix},\boldsymbol{Q}=0,R=1$$

由黎卡提方程,有

$$-\dot{\boldsymbol{P}}(t)=\boldsymbol{P}(t)\boldsymbol{A}+\boldsymbol{A}^{\mathrm{T}}\boldsymbol{P}(t)-\boldsymbol{P}(t)\boldsymbol{B}R^{-1}\boldsymbol{B}^{\mathrm{T}}\boldsymbol{P}(t)+\boldsymbol{Q},\boldsymbol{P}(t_f)=\boldsymbol{F}$$

令

$$\boldsymbol{P}(t)=\begin{bmatrix}P_{11}(t) & P_{12}(t)\\ P_{12}(t) & P_{22}(t)\end{bmatrix}$$

代入黎卡提方程,有

$$-\begin{bmatrix}\dot{P}_{11}(t) & \dot{P}_{12}(t)\\ \dot{P}_{12}(t) & \dot{P}_{22}(t)\end{bmatrix}=\begin{bmatrix}P_{11}(t) & P_{12}(t)\\ P_{12}(t) & P_{22}(t)\end{bmatrix}\begin{bmatrix}0 & 1\\ 0 & 0\end{bmatrix}+\begin{bmatrix}0 & 0\\ 1 & 0\end{bmatrix}\begin{bmatrix}P_{11}(t) & P_{12}(t)\\ P_{12}(t) & P_{22}(t)\end{bmatrix}$$

$$-\begin{bmatrix}P_{11}(t) & P_{12}(t)\\ P_{12}(t) & P_{22}(t)\end{bmatrix}\begin{bmatrix}0\\ 1\end{bmatrix}\begin{bmatrix}0 & 1\end{bmatrix}\begin{bmatrix}P_{11}(t) & P_{12}(t)\\ P_{12}(t) & P_{22}(t)\end{bmatrix}$$

整理,有

$$-\begin{bmatrix}\dot{P}_{11}(t) & \dot{P}_{12}(t)\\ \dot{P}_{12}(t) & \dot{P}_{22}(t)\end{bmatrix}=\begin{bmatrix}0 & P_{11}(t)\\ 0 & P_{12}(t)\end{bmatrix}+\begin{bmatrix}0 & 0\\ P_{11}(t) & P_{12}(t)\end{bmatrix}-\begin{bmatrix}P_{12}^2(t) & P_{12}(t)P_{22}(t)\\ P_{12}(t)P_{22}(t) & P_{22}^2(t)\end{bmatrix}$$

得下列微分方程组和边界条件

$$\dot{P}_{11}(t)=P_{12}{}^2(t) \qquad P_{11}(t_f)=0$$

$$\dot{P}_{12}(t)=-P_{11}+P_{12}(t)P_{22}(t) \qquad P_{12}(t_f)=0$$

$$\dot{P}_{22}(t)=-2P_{12}+P_{22}{}^2(t) \qquad P_{22}(t_f)=F$$

解黎卡提方程得

$$P_{11}(t)=P_{12}(t)=0$$

$$P_{22}(t)=\frac{1}{t_f-t+\dfrac{1}{F}}$$

故有

$$\begin{aligned}\boldsymbol{u}^*(t)&=-R^{-1}(t)\boldsymbol{B}^{\mathrm{T}}(t)\boldsymbol{P}(t)\boldsymbol{x}(t)\\&=-[0\quad 1]\begin{bmatrix}0 & 0\\ 0 & P_{22}\end{bmatrix}\begin{bmatrix}x_1\\ x_2\end{bmatrix}=-[0\quad P_{22}]\begin{bmatrix}x_1\\ x_2\end{bmatrix}\\&=-\frac{1}{t_f-t+\dfrac{1}{F}}x_2(t)\end{aligned}$$

针对例 6.2 中的问题,同样可由 MATLAB 求解,命令如下。

```
*************************** %Ex6-2.mlx**************************
syms p11 p12 p22  t tf A B Q F R x1(t) x2(t) u S;
%定义符号型(sym)变量
A=[0,1;0,0];B=[0;1];
R=1;Q=0;
x=[x1(t);x2(t)];x0=[1;0];
I=eye(2,2);
P=[p11,p12;p12,p22];
%求解黎卡提方程
f=Q+P*A+A'*P-P*B*R^(-1)*B'*P
f1=-f(1,1)
f2=-f(1,2)
s=solve(f1==0,f2==0);
%求解P
p11=s.p11
p12=s.p12
p=subs(P)
```

```
u=-R^(-1)*B'*p*x
syms  p11(t) p12(t) p22(t)
eqns3=diff_x(p22,t)==subs(f(2,2),{p12 p22 p11},{p(1,2) p22(t) p11(t)} )
col=p22(tf)==F
p22=dsolve(eqns3,col)
P=subs(p)
%最优控制 u(t)为
u=subs(u)
**************************** END ****************************
```

运行程序结果显示：

P=

$$\begin{pmatrix} 0 & 0 \\ 0 & \dfrac{1}{t-tf+\dfrac{1}{F}} \end{pmatrix}$$

u=

$$-\frac{x_2(t)}{t-tf+\dfrac{1}{F}}$$

6.2.2 无限长时间状态调节器

由上节可知，t_f有限时，增益矩阵 $\boldsymbol{P}(t)$是时变的，因而使系统结构变复杂，即使在一阶线性定常系统的情况下，黎卡提方程的解 $\boldsymbol{P}(t)$仍然是时间 t 的超越函数，反馈系统的时变性质正是由此产生的。但随 $t_f\rightarrow\infty$，$\boldsymbol{P}(t)$最终趋于一常数，而最优反馈时变系统也转化为定常系统。从工程观点看，这种状态调节器具有很大的实用价值。

如果终端时刻 $t_f\rightarrow\infty$，系统及性能指标中的各矩阵均为常数矩阵，则称为无限长时间状态调节器。若系统受扰偏离原平衡状态后，希望系统能最优地恢复到原平衡状态不产生稳态误差，则必须采用无限长时间状态调节器。

定理 6-2 设完全能控的线性定常系统的状态方程为

$$\dot{\boldsymbol{x}}(t)=\boldsymbol{A}(t)\boldsymbol{x}(t)+\boldsymbol{B}(t)\boldsymbol{u}(t),\boldsymbol{x}(t_0)=\boldsymbol{x}_0$$

和二次型性能指标

$$J=\frac{1}{2}\int_0^{\infty}[\boldsymbol{x}^{\mathrm{T}}(t)\boldsymbol{Q}\boldsymbol{x}(t)+\boldsymbol{u}^{\mathrm{T}}(t)\boldsymbol{R}\boldsymbol{u}(t)]\mathrm{d}t \tag{6-30}$$

式中，$\boldsymbol{x}(t)$为 n 维状态向量；$\boldsymbol{u}(t)$为 r 维控制向量，且不受约束；$\boldsymbol{A}$、$\boldsymbol{B}$ 分别是 $n\times n$、$n\times r$ 维常数矩阵；$\boldsymbol{Q}$ 为半正定 $n\times n$ 常数矩阵，且$(\boldsymbol{A},\boldsymbol{D})$为能观测矩阵，其中 $\boldsymbol{D}\boldsymbol{D}^{\mathrm{T}}=\boldsymbol{Q}$，且 $\boldsymbol{D}$ 任意；$\boldsymbol{R}$ 为正定 $r\times r$ 对称常数矩阵。

使性能指标式(6-30)极小的最优控制 $\boldsymbol{u}^*(t)$存在，且唯一地由下式确定

$$\boldsymbol{u}^*(t)=-\boldsymbol{R}^{-1}\boldsymbol{B}^{\mathrm{T}}\boldsymbol{P}\boldsymbol{x}(t)$$

式中，$\boldsymbol{P}=\lim\limits_{t\to\infty}\boldsymbol{P}(t)=$常数矩阵，是代数黎卡提方程

$$\boldsymbol{PA}+\boldsymbol{A}^{\mathrm{T}}\boldsymbol{P}-\boldsymbol{PBR}^{-1}\boldsymbol{B}^{\mathrm{T}}\boldsymbol{P}+\boldsymbol{Q}=0 \tag{6-31}$$

的解。

此时最优性能指标

$$J^*=\frac{1}{2}\boldsymbol{x}^{\mathrm{T}}(0)\boldsymbol{Px}(0)$$

最优曲线 $\boldsymbol{x}^*(t)$是下列闭环控制系统状态方程的解

$$\dot{\boldsymbol{x}}(t)=(\boldsymbol{A}-\boldsymbol{BR}^{-1}\boldsymbol{B}^{\mathrm{T}}\boldsymbol{P})\boldsymbol{x}(t) \tag{6-32}$$

对定理 6 - 2 的以上结论，做如下几点说明。

(1)利用 $\boldsymbol{P}=$常数矩阵，将时间有限时得到的黎卡提方程取极限，便可得到增益矩阵 $\boldsymbol{P}$，以及相关的结果。

(2)卡尔曼证明了在 $\boldsymbol{F}=0$，系统能控时，有 $\lim\limits_{t_f\to\infty}\boldsymbol{P}(t)=\boldsymbol{P}=$常数矩阵。

(3)式(6 - 32)所示最优闭环控制系统的最优闭环控制矩阵$(\boldsymbol{A}-\boldsymbol{BR}^{-1}\boldsymbol{B}^{\mathrm{T}}\boldsymbol{P})$必定具有负实部的特征值，而不管被控对象 $\boldsymbol{A}$ 是否稳定。这一点可利用反证法：假设闭环系统有一个或几个非负的实部，则必有一个或几个状态变量将不趋于零，因而性能指标函数将趋于无穷而得到证明。

(4)对不能控系统，有限长时间的最优控制仍然存在，因为控制作用的区间$[t_0,t_f]$是有限的，在此有限域内，不能控的状态变量引起的性能指标函数的变化是有限的。但对于 $t_f\to\infty$，为使性能指标函数在无限积分区间为有限量，则对系统提出了状态完全能控的要求。

(5)对于无限时间状态调节器，通常在性能指标中不考虑终端指标，取权阵 $\boldsymbol{F}=0$，其原因：一是希望 $t_f\to\infty$，$x(t)=0$，即要求稳态误差为零，因而在性能指标中不必加入体现终端指标的终值项；二是工程上仅参考系统在有限时间内的响应，因而 $t_f\to\infty$时的终端指标将失去工程意义。

(6)对于代数黎卡提方程 $\boldsymbol{P}(t)$的求取，根据代数黎卡提方程式(6 - 30)，可从 $\boldsymbol{P}(t_f)=0$ 为初始条件，时间上逆向。这种逆向过程，在 $t_f\to\infty$时，$\boldsymbol{P}(t)$趋于稳定值。

例 6.3　设系统状态方程和初始条件为

$$\begin{cases}\dot{x}_1(t)=u(t), & x_1(0)=0\\ \dot{x}_2(t)=x_1(t), & x_2(0)=1\end{cases}$$

性能指标为

$$J=\int_0^{\infty}\left[x_2{}^2(t)+\frac{1}{4}u^2(t)\right]\mathrm{d}t$$

试求最优控制 $u^*(t)$和最优性能指标 J^*。

解：本例为无限长时间定常状态调节器问题。因

$$J=\frac{1}{2}\int_0^{\infty}\left[2x_2{}^2(t)+\frac{1}{2}u^2(t)\right]\mathrm{d}t=\frac{1}{2}\int_0^{\infty}\left\{\begin{bmatrix}x_1 & x_2\end{bmatrix}\begin{bmatrix}0 & 0\\0 & 2\end{bmatrix}\begin{bmatrix}x_1\\x_2\end{bmatrix}+\frac{1}{2}u^2(t)\right\}\mathrm{d}t$$

故由题意，得

$$\boldsymbol{A}=\begin{bmatrix}0 & 0\\1 & 0\end{bmatrix},\boldsymbol{B}=\begin{bmatrix}1\\0\end{bmatrix},\boldsymbol{Q}=\begin{bmatrix}0 & 0\\0 & 2\end{bmatrix},R=\frac{1}{2}$$

因为

$$\mathrm{rank}[\boldsymbol{B} \quad \boldsymbol{AB}]=\mathrm{rank}\begin{bmatrix}1 & 0\\0 & 1\end{bmatrix}=2$$

故系统完全能控。

令 $\boldsymbol{DD}^{\mathrm{T}}=\boldsymbol{Q}$，得 $\boldsymbol{D}^{\mathrm{T}}=[0 \ \ \sqrt{2}]$，则有

$$\mathrm{rank}\begin{bmatrix}\boldsymbol{D}^{\mathrm{T}}\\\boldsymbol{D}^{\mathrm{T}}\boldsymbol{A}\end{bmatrix}=\mathrm{rank}\begin{bmatrix}0 & \sqrt{2}\\\sqrt{2} & 0\end{bmatrix}=2$$

故系统完全可观。综上，无限长时间状态调节器的最优控制 $\boldsymbol{u}^*(t)$存在。

令 $\boldsymbol{P}=\begin{bmatrix}P_{11} & P_{12}\\P_{12} & P_{22}\end{bmatrix}$，由黎卡提方程

$$\boldsymbol{PA}+\boldsymbol{A}^{\mathrm{T}}\boldsymbol{P}-\boldsymbol{PBR}^{-1}\boldsymbol{B}^{\mathrm{T}}\boldsymbol{P}+\boldsymbol{Q}=0$$

得

$$\begin{bmatrix}P_{11} & P_{12}\\P_{12} & P_{22}\end{bmatrix}\begin{bmatrix}0 & 0\\1 & 0\end{bmatrix}+\begin{bmatrix}0 & 1\\0 & 0\end{bmatrix}\begin{bmatrix}P_{11} & P_{12}\\P_{12} & P_{22}\end{bmatrix}-\begin{bmatrix}P_{11} & P_{12}\\P_{12} & P_{22}\end{bmatrix}\begin{bmatrix}1\\0\end{bmatrix}2[1 \quad 0]\begin{bmatrix}P_{11} & P_{12}\\P_{12} & P_{22}\end{bmatrix}+\begin{bmatrix}0 & 0\\0 & 2\end{bmatrix}=0$$

整理

$$\begin{bmatrix}P_{12} & 0\\P_{22} & 0\end{bmatrix}+\begin{bmatrix}P_{12} & P_{22}\\0 & 0\end{bmatrix}-2\begin{bmatrix}P_{11}^2 & P_{11}P_{12}\\P_{11}P_{12} & P_{12}^2\end{bmatrix}+\begin{bmatrix}0 & 0\\0 & 2\end{bmatrix}=0$$

得代数方程组

$$2P_{12}-2P_{11}{}^2=0$$
$$P_{22}-2P_{22}P_{12}=0$$
$$-2P_{12}{}^2+2=0$$

联立解得

$$\boldsymbol{P}=\begin{bmatrix}1 & 1\\1 & 2\end{bmatrix}>0$$

最优控制为

$$\boldsymbol{u}^*(t)=-\boldsymbol{R}^{-1}\boldsymbol{B}^{\mathrm{T}}\boldsymbol{P}\boldsymbol{x}(t)=-\boldsymbol{K}\boldsymbol{x}(t)=-2[1 \quad 0]\begin{bmatrix}1 & 1\\1 & 2\end{bmatrix}\boldsymbol{x}(t)$$
$$=-[2 \quad 2]\boldsymbol{x}(t)=-2x_1(t)-2x_2(t)$$

其中，$\boldsymbol{K}=\boldsymbol{R}^{-1}\boldsymbol{B}^{\mathrm{T}}\boldsymbol{P}=[2 \quad 2]$，称为反馈系数。

最优指标为

$$J^*[\boldsymbol{x}(t)]=\frac{1}{2}\boldsymbol{x}^{\mathrm{T}}(0)\boldsymbol{P}\boldsymbol{x}(0)=\frac{1}{2}[0 \quad 1]\begin{bmatrix}1 & 1\\1 & 2\end{bmatrix}\begin{bmatrix}0\\1\end{bmatrix}=1$$

闭环系统的状态方程为

$$\dot{\boldsymbol{x}}(t)=(\boldsymbol{A}-\boldsymbol{BR}^{-1}\boldsymbol{B}^{\mathrm{T}}\boldsymbol{P})\boldsymbol{x}(t)=(\boldsymbol{A}-\boldsymbol{BK})\boldsymbol{x}(t)$$
$$=\left(\begin{bmatrix}0 & 0\\1 & 0\end{bmatrix}-\begin{bmatrix}1\\0\end{bmatrix}[2 \quad 2]\right)\boldsymbol{x}(t)=\left(\begin{bmatrix}0 & 0\\1 & 0\end{bmatrix}-\begin{bmatrix}2 & 2\\0 & 0\end{bmatrix}\right)\boldsymbol{x}(t)$$

$$=\begin{bmatrix}-2 & -2\\1 & 0\end{bmatrix}\boldsymbol{x}(t)=\widetilde{\boldsymbol{A}}\boldsymbol{x}(t)$$

其特征方程为

$$\det(\lambda\boldsymbol{I}-\widetilde{\boldsymbol{A}})=\det\begin{bmatrix}\lambda+2 & 2\\-1 & \lambda\end{bmatrix}=\lambda^2+2\lambda+2=0$$

特征值为$\lambda_{1,2}=-1\pm j$,故闭环系统渐近稳定。

最优曲线为

$$\boldsymbol{x}(t)=\mathrm{e}^{\widetilde{A}}\boldsymbol{x}(0)$$

其中,状态转移矩阵

$$\mathrm{e}^{\widetilde{A}}=L^{-1}[(sI-\boldsymbol{A})^{-1}]=L^{-1}\left(\begin{bmatrix}s+2 & 2\\-1 & s\end{bmatrix}^{-1}\right)=L^{-1}\left(\frac{1}{s^2+2s+2}\begin{bmatrix}s & -2\\1 & s+2\end{bmatrix}\right)$$

$$=L^{-1}\left(\begin{bmatrix}\dfrac{(s+1)-1}{(s+1)^2+1^2} & -2\dfrac{1}{(s+1)^2+1^2}\\ \dfrac{1}{(s+1)^2+1^2} & \dfrac{(s+1)+1}{(s+1)^2+1^2}\end{bmatrix}\right)=\begin{bmatrix}\mathrm{e}^{-t}\cos t-\mathrm{e}^{-t}\sin t & -2\mathrm{e}^{-t}\sin t\\ \mathrm{e}^{-t}\sin t & \mathrm{e}^{-t}\cos t+\mathrm{e}^{-t}\sin t\end{bmatrix}$$

则最优曲线

$$\boldsymbol{x}^*(t)=\begin{bmatrix}x_1^*(t)\\x_2^*(t)\end{bmatrix}=\mathrm{e}^{\widetilde{A}}\begin{bmatrix}x_1(0)\\x_2(0)\end{bmatrix}=\begin{bmatrix}-2\mathrm{e}^{-t}\sin t\\ \mathrm{e}^{-t}\cos t+\mathrm{e}^{-t}\sin t\end{bmatrix}$$

最优控制

$$u^*(t)=-[2\quad 2]\boldsymbol{x}^*(t)=-2(-2\mathrm{e}^{-t}\sin t)-2(\mathrm{e}^{-t}\cos t+\mathrm{e}^{-t}\sin t)$$
$$=4\mathrm{e}^{-t}\sin t-2(\mathrm{e}^{-t}\cos t+\mathrm{e}^{-t}\sin t)=2\mathrm{e}^{-t}\sin t-2\mathrm{e}^{-t}\cos t$$

针对例6.3中的问题,可由MATLAB求解,代码如下。

```
****************************Ex6 - 3.mlx****************************
%定义符号型(sym)变量
syms lambd p11 p12 p22 A B F Q R x1(t) x2(t) x u S D d1 d2 t
assume(p11,{'real','positive'});assume(p12,{'real','positive'});assume(p22,{'real','
positive'});
assume(d1>=0);assume(d2>=0);assume(d3>=0);assume(d4>=0);
%状态方程和性能指标的系数矩阵
A=[0,0;1,0];B=[1;0];
R=1/2;Q=[0,0;0,2];
x(t)=[x1;x2];x0=[0;1];
I=eye(2,2);
%判断能控能观
n=max(size(A));
D=[d1;d2]; %D=sqrt(Q)
eqn=D*D.'==Q
```

```
[d1,d2]=solve(eqn,[d1,d2])
D=subs(D)
if (rank([B A * B])==n)&&(rank([D'; D' * A]==n))
    P=[p11,p12;p12,p22]
end
%求解黎卡提方程
s=solve(Q+P * A+A' * P-P * B * R^(-1) * B' * P==0);
p11=s.p11;
p12=s.p12;
p22=s.p22;
P=subs(P)
%最优控制 u(t)为
K=R^(-1) * B' * P
u=-K * x
%最优指标为
J=1/2 * x0' * P * x0
%求闭环特征值及最优曲线
A1=A-B * K
lambd=solve(det(lambd * I-A1)==0,lambd)
eA=ilaplace((S * I-A1)^(-1))
x=eA * x0
u=subs(u,[x1,x2],[x(1),x(2)])
%闭环系统状态曲线和控制曲线
fplot(x,[0,10])
hold on;
fplot(u,[0,10])
title('x(t) and u(t)')
xlabel('t');
ylabel('x1,x2,u');
text(1.5,-0.5,'x1');text(1,0.8, 'x2');text(1,0,'u');hold off;
************************** END **************************
```

程序运行结果：

$$P = \begin{pmatrix} 1 & 1 \\ 1 & 2 \end{pmatrix}$$

$$K = (2 \quad 2)$$

$$u(t) = -2x_1(t) - 2x_2(t)$$

$$J = 1$$

$$\text{lambd} = \begin{bmatrix} -1 - \text{i} \\ -1 + \text{i} \end{bmatrix}$$

$$\text{x} = \begin{bmatrix} -2\text{e}^{-\text{t}}\sin(\text{t}) \\ \text{e}^{-\text{t}}(\cos(\text{t}) + \sin(\text{t})) \end{bmatrix}$$

$$\text{u(t)} = 4\text{e}^{-\text{t}}\sin(\text{t}) - 2\text{e}^{-\text{t}}(\cos(\text{t}) + \sin(\text{t}))$$

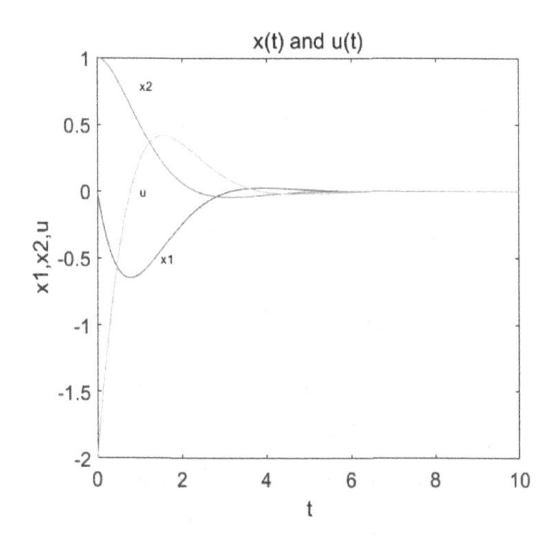

图 6-3　闭环系统状态曲线和控制曲线

6.2.3　状态反馈的线性二次型最优控制器的设计

设线性定常系统的状态空间表达式为

$$\begin{cases} \dot{\boldsymbol{x}}(t) = \boldsymbol{A}\boldsymbol{x}(t) + \boldsymbol{B}\boldsymbol{u}(t) \\ \boldsymbol{y}(t) = \boldsymbol{C}\boldsymbol{x}(t) \end{cases} \tag{6-33}$$

式中，$\boldsymbol{A}$ 为 $n \times n$ 阶矩阵；$\boldsymbol{B}$ 为 $n \times r$ 阶矩阵；$\boldsymbol{C}$ 为 $m \times n$ 阶矩阵。

设二次型性能指标为

$$J = \frac{1}{2}\boldsymbol{e}^{\mathrm{T}}(t_f)\boldsymbol{F}\boldsymbol{e}(t_f) + \frac{1}{2}\int_{t_0}^{t_f}[\boldsymbol{e}^{\mathrm{T}}(t)\boldsymbol{Q}(t)\boldsymbol{e}(t) + \boldsymbol{u}^{\mathrm{T}}(t)\boldsymbol{R}(t)\boldsymbol{u}(t)]\mathrm{d}t \tag{6-34}$$

式中，误差向量为 $\boldsymbol{e}(t) = \boldsymbol{y}(t) - \boldsymbol{y}_r(t)$；$\boldsymbol{y}(t)$为输出，$\boldsymbol{y}_r(t)$为理想输出；$\boldsymbol{Q}(t)$为 $m \times m$ 半正定实对称矩阵；$\boldsymbol{R}(t)$为 $r \times r$ 正定实对称矩阵。一般情况，假定 $\boldsymbol{Q}(t)$和 $\boldsymbol{R}(t)$为定常矩阵，它们分别决定了系统暂态误差与控制能量消耗之间的相对重要性；$\boldsymbol{F}$ 为对称半正定终端的加权阵，为常数。

当 $\boldsymbol{x}(t_f)$值固定时，则为终端控制问题。特别是当 $\boldsymbol{x}(t_f) = 0, \boldsymbol{C}(t) = 1, \boldsymbol{y}_r(t) = 0$ 时，则为状态调节器问题。此时有 $\boldsymbol{e}(t) = -\boldsymbol{y}(t) = -\boldsymbol{x}(t)$。

最优控制问题是为给定的线性系统式(6-33)寻找一个最优控制律 $\boldsymbol{u}^*(t)$，使系统从初始状态 $\boldsymbol{x}(t_0)$转移到终端状态 $\boldsymbol{x}(t_f)$，且满足性能指标式(6-34)最小。

由定理 6-2 可知，此时的最优控制为

$$\boldsymbol{u}^*(t) = -\boldsymbol{R}^{-1}\boldsymbol{B}^{\mathrm{T}}\boldsymbol{P}\boldsymbol{x}(t)$$

式中，$\boldsymbol{P}$ 为常数矩阵，满足代数黎卡提方程

$$\boldsymbol{PA}+\boldsymbol{A}^{\mathrm{T}}\boldsymbol{P}-\boldsymbol{PBR}^{-1}\boldsymbol{B}^{\mathrm{T}}\boldsymbol{P}+\boldsymbol{Q}=0 \tag{6-35}$$

因此得到的最优控制律为

$$\boldsymbol{u}^{*}(t)=-\boldsymbol{Kx}(t)$$

$$\boldsymbol{K}=\boldsymbol{R}^{-1}\boldsymbol{B}^{\mathrm{T}}\boldsymbol{P} \tag{6-36}$$

线性二次型最优控制器的结构框图如图 6-4 所示。

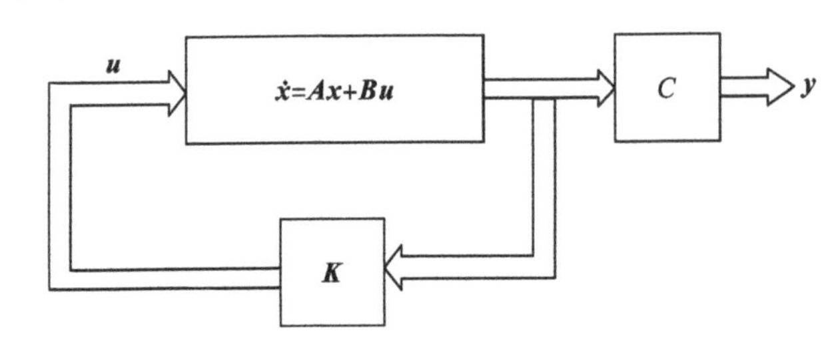

图 6-4　线性二次型最优控制器结构图

综上所述，由黎卡提方程求最优反馈系数阵 $\boldsymbol{K}$ 的步骤如下。

(1) 解黎卡提方程式(6-35)，求出矩阵 $\boldsymbol{P}$；

(2) 将矩阵 $\boldsymbol{P}$ 代入式(6-36)，求得最优状态反馈系数 $\boldsymbol{K}$。

求解代数黎卡提方程的算法有多种，在 MATLAB 中提供了基于舒尔(Schur)变换的黎卡提方程求解函数 are( )，调用格式为

$$\boldsymbol{P}=\mathrm{are}(\boldsymbol{A},\boldsymbol{V},\boldsymbol{Q})$$

式中，$\boldsymbol{A}$、$\boldsymbol{V}$、$\boldsymbol{Q}$ 矩阵满足下列的代数黎卡提方程

$$\boldsymbol{PA}+\boldsymbol{A}^{\mathrm{T}}\boldsymbol{P}-\boldsymbol{PVP}+\boldsymbol{Q}=\boldsymbol{0}$$

例 6.4　对于例 6.3 中的黎卡提方程的求解，可在 MATLAB 调用函数 are( ) 来完成。其求解代码如下。

```
*************************** Ex6-4.mlx***************************
%定义符号型(sym)变量
syms lambd p11 p12 p22 A B F Q R x1 x2 u S D d1 d2
assume(d1>=0);assume(d2>=0);
%状态方程和性能指标的系数矩阵
A=[0,0;1,0];B=[1;0];C=[0,0];D=0;
R=1/2;Q=[0,0;0,2];
x=[x1;x2];x0=[0;1];
I=eye(2,2);
%可控性和可观性
n=max(size(A))
D=[d1;d2] %D=sqrt(Q)
eqn=D*D.'==Q
[d1,d2]=solve(eqn,[d1,d2])
D=subs(D)
```

```
Ob=rank(obsv(A,D'))
Ctr=rank(ctrb(A,B))
%调用函数 are( )求解
if ((Ctr>=n)&&(Ob>=n))
   V=B*inv(R)*B'
   P=are(A,V,Q)
   K=inv(R)*B'*P
end
%最优控制 u 为
u=-K*x
%最优指标为
J=1/2*x0'*P*x0
%求特征值
A1=A-B*K;
Dx=A1*x;
lambd=solve(det(lambd*I-A1)==0,lambd)
*************************** END ***************************
```

程序运行结果：

```
P =2×2
    1.0000    1.0000
    1.0000    2.0000
K =1×2
    2.0000    2.0000
```

$u = -2x_1 - 2x_2$

J = 1.0000

lambd =

$$\begin{pmatrix} -1 & -\mathrm{i} \\ -1 & +\mathrm{i} \end{pmatrix}$$

MATLAB 的控制系统工具箱中也提供了解决线性二次型调节器最优控制的函数 lqr( )，可以直接求解二次型调节器问题及相关的黎卡提方程，调用格式为

$$[\boldsymbol{K},\ \boldsymbol{S},\ \boldsymbol{E}]=\mathrm{lqr}(\boldsymbol{A},\boldsymbol{B},\boldsymbol{Q},\boldsymbol{R})$$

式中，$\boldsymbol{A}$ 为系统矩阵；$\boldsymbol{B}$ 为控制矩阵；$\boldsymbol{Q}$、$\boldsymbol{R}$ 为性能指标的系数矩阵；$\boldsymbol{K}$ 为状态反馈矩阵；$\boldsymbol{S}$ 为黎卡提方程的唯一正定解 $\boldsymbol{P}$，$\boldsymbol{E}$ 为闭环系统的特征值。

例 6.5　对于例 6.3 中的二次型调节器最优控制问题，也可用 MATLAB 的函数 lgr( ) 来实现，其求解代码如下。

```
*************************** Ex6 - 5.mlx ***************************
%定义符号型(sym)变量
```

```
syms lambd p11 p12 p22 A B F Q R x1 x2 u S D d1 d2
assume(d1>=0);assume(d2>=0);
%系统方程和性能指标的系数矩阵
A=[0,0;1,0];B=[1;0];C=[0,0];D=0;
R=1/2;Q=[0,0;0,2];
x=[x1;x2];x0=[0;1];
I=eye(2,2);
%调用函数 lqr( )求解
[K,P,E]=lqr(A,B,Q,R)
*************************** END ***************************
```

程序运行结果：

```
K =1×2
    2.0000    2.0000
P =2×2
    1.0000    1.0000
    1.0000    2.0000
E =2×1 complex
   -1.0000 + 1.0000i
   -1.0000 - 1.0000i
```

例 6.6 已知系统的状态空间表达式为

$$\begin{cases} \dot{x}=\begin{bmatrix} 0 & 1 & 0 \\ 0 & 0 & 1 \\ 0 & -2 & -3 \end{bmatrix} x+\begin{bmatrix} 0 \\ 0 \\ 1 \end{bmatrix} u \\ y=\begin{bmatrix} 1 & 0 & 0 \end{bmatrix} x \end{cases}$$

求采用状态反馈 $u(t)=-\boldsymbol{K}\boldsymbol{x}(t)$，使性能指标

$$J=\int_0^{\infty}(\boldsymbol{x}^{\mathrm{T}}\boldsymbol{Q}\boldsymbol{x}+\boldsymbol{u}^{\mathrm{T}}R\boldsymbol{u})\mathrm{d}x$$

为最小的最优控制的状态反馈矩阵 $\boldsymbol{K}$。

式中

$$\boldsymbol{Q}=\begin{bmatrix} 100 & 0 & 0 \\ 0 & 1 & 0 \\ 0 & 0 & 1 \end{bmatrix}, R=1$$

解：采用状态反馈时的 MATLAB 求解代码如下。

```
*************************** Ex6 - 6.mlx ***************************
A=[0 1 0;0 0 1;0 -2 -3];B=[0;0;1];C=[1 0 0];D=0;
Q=diag([100,1,1]);R=1;
```

```
[K,P,E]=lqr(A,B,Q,R)

t=0:0.1:10;
[y,x,t]=step(A-B*K,B,C,D,1,t);
figure (1);
plot(t,y,'-k') % 状态反馈后系统输出的阶跃响应曲线
figure(2);
plot(t,x(:,1),'-k',t,x(:,2),'--r',t,x(:,3),':b') % 状态反馈后系统状态的响应曲线
*************************** END ***************************
```

程序运行结果：

```
K =1×3
   10.0000     8.4223     2.1812
P =3×3
   104.2225   51.8117   10.0000
   51.8117   37.9995    8.4223
   10.0000     8.4223     2.1812
E =3×1 complex
   -1.2467 + 1.4718i
   -1.2467 - 1.4718i
   -2.6878 + 0.0000i
```

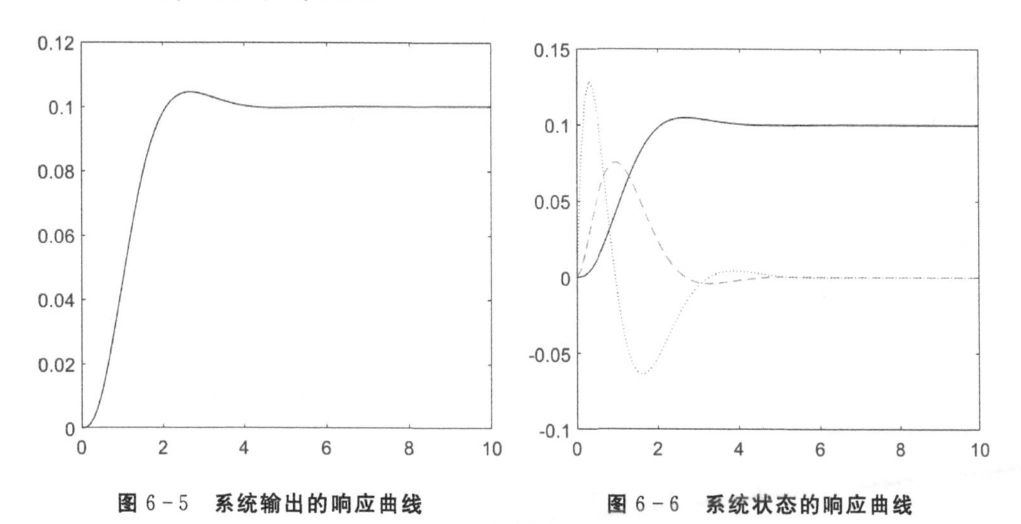

图6-5 系统输出的响应曲线　　图6-6 系统状态的响应曲线

由此闭环系统的3个极点均位于 s 的左半平面，因而系统是稳定的。实际上，由最优控制构成的闭环系统都是稳定的，因为它们是基于李雅普诺夫稳定性理论进行设计的。

6.3 输出调节器

输出调节器问题，就是要求系统的输出保持在平衡状态附近。当系统受扰偏离原输出平衡状态时，要求产生一控制向量，使系统输出 $\boldsymbol{y}(t)$保持在原平衡状态附近，并使性能指标极小。由于输出调节器问题可以转化成等效的状态调节器问题，那么所有对状态调节器成立的结论都可以推广到输出调节器问题。

按终端时刻 t_f有限或无限，将输出调节器问题分为有限时间的输出调节器问题和无限长时间的输出调节器问题。

6.3.1 有限时间输出调节器

如果系统是线性时变的，终端时刻 t_f是有限的，则这样的输出调节器称为有限时间输出调节器，其最优控制向量由如下定理给出。

定理 6-3 设线性时变系统的状态空间表达式为

$$\begin{cases}\dot{\boldsymbol{x}}(t)=\boldsymbol{A}(t)\boldsymbol{x}(t)+\boldsymbol{B}(t)\boldsymbol{u}(t),\boldsymbol{x}(t_0)=\boldsymbol{x}_0\\ \boldsymbol{y}(t)=\boldsymbol{C}(t)\boldsymbol{x}(t)\end{cases}$$

式中，$\boldsymbol{x}(t)$为 n 维状态向量；$\boldsymbol{u}(t)$为 r 维控制向量，且不受约束；$\boldsymbol{y}(t)$为 m 维输出向量；$\boldsymbol{A}(t)$、$\boldsymbol{B}(t)$、$\boldsymbol{C}(t)$分别是 $n\times n$、$n\times r$、$m\times n$ 维时变矩阵，其各元在$[t_0,t_f]$上连续有界，$(0<m\leqslant r\leqslant n)$。

则使性能指标式(6-5)极小的唯一的最优控制为

$$\boldsymbol{u}^*(t)=-\boldsymbol{R}^{-1}(t)\boldsymbol{B}^{\mathrm{T}}(t)\boldsymbol{P}(t)\boldsymbol{x}(t)$$

最优性能指标为

$$J^*=\frac{1}{2}\boldsymbol{x}^{\mathrm{T}}(t_0)\boldsymbol{P}(t_0)\boldsymbol{x}(t_0)$$

式中，$\boldsymbol{P}(t)$ 为对称非负定矩阵，满足下列黎卡提矩阵微分方程

$$-\dot{\boldsymbol{P}}(t)=\boldsymbol{P}(t)\boldsymbol{A}(t)+\boldsymbol{A}^{\mathrm{T}}(t)\boldsymbol{P}(t)-\boldsymbol{P}(t)\boldsymbol{B}(t)\boldsymbol{R}^{-1}(t)\boldsymbol{B}^{\mathrm{T}}(t)\boldsymbol{P}(t)+\boldsymbol{C}^{\mathrm{T}}(t)\boldsymbol{Q}(t)\boldsymbol{C}(t)$$

其终端边界条件为

$$\boldsymbol{P}(t_f)=\boldsymbol{C}^{\mathrm{T}}(t_f)\boldsymbol{F}\boldsymbol{C}(t_f)$$

最优曲线 $\boldsymbol{x}^*(t)$满足下列线性向量微分方程：

$$\dot{\boldsymbol{x}}(t)=[\boldsymbol{A}(t)-\boldsymbol{B}(t)\boldsymbol{R}^{-1}(t)\boldsymbol{B}^{\mathrm{T}}(t)\boldsymbol{P}(t)]\boldsymbol{x}(t),\boldsymbol{x}(t_0)=\boldsymbol{x}_0$$

证明：将输出方程 $\boldsymbol{y}(t)=\boldsymbol{C}(t)\boldsymbol{x}(t)$代入性能指标式(6-5)，得

$$J=\frac{1}{2}\boldsymbol{x}^{\mathrm{T}}(t_f)\boldsymbol{F}_1\boldsymbol{x}(t_f)+\frac{1}{2}\int_{t_0}^{t_f}[\boldsymbol{x}^{\mathrm{T}}(t)\boldsymbol{Q}_1(t)\boldsymbol{x}(t)+\boldsymbol{u}^{\mathrm{T}}(t)\boldsymbol{R}(t)\boldsymbol{u}(t)]\mathrm{d}t$$

式中

$$\boldsymbol{F}_1=\boldsymbol{C}^{\mathrm{T}}(t_f)\boldsymbol{F}\boldsymbol{C}(t_f),\boldsymbol{Q}_1(t)=\boldsymbol{C}^{\mathrm{T}}(t)\boldsymbol{Q}(t)\boldsymbol{C}(t)$$

因为 $\boldsymbol{F}=\boldsymbol{F}^{\mathrm{T}}\geqslant 0$，则

$$\boldsymbol{F}_1=\boldsymbol{F}_1{}^{\mathrm{T}}\geqslant 0$$

故有二次型函数 $\boldsymbol{F}_1=\boldsymbol{F}_1{}^{\mathrm{T}}\geqslant 0$，而 $\boldsymbol{Q}(t)=\boldsymbol{Q}^{\mathrm{T}}(t)\geqslant 0$，$\boldsymbol{R}(t)=\boldsymbol{R}^{\mathrm{T}}(t)>0$ 不变，由有限时间状态调节器的定理 6-1 知，本定理的全部结论成立。

由上述分析有如下结论。

(1)比较定理6-3与定理6-1可知,有限时间输出调节器的最优解与有限时间状态调节器的最优解,具有相同的最优控制与最优性能指标表达式,仅在黎卡提方程及其边界条件的形式上有微小的差别。

(2)最优输出调节器的最优控制函数,并不是输出量 $\boldsymbol{y}(t)$ 的线性函数,而仍然是状态向量 $\boldsymbol{x}(t)$ 的线性函数,表明构成最优控制系统,需要全部状态信息反馈。

(3)与有限时间状态调节器一样,甚至当系统为定常时,即 $\boldsymbol{Q}$、$\boldsymbol{R}$、$\boldsymbol{A}$、$\boldsymbol{B}$ 均为常数矩阵时,输出调节器的线性反馈系统仍为时变的。

6.3.2　无限长时间输出调节器

如果终端时刻 $t_f \to \infty$,系统及性能指标中的各矩阵为常数矩阵时,可得到定常的状态反馈控制律,则称为无限长时间输出调节器。

定理6-4　设完全能控和完全能观测的线性定常系统的状态空间表达式为

$$\begin{cases}\dot{\boldsymbol{x}}(t)=\boldsymbol{A}\boldsymbol{x}(t)+\boldsymbol{B}\boldsymbol{u}(t),\boldsymbol{x}(t_0)=\boldsymbol{x}_0\\ \boldsymbol{y}(t)=\boldsymbol{C}\boldsymbol{x}(t)\end{cases} \tag{6-37}$$

性能指标为

$$J=\frac{1}{2}\int_0^{\infty}[\boldsymbol{y}^{\mathrm{T}}(t)\boldsymbol{Q}\boldsymbol{y}(t)+\boldsymbol{u}^{\mathrm{T}}(t)\boldsymbol{R}\boldsymbol{u}(t)]\mathrm{d}t \tag{6-38}$$

式中,$\boldsymbol{x}(t)$ 为 n 维状态向量;$\boldsymbol{u}(t)$ 为 r 维控制向量,且不受约束;$\boldsymbol{y}(t)$ 为 m 维输出向量;$\boldsymbol{A}$、$\boldsymbol{B}$、$\boldsymbol{C}$ 分别为 $n\times n$、$n\times r$、$m\times n$ 的常数矩阵;$\boldsymbol{Q}$ 为半正定的 $m\times m$ 对称常数矩阵;$\boldsymbol{R}$ 为正定 $r\times r$ 对称常数矩阵。

则存在使性能指标式(6-38)极小的唯一最优控制为

$$\boldsymbol{u}^*(t)=-\boldsymbol{R}^{-1}\boldsymbol{B}^{\mathrm{T}}\boldsymbol{P}\boldsymbol{x}(t)$$

最优性能指标为

$$J^*=\frac{1}{2}\boldsymbol{x}^{\mathrm{T}}(0)\boldsymbol{P}\boldsymbol{x}(0)$$

式中,$\boldsymbol{P}$ 为对称正定常数矩阵,满足下列黎卡提矩阵代数方程

$$\boldsymbol{P}\boldsymbol{A}+\boldsymbol{A}^{\mathrm{T}}\boldsymbol{P}-\boldsymbol{P}\boldsymbol{B}\boldsymbol{R}^{-1}\boldsymbol{B}^{\mathrm{T}}\boldsymbol{P}+\boldsymbol{C}^{\mathrm{T}}\boldsymbol{Q}\boldsymbol{C}=0$$

最优曲线 $\boldsymbol{x}^*(t)$ 满足下列线性向量微分方程:

$$\dot{\boldsymbol{x}}(t)=[\boldsymbol{A}-\boldsymbol{B}\boldsymbol{R}^{-1}\boldsymbol{B}^{\mathrm{T}}\boldsymbol{P}]\boldsymbol{x}(t),\boldsymbol{x}(t_0)=\boldsymbol{x}_0$$

证明:将输出方程 $\boldsymbol{y}(t)=\boldsymbol{C}\boldsymbol{x}(t)$ 代入性能指标式(6-38),可得

$$J=\frac{1}{2}\int_0^{\infty}[\boldsymbol{x}^{\mathrm{T}}(t)\boldsymbol{Q}_1\boldsymbol{x}(t)+\boldsymbol{u}^{\mathrm{T}}(t)\boldsymbol{R}\boldsymbol{u}(t)]\mathrm{d}t$$

式中,$\boldsymbol{Q}_1=\boldsymbol{C}^{\mathrm{T}}\boldsymbol{Q}\boldsymbol{C}$

因 $\boldsymbol{Q}=\boldsymbol{Q}^{\mathrm{T}}\geqslant 0$,必有 $\boldsymbol{Q}_1=\boldsymbol{Q}_1{}^{\mathrm{T}}\geqslant 0$,而 $\boldsymbol{R}=\boldsymbol{R}^{\mathrm{T}}>0$ 仍然成立,由无限长时间状态调节器的定理6-2知,本定理的全部结论成立。

例6.7　设系统状态空间表达式为

$$\begin{cases}\dot{x}_1(t)=x_2(t), & x_1(0)=1\\ \dot{x}_2(t)=u(t), & x_2(0)=0\end{cases}$$

$$y(t)=x_1(t)$$

性能指标为

$$J=\frac{1}{4}\int_0^{\infty}[y^2(t)+u^2(t)]\mathrm{d}t$$

设计输出调节器,使性能指标为极小。

解:本例为无限长时间定常输出调节器问题。由题意知

$$\boldsymbol{A}=\begin{bmatrix}0 & 1\\0 & 0\end{bmatrix},\boldsymbol{B}=\begin{bmatrix}0\\1\end{bmatrix},\boldsymbol{C}=[1\quad 0],\boldsymbol{Q}=1,\boldsymbol{R}=1$$

因为

$$\mathrm{rank}[\boldsymbol{B}\quad \boldsymbol{AB}]=\mathrm{rank}\begin{bmatrix}0 & 1\\1 & 0\end{bmatrix}=2$$

$$\mathrm{rank}\begin{bmatrix}\boldsymbol{C}\\\boldsymbol{CA}\end{bmatrix}=\mathrm{rank}\begin{bmatrix}1 & 0\\0 & 1\end{bmatrix}=2$$

则系统完全能控和能观测,故无限长时间定常输出调节器的最优控制 $\boldsymbol{u}^*(t)$存在。

令 $\boldsymbol{P}=\begin{bmatrix}P_{11} & P_{12}\\P_{12} & P_{22}\end{bmatrix}$,由黎卡提方程

$$\boldsymbol{PA}+\boldsymbol{A}^{\mathrm{T}}\boldsymbol{P}-\boldsymbol{PBR}^{-1}\boldsymbol{B}^{\mathrm{T}}\boldsymbol{P}+\boldsymbol{C}^{\mathrm{T}}\boldsymbol{QC}=0$$

得

$$\begin{bmatrix}P_{11} & P_{12}\\P_{12} & P_{22}\end{bmatrix}\begin{bmatrix}0 & 1\\0 & 0\end{bmatrix}+\begin{bmatrix}0 & 0\\1 & 0\end{bmatrix}\begin{bmatrix}P_{11} & P_{12}\\P_{12} & P_{22}\end{bmatrix}-\begin{bmatrix}P_{11} & P_{12}\\P_{12} & P_{22}\end{bmatrix}\begin{bmatrix}0\\1\end{bmatrix}[0\quad 1]\begin{bmatrix}P_{11} & P_{12}\\P_{12} & P_{22}\end{bmatrix}+\begin{bmatrix}1\\0\end{bmatrix}[1\quad 0]=0$$

整理

$$\begin{bmatrix}0 & P_{11}\\0 & P_{12}\end{bmatrix}+\begin{bmatrix}0 & 0\\P_{11} & P_{12}\end{bmatrix}-\begin{bmatrix}P_{12}^2 & P_{11}P_{12}\\P_{11}P_{12} & P_{22}^2\end{bmatrix}+\begin{bmatrix}1 & 0\\0 & 0\end{bmatrix}=0$$

得代数方程组

$$-P_{12}+1=0$$
$$P_{11}-P_{12}P_{22}=0$$
$$P_{12}-P_{22}{}^2=0$$

得

$$\boldsymbol{P}=\begin{bmatrix}\sqrt{2} & 1\\1 & \sqrt{2}\end{bmatrix}>0$$

最优控制为

$$\begin{aligned}u^*(t)&=-\boldsymbol{R}^{-1}\boldsymbol{B}^{\mathrm{T}}\boldsymbol{Px}(t)=-\boldsymbol{Kx}(t)\\&=-[0\quad 1]\begin{bmatrix}\sqrt{2} & 1\\1 & \sqrt{2}\end{bmatrix}\boldsymbol{x}(t)=-[1\quad \sqrt{2}]\boldsymbol{x}(t)\\&=-x_1(t)-\sqrt{2}x_2(t)=-y(t)-\sqrt{2}\dot{y}(t)\end{aligned}$$

最优控制为

$$J^*=\frac{1}{2}\boldsymbol{x}^{\mathrm{T}}(0)\boldsymbol{Px}(0)=\frac{1}{2}[1\quad 0]\begin{bmatrix}\sqrt{2} & 1\\1 & \sqrt{2}\end{bmatrix}\begin{bmatrix}1\\0\end{bmatrix}=\frac{\sqrt{2}}{2}$$

闭环系统的状态方程为

$$\dot{\boldsymbol{x}}(t)=(\boldsymbol{A}-\boldsymbol{B}\boldsymbol{R}^{-1}\boldsymbol{B}^{\mathrm{T}}\boldsymbol{P})\boldsymbol{x}(t)=(\boldsymbol{A}-\boldsymbol{B}\boldsymbol{K})\boldsymbol{x}(t)$$

$$=\left(\begin{bmatrix}0&1\\0&0\end{bmatrix}-\begin{bmatrix}0\\1\end{bmatrix}\begin{bmatrix}1&\sqrt{2}\end{bmatrix}\right)\boldsymbol{x}(t)=\left[\begin{bmatrix}0&1\\0&0\end{bmatrix}-\begin{bmatrix}0&0\\1&\sqrt{2}\end{bmatrix}\right]\boldsymbol{x}(t)$$

$$=\begin{bmatrix}0&1\\-1&-\sqrt{2}\end{bmatrix}\boldsymbol{x}(t)=\tilde{\boldsymbol{A}}\boldsymbol{x}(t)$$

由闭环系统的特征方程

$$\det(\lambda I-\tilde{\boldsymbol{A}})=\det\begin{bmatrix}\lambda&-1\\1&\lambda+\sqrt{2}\end{bmatrix}=\lambda^2+\sqrt{2}\lambda+1=0$$

求得闭环系统特征值为 $\lambda_{1,2}=-\dfrac{\sqrt{2}}{2}\pm \mathrm{j}\dfrac{\sqrt{2}}{2}$,故闭环系统渐近稳定。

最优曲线为

$$\boldsymbol{x}(t)=\mathrm{e}^{\tilde{A}}\boldsymbol{x}(0)$$

其中,状态转移矩阵

$$\mathrm{e}^{\tilde{A}}=L^{-1}[(sI-\boldsymbol{A})-1]=L^{-1}\left(\begin{bmatrix}s&-1\\1&s+\sqrt{2}\end{bmatrix}^{-1}\right)=L^{-1}\left(\frac{1}{s^2+\sqrt{2}s+2}\begin{bmatrix}s+\sqrt{2}&1\\-1&s\end{bmatrix}\right)$$

$$=\begin{bmatrix}\mathrm{e}^{-\frac{\sqrt{2}}{2}t}\cos\frac{\sqrt{2}}{2}t+\mathrm{e}^{-\frac{\sqrt{2}}{2}t}\sin\frac{\sqrt{2}}{2}t & \sqrt{2}\,\mathrm{e}^{-\frac{\sqrt{2}}{2}t}\sin\frac{\sqrt{2}}{2}t\\ -\sqrt{2}\,\mathrm{e}^{-\frac{\sqrt{2}}{2}t}\sin\frac{\sqrt{2}}{2}t & \mathrm{e}^{-\frac{\sqrt{2}}{2}t}\cos\frac{\sqrt{2}}{2}t-\mathrm{e}^{-\frac{\sqrt{2}}{2}t}\sin\frac{\sqrt{2}}{2}t\end{bmatrix}$$

则最优曲线

$$\boldsymbol{x}^*(t)=\begin{bmatrix}x_1^*(t)\\x_2^*(t)\end{bmatrix}=\boldsymbol{e}^{\tilde{A}}\begin{bmatrix}x_1(0)\\x_2(0)\end{bmatrix}=\begin{bmatrix}\mathrm{e}^{-\frac{\sqrt{2}}{2}t}\cos\frac{\sqrt{2}}{2}t+\mathrm{e}^{-\frac{\sqrt{2}}{2}t}\sin\frac{\sqrt{2}}{2}t\\ -\sqrt{2}\,\mathrm{e}^{-\frac{\sqrt{2}}{2}t}\sin\frac{\sqrt{2}}{2}t\end{bmatrix}$$

最优输出曲线

$$y^*(t)=x_1^*(t)=\mathrm{e}^{-\frac{\sqrt{2}}{2}t}\cos\frac{\sqrt{2}}{2}t+\mathrm{e}^{-\frac{\sqrt{2}}{2}t}\sin\frac{\sqrt{2}}{2}t$$

最优控制

$$\boldsymbol{u}^*(t)=-\begin{bmatrix}1&\sqrt{2}\end{bmatrix}\boldsymbol{x}^*(t)=-x_1(t)-\sqrt{2}x_2(t)$$

$$=-\left(\mathrm{e}^{-\frac{\sqrt{2}}{2}t}\cos\frac{\sqrt{2}}{2}t+\mathrm{e}^{-\frac{\sqrt{2}}{2}t}\sin\frac{\sqrt{2}}{2}t\right)-\sqrt{2}\left(-\sqrt{2}\,\mathrm{e}^{-\frac{\sqrt{2}}{2}t}\sin\frac{\sqrt{2}}{2}t\right)$$

$$=-\mathrm{e}^{-\frac{\sqrt{2}}{2}t}\cos\frac{\sqrt{2}}{2}t+\mathrm{e}^{-\frac{\sqrt{2}}{2}t}\sin\frac{\sqrt{2}}{2}t$$

针对例 6.7 中的问题,可由 MATLAB 求解,代码如下。

```
*************************** Ex6 - 7.mlx ***************************
% 定义符号型(sym)变量
syms p11 p12 p22 lambd A B F Q R x1 x2 u U y dy s;
```

```
assume(p11,{'real','positive'});assume(p12,{'real','positive'});assume(p22,{'real','
positive'});
%系统方程和性能指标的系数矩阵
A=[0,1;0,0];B=[0;1];C=[1,0];D=0;
R=1;Q=1;
x=[x1;x2];x0=[1;0];
I=eye(2,2);
%判断能控能观
in=max(size(A));
if ((rank([B A*B])==n)&&(rank([C; C*A])==n))
    P=[p11,p12;p12,p22]
end
%求解黎卡提方程
s=solve(P*A+A'*P-P*B*R^(-1)*B'*P+C'*Q*C==0);
p11=s.p11;
p12=s.p12;
p22=s.p22;
P=subs(P)
%最优控制 u(t)为
K=R^(-1)*B'*P
u=-K*x
U=solve(U==subs(u,{x1,x2},{y,dy}),U)
%最优指标为
J=1/2*x0'*P*x0
%求闭环特征值及最优曲线
A1=A-B*K
lambd=solve(det(lambd*I-A1)==0,lambd)
eA=ilaplace((S*I-A1)^(-1));
eA=expand(eA)
x=eA*x0
y=C*x
u=subs(u,[x1,x2],[x(1),x(2)])
%闭环系统状态、输出以及控制曲线
fplot(x,[0,10])
hold on;
fplot(u,[0,10])
fplot(y,[0,10])
title('x(t), u(t) and y(t) ')
```

```
xlabel('t');
ylabel('x1,x2,y,u');
text(1,0.8,'x1=y');text(2,-0.2, 'x2');text(1.5,0,'u');
hold off;
***************************END***************************
```

程序运行结果：

$$P=\begin{bmatrix}\sqrt{2} & 1\\ 1 & \sqrt{2}\end{bmatrix}$$

$$K=(1\quad \sqrt{2})$$

$$u=-x_1-\sqrt{2}x_2$$

$$U=-y-\sqrt{2}\,dy$$

$$J=\frac{\sqrt{2}}{2}$$

$$\text{lambd}=\begin{bmatrix}\sqrt{2}\left(-\frac{1}{2}-\frac{1}{2}i\right)\\ \sqrt{2}\left(-\frac{1}{2}+\frac{1}{2}i\right)\end{bmatrix}$$

$$x=\left(e^{-\frac{\sqrt{2}}{2}t}\cos\left(\frac{\sqrt{2}t}{2}\right)+e^{-\frac{\sqrt{2}}{2}t}\sin\left(\frac{\sqrt{2}t}{2}\right)-\sqrt{2}e^{-\frac{\sqrt{2}}{2}t}\sin\left(\frac{\sqrt{2}t}{2}\right)\right)$$

$$y=e^{-\frac{\sqrt{2}}{2}t}\cos\left(\frac{\sqrt{2}t}{2}\right)+e^{-\frac{\sqrt{2}}{2}t}\sin\left(\frac{\sqrt{2}t}{2}\right)$$

$$u=e^{-\frac{\sqrt{2}}{2}t}\sin\left(\frac{\sqrt{2}t}{2}\right)-e^{-\frac{\sqrt{2}}{2}t}\cos\left(\frac{\sqrt{2}t}{2}\right)$$

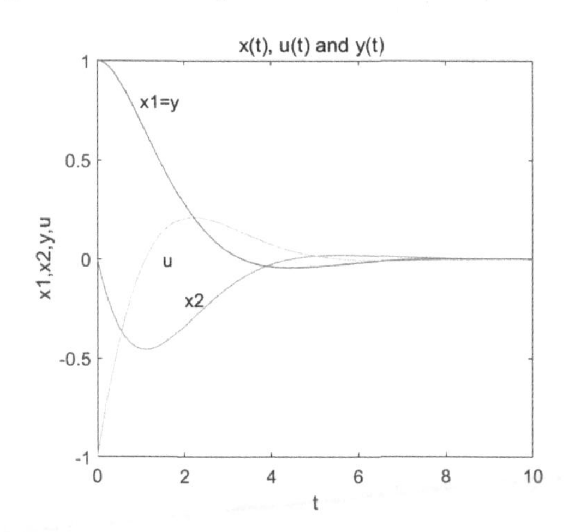

图 6-7　闭环系统的状态曲线、输出曲线和控制曲线

6.3.3　输出反馈的线性二次型的最优控制器的设计

在实际应用中，并不是所有的状态变量都是可测的，但是系统的输出量缺少可测量的，因此，可利用输出反馈构成二次型指标的最优控制。

由式(6-37)描述的完全能控和完全能观的线性定常系统，输出最优反馈控制

$$\boldsymbol{u}(t)=-\boldsymbol{K}_0 y(t)=-\boldsymbol{K}_0\boldsymbol{C}\boldsymbol{x}(t)$$

其中，$\boldsymbol{K}_0$ 为最优反馈增益阵。使性能指标

$$J=\int_0^{\infty}(\boldsymbol{y}^{\mathrm{T}}\boldsymbol{Q}\boldsymbol{y}+\boldsymbol{u}^{\mathrm{T}}\boldsymbol{R}\boldsymbol{u})\mathrm{d}t$$

取极小，且闭环系统

$$\dot{\boldsymbol{x}}(t)=[\boldsymbol{A}-\boldsymbol{B}\boldsymbol{K}_0\boldsymbol{C}]\boldsymbol{x}(t),\boldsymbol{x}(t_0)=\boldsymbol{x}_0$$

渐进稳定。

MATLAB 的控制系统工具箱中也提供了解决线性二次型输出调节器最优控制的函数 lqry( )，用于求解线性二次型输出调节器问题及相关的黎卡提方程，调用格式为

$$[\boldsymbol{K}_0,\boldsymbol{S},\boldsymbol{E}]=\mathrm{lqry}(\boldsymbol{A},\boldsymbol{B},\boldsymbol{C},\boldsymbol{D},\boldsymbol{Q},\boldsymbol{R})$$

式中，$\boldsymbol{A}$ 为系统矩阵；$\boldsymbol{B}$ 为控制矩阵；$\boldsymbol{C}$ 为输出矩阵；$\boldsymbol{D}$ 为直接传递矩阵；$\boldsymbol{Q}$、$\boldsymbol{R}$ 为性能指标的系数矩阵；$\boldsymbol{K}_0$ 为输出反馈矩阵；$\boldsymbol{S}$ 为黎卡提方程的唯一正定解 $\boldsymbol{P}$；$\boldsymbol{E}$ 为闭环系统的特征值。

例 6.8 对于例 6.7 中的输出调节器最优控制问题，也可用 MATLAB 的函数 lqry( )来实现，其求解代码如下。

```
*************************** Ex6-8.mlx***************************
A=[0,1;0,0];B=[0;1];C=[1,0];D=0;
R=1;Q=1;
[K,P,E]=lqry(A,B,C,D,Q,R)
%输出反馈后系统的阶跃响应曲线
t=0:0.1:10;
figure(1); step(A-B*K,B,C,D,1,t);
%原系统输出的阶跃响应曲线
figure(2); step(A,B,C,D,1,t);
*************************** END***************************
```

程序运行结果：

```
K =1×2
    1.0000    1.4142
P =2×2
    1.4142    1.0000
    1.0000    1.4142
E =2×1 complex
    -0.7071 + 0.7071i
    -0.7071 - 0.7071i
```

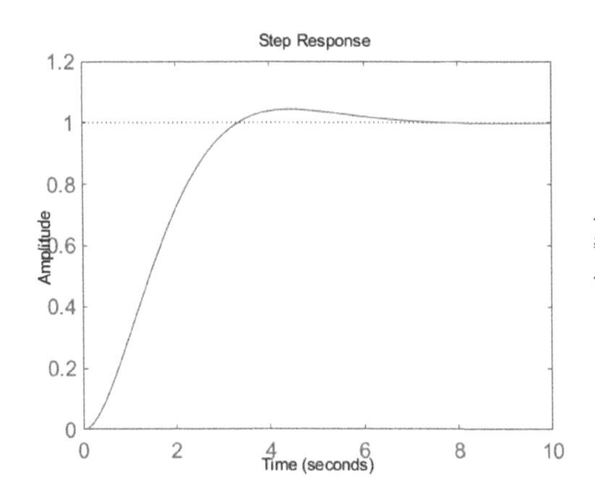

图 6-8　输出反馈后系统的阶跃响应曲线

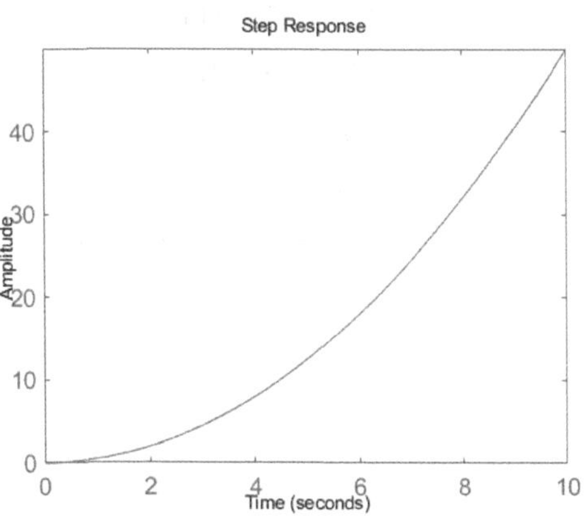

图 6-9　原系统输出的阶跃响应曲线

例 6.9　已知系统的状态空间表达式为

$$\dot{x}=\begin{bmatrix}0 & 1 & 0\\ 0 & 0 & 1\\ 0 & -2 & -3\end{bmatrix}x+\begin{bmatrix}0\\ 0\\ 1\end{bmatrix}u$$

$$y=\begin{bmatrix}1 & 0 & 0\end{bmatrix}x$$

求采用输出反馈 $u(t)=-\boldsymbol{K}_0 y(t)$，使性能指标

$$J=\int_0^{\infty}(y^{\mathrm{T}}Qy+u^{\mathrm{T}}Ru)\mathrm{d}t$$

为最小的最优控制的输出反馈矩阵 $\boldsymbol{K}_0$。式中，$Q=100, R=1$。

解：本例为无限长时间输出调节器问题。采用 MATLAB 的函数 lqry( )来实现，其求解代码如下。

```
* *************************** Ex6-9.mlx***************************
A=[0 1 0;0 0 1;0 -2 -3];B=[0;0;1];C=[1 0 0];D=0;
Q=diag([100]);R=1;
[K0,P,E]=lqry(A,B,C,D,Q,R) % Ex6-12.mlx
% 输出反馈后系统输出的阶跃响应曲线
t=0:0.1:10;
figure(1);step(A-B*K0,B,C,D,1,t);
% 原系统输出的阶跃响应曲线
figure(2);step(A,B,C,D,1,t);
**************************** END ***************************
```

程序运行结果：

```
K0 =1×3
    10.0000    8.2459    2.0489
P =3×3
    102.4592   50.4894   10.0000
```

```
    50.4894    35.7311     8.2459
    10.0000     8.2459     2.0489
E=3×1 complex
    -1.2345 + 1.5336i
    -1.2345 - 1.5336i
    -2.5800 + 0.0000i
```

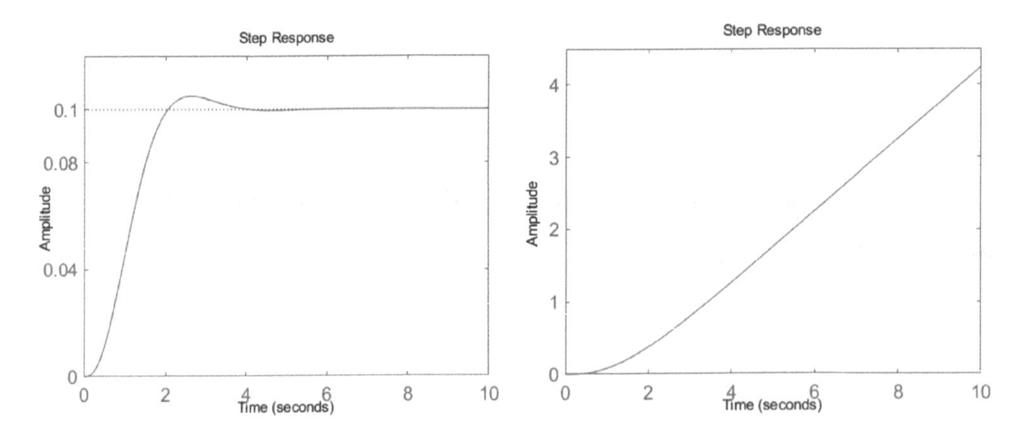

图 6-10　输出反馈后系统的阶跃响应曲线　　　　图 6-11　原系统输出的阶跃响应曲线

由输出反馈前后系统的阶跃响应可知,最优控制施加之后该系统的响应有了明显的改善,通过调节 $\boldsymbol{Q}$ 和 $\boldsymbol{R}$ 加权矩阵还可进一步改善系统的输出响应。

例 6.10　已知可控直流电源供电给直流电机传动系统的结构图如图 6-12 所示。

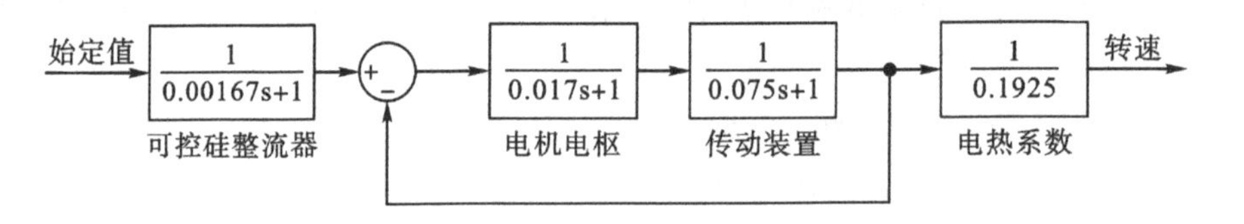

图 6-12　可控整流装置供电给直流电机传动系统的结构图

对系统分别进行最优状态反馈与输出反馈控制。试求采用状态反馈 $u(t)=-\boldsymbol{K}\boldsymbol{x}(t)$,使性能指标

$$J=\int_0^{\infty}(\boldsymbol{x}^{\mathrm{T}}\boldsymbol{Q}\boldsymbol{x}+u^{\mathrm{T}}Ru)\mathrm{d}x$$

为最小的最优控制的状态反馈矩阵 $\boldsymbol{K}$,式中

$$\boldsymbol{Q}=\begin{bmatrix}1000 & 0 & 0\\ 0 & 1 & 0\\ 0 & 0 & 1\end{bmatrix},R=1$$

试求采用输出反馈 $u(t)=-\boldsymbol{K}_0 y(t)$,使性能指标

$$J=\int_0^{\infty}(y^{\mathrm{T}}Q_0 y+u^{\mathrm{T}}Ru)\mathrm{d}t$$

为最小的最优控制的输出反馈矩阵 $\boldsymbol{K}_0$,式中,$Q_0=1000,R=1$。

解:(1) 按图 6-13 建立系统的 Simulink 仿真结构图,并以文件名 Ex6_10. mdl 保存。

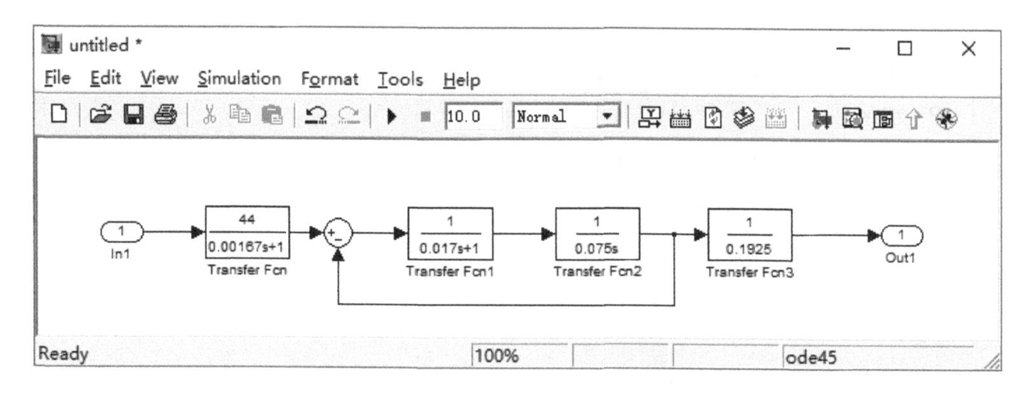

图 6-13　系统的 Simulink 仿真结构图

(2)MATLAB 求解代码如下。

```
*************************** Ex6-10.mlx ***************************
%将系统结构图转换为状态空间表达式
[A,B,C,D]=linmod2('Ex610')
%求二次型最优控制系统的状态反馈矩阵
Q=diag([1000,1,1]);R=1;
[K,P,E]=lqr(A,B,Q,R)
t=0:0.1:10;
figure(1); step(A-B*K,B,C,D);    %状态反馈后系统输出的阶跃响应曲线
%求二次型最优控制系统的输出反馈矩阵
Q0=1000;R=1;
[K0,P0,E0]=lqry(A,B,C,D,Q0,R)
figure(2); step(A-B*K0,B,C,D); %输出反馈后系统输出的阶跃响应曲线
*************************** END ***************************
```

程序运行结果:

```
A =3×3
10⁴×
         0          0     0.0059
         0    -0.0599          0
   -0.0013     2.6347    -0.0059
B=3×1
     0
     1
     0
C =1×3
   69.2641        0        0
```

```
D = 0
K =1×3
   31.1506   337.0313     9.8154
P =3×3
   6.3775    31.1506     1.1114
  31.1506   337.0313     9.8154
   1.1114     9.8154     0.3010
E =3×1 complex
10²×
   -1.9157 + 2.0845i
   -1.9157 - 2.0845i
   -6.1152 + 0.0000i
K0 =1×3
10³×
   2.1888     2.4266     0.1669
P0 =3×3
10³×
   6.4650     2.1888     0.2514
   2.1888     2.4266     0.1669
   0.2514     0.1669     0.0147
E0 =3×1 complex
10³×
   -0.7699 + 1.2670i
   -0.7699 - 1.2670i
   -1.5445 + 0.0000i
```

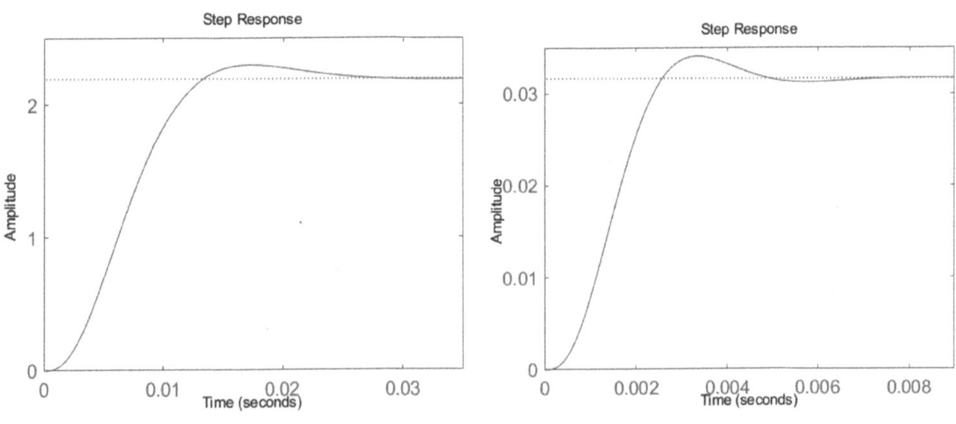

图 6-14 状态反馈后系统的阶跃响应曲线 **图 6-15 输出反馈后系统的阶跃响应曲线**

由图 6-14 和图 6-15 可知，采用状态反馈的闭环系统的单位阶跃响应的超调量较小，并且超调后单调衰减；而采用输出反馈的闭环系统的单位阶跃响应的超调量要比状态反馈的闭环系统的大，且有一次振荡，峰值时间也短。因此，状态反馈确实为最优控制，而输出反馈仅为次优控制。

6.4　输出跟踪器

当 $\boldsymbol{C}(t)\neq\boldsymbol{I},\boldsymbol{y}_r(t)\neq 0$ 时，线性二次型最优控制问题称为输出跟踪器问题。此时，当理想输出向量 $\boldsymbol{y}_r(t)$作用于系统时，要求系统产生一控制向量 $\boldsymbol{u}(t)$，使系统实际输出向量 $\boldsymbol{y}(t)$始终跟踪 $\boldsymbol{y}_r(t)$的变化，并使性能指标式(6－3)极小。也就是说以极小的控制能量为代价，使误差保持在零值附近。

按终端时刻 t_f有限或无限，将输出跟踪器问题分为有限时间的输出跟踪器问题和无限长时间的输出跟踪器问题。

6.4.1　有限时间输出跟踪器

如果系统是线性时变的，终端时刻 t_f 是有限的，则称为有限时间输出跟踪器。

定理 6－5　设线性时变系统的状态空间表达式为

$$\begin{cases}\dot{\boldsymbol{x}}(t)=\boldsymbol{A}(t)\boldsymbol{x}(t)+\boldsymbol{B}(t)\boldsymbol{u}(t),\boldsymbol{x}(t_0)=\boldsymbol{x}_0\\ \boldsymbol{y}(t)=\boldsymbol{C}(t)\boldsymbol{x}(t)\end{cases}\tag{6-39}$$

性能指标为

$$J=\frac{1}{2}\boldsymbol{e}^{\mathrm{T}}(t_f)\boldsymbol{F}\boldsymbol{e}(t_f)+\frac{1}{2}\int_0^{\infty}[\boldsymbol{e}^{\mathrm{T}}(t)\boldsymbol{Q}(t)\boldsymbol{e}(t)+\boldsymbol{u}^{\mathrm{T}}(t)\boldsymbol{R}(t)\boldsymbol{u}(t)]\mathrm{d}t\tag{6-40}$$

式中，$\boldsymbol{x}(t)$为 n 维状态向量；$\boldsymbol{u}(t)$为 r 维控制向量，且不受约束；$\boldsymbol{y}(t)$为 m 维输出向量$(0<m\leqslant r\leqslant n)$；输出误差向量 $\boldsymbol{e}(t)=\boldsymbol{y}_r(t)-\boldsymbol{y}(t)$；$\boldsymbol{y}_r(t)$为 m 维理想输出向量；矩阵 $\boldsymbol{A}(t)$、$\boldsymbol{B}(t)$、$\boldsymbol{C}(t)$分别是 $n\times n$、$n\times r$、$m\times n$ 维时变矩阵；$\boldsymbol{F}$ 为半正定的 $m\times m$ 维常数矩阵；$\boldsymbol{Q}(t)$为半正定的 $m\times m$ 维对称矩阵；$\boldsymbol{R}(t)$为正定 $r\times r$ 维对称矩阵；$\boldsymbol{A}(t)$、$\boldsymbol{B}(t)$、$\boldsymbol{C}(t)$、$\boldsymbol{Q}(t)$、$\boldsymbol{R}(t)$各元在$[t_0,t_f]$上连续有界，t_f固定。则使性能指标式(6－40)为极小的最优解如下。

1. 最优控制

$$\boldsymbol{u}^*(t)=-\boldsymbol{R}^{-1}(t)\boldsymbol{B}^{\mathrm{T}}(t)[\boldsymbol{P}(t)\boldsymbol{x}(t)-\boldsymbol{g}(t)]\tag{6-41}$$

式中，$\boldsymbol{P}(t)$为 $n\times n$ 维对称非定实矩阵，满足如下黎卡提矩阵微分方程：

$$-\dot{\boldsymbol{P}}(t)=\boldsymbol{P}(t)\boldsymbol{A}(t)+\boldsymbol{A}^{\mathrm{T}}(t)\boldsymbol{P}(t)-\boldsymbol{P}(t)\boldsymbol{B}(t)\boldsymbol{R}^{-1}(t)\boldsymbol{B}^{\mathrm{T}}(t)\boldsymbol{P}(t)+\boldsymbol{C}^{\mathrm{T}}(t)\boldsymbol{Q}(t)\boldsymbol{C}(t)\tag{6-42}$$

及终端边界条件

$$\boldsymbol{P}(t_f)=\boldsymbol{C}^{\mathrm{T}}(t_f)\boldsymbol{F}\boldsymbol{C}(t_f)\tag{6-43}$$

式(6－41)中，$\boldsymbol{g}(t)$为 n 维伴随向量，满足向量微分方程

$$-\dot{\boldsymbol{g}}(t)=[\boldsymbol{A}(t)-\boldsymbol{B}(t)\boldsymbol{R}^{-1}(t)\boldsymbol{B}^{\mathrm{T}}(t)\boldsymbol{P}(t)]\boldsymbol{g}(t)+\boldsymbol{C}^{\mathrm{T}}(t)\boldsymbol{Q}(t)\boldsymbol{y}_r(t)\tag{6-44}$$

及终端边界条件

$$\boldsymbol{g}(t_f)=\boldsymbol{C}^{\mathrm{T}}(t_f)\boldsymbol{F}\boldsymbol{y}_r(t_f)\tag{6-45}$$

2. 最优性能指标

$$J^* = \frac{1}{2}\boldsymbol{x}^{\mathrm{T}}(t_0)\boldsymbol{P}\boldsymbol{x}(t_0) - \boldsymbol{g}^{\mathrm{T}}(t_0)\boldsymbol{x}(t_0) + \varphi(t_0)$$

式中，函数 $\varphi(t)$ 满足微分方程

$$\dot{\varphi}(t) = -\frac{1}{2}\boldsymbol{y}_r^{\mathrm{T}}(t)\boldsymbol{Q}(t)\boldsymbol{y}_r(t)\varphi(t) - \boldsymbol{g}^{\mathrm{T}}(t)\boldsymbol{B}(t)\boldsymbol{R}^{-1}(t)\boldsymbol{B}^{\mathrm{T}}(t)\boldsymbol{g}(t)$$

及边界条件

$$\varphi(t_f) = \boldsymbol{y}_r^{\mathrm{T}}(t_f)\boldsymbol{F}\boldsymbol{y}_{\mathrm{r}}(t_f)$$

3. 最优曲线

最优曲线 $\boldsymbol{x}^*(t)$ 为最优跟踪闭环系统方程

$$\dot{\boldsymbol{x}}(t) = [\boldsymbol{A}(t) - \boldsymbol{B}(t)\boldsymbol{R}^{-1}(t)\boldsymbol{B}^{\mathrm{T}}(t)\boldsymbol{P}(t)]\boldsymbol{x}(t) + \boldsymbol{B}(t)\boldsymbol{R}^{-1}(t)\boldsymbol{B}^{\mathrm{T}}(t)\boldsymbol{g}(t) \tag{6-46}$$

在初始条件 $\boldsymbol{x}(t_0) = \boldsymbol{x}_0$ 下的解。

证明:采用极大值原理进行证明。构造哈密顿函数为

$$H = \frac{1}{2}[\boldsymbol{y}_{\mathrm{r}}(t) - \boldsymbol{C}(t)\boldsymbol{x}(t)]^{\mathrm{T}}\boldsymbol{Q}(t)[\boldsymbol{y}_{\mathrm{r}}(t) - \boldsymbol{C}(t)\boldsymbol{x}(t)]$$

$$+\frac{1}{2}\boldsymbol{u}^{\mathrm{T}}(t)\boldsymbol{R}(t)\boldsymbol{u}(t) + \boldsymbol{x}^{\mathrm{T}}(t)\boldsymbol{A}^{\mathrm{T}}(t)\boldsymbol{\lambda}(t) + \boldsymbol{u}^{\mathrm{T}}(t)\boldsymbol{B}^{\mathrm{T}}(t)\boldsymbol{\lambda}(t)$$

由极值条件，在 $\boldsymbol{u}(t)$ 不受约束时，有

$$\frac{\partial H}{\partial \boldsymbol{u}(t)} = \boldsymbol{R}(t)\boldsymbol{u}(t) + \boldsymbol{B}^{\mathrm{T}}(t)\boldsymbol{\lambda}(t) = 0$$

可得

$$\boldsymbol{u}^*(t) = -\boldsymbol{R}^{-1}(t)\boldsymbol{B}^{\mathrm{T}}(t)\boldsymbol{\lambda}(t) \tag{6-47}$$

正则方程为

$$\dot{\boldsymbol{x}}(t) = \frac{\partial H}{\partial \boldsymbol{\lambda}(t)} = \boldsymbol{A}(t)\boldsymbol{x}(t) - \boldsymbol{B}(t)\boldsymbol{R}^{-1}(t)\boldsymbol{B}^{\mathrm{T}}(t)\boldsymbol{\lambda}(t) \tag{6-48}$$

$$\dot{\boldsymbol{\lambda}}(t) = -\frac{\partial H}{\partial \boldsymbol{x}(t)} = \boldsymbol{C}^{\mathrm{T}}(t)\boldsymbol{Q}(t)[\boldsymbol{y}_{\mathrm{r}}(t) - \boldsymbol{C}(t)x(t)] - \boldsymbol{A}^{\mathrm{T}}(t)\boldsymbol{\lambda}(t) \tag{6-49}$$

横截条件为

$$\boldsymbol{\lambda}(t_f) = \boldsymbol{C}^{\mathrm{T}}(t_f)\boldsymbol{F}[\boldsymbol{C}^{\mathrm{T}}(t_f)\boldsymbol{x}(t_f) - \boldsymbol{y}_{\mathrm{r}}(t_f)] \tag{6-50}$$

由于正则方程为线性方程，以及横截条件中 $\boldsymbol{\lambda}(t_f)$ 与 $\boldsymbol{x}(t_f)$ 和 $\boldsymbol{y}_{\mathrm{r}}(t_f)$ 成线性关系，可假设

$$\boldsymbol{\lambda}(t) = \boldsymbol{P}(t)\boldsymbol{x}(t) - \boldsymbol{g}(t) \tag{6-51}$$

式中，$\boldsymbol{P}(t)$ 及与 $\boldsymbol{y}_{\mathrm{r}}(t)$ 有关的 $\boldsymbol{g}(t)$ 待定。

对式(6-51)求导，得

$$\dot{\boldsymbol{\lambda}}(t) = \dot{\boldsymbol{P}}(t)\boldsymbol{x}(t) + \boldsymbol{P}(t)\dot{\boldsymbol{x}}(t) - \dot{\boldsymbol{g}}(t) \tag{6-52}$$

将式(6-51)带入式(6-48)，有

$$\dot{\boldsymbol{x}}(t) = [\boldsymbol{A}(t) - \boldsymbol{B}(t)\boldsymbol{R}^{-1}(t)\boldsymbol{B}^{\mathrm{T}}(t)\boldsymbol{P}(t)]\boldsymbol{x}(t) + \boldsymbol{B}(t)\boldsymbol{R}^{-1}(t)\boldsymbol{B}^{\mathrm{T}}(t)\boldsymbol{g}(t) \tag{6-53}$$

将式(5-53)代入式(6-52)，整理后得

$$\dot{\boldsymbol{\lambda}}(t) = [\dot{\boldsymbol{P}}(t) + \boldsymbol{P}(t)\boldsymbol{A}(t) - \boldsymbol{P}(t)\boldsymbol{B}(t)\boldsymbol{R}^{-1}(t)\boldsymbol{B}^{\mathrm{T}}(t)\boldsymbol{P}(t)]\boldsymbol{x}(t)$$

$$+\boldsymbol{P}(t)\boldsymbol{B}(t)\boldsymbol{R}^{-1}(t)\boldsymbol{B}^{\mathrm{T}}(t)\boldsymbol{g}(t)-\dot{\boldsymbol{g}}(t) \tag{6-54}$$

将式(6-51)代入伴随方程式(6-49)，得

$$\dot{\boldsymbol{\lambda}}(t)=[-\boldsymbol{C}^{\mathrm{T}}(t)\boldsymbol{Q}(t)\boldsymbol{C}(t)-\boldsymbol{A}^{\mathrm{T}}(t)\boldsymbol{P}(t)]\boldsymbol{x}(t)+\boldsymbol{A}^{\mathrm{T}}(t)\boldsymbol{g}(t)+\boldsymbol{C}^{\mathrm{T}}(t)\boldsymbol{Q}(t)\boldsymbol{y}_{\mathrm{r}}(t) \tag{6-55}$$

比较式(6-54)和式(6-55)，可得

$$[\dot{\boldsymbol{P}}(t)+\boldsymbol{P}(t)\boldsymbol{A}(t)-\boldsymbol{P}(t)\boldsymbol{B}(t)\boldsymbol{R}^{-1}(t)\boldsymbol{B}^{\mathrm{T}}(t)\boldsymbol{P}(t)]\boldsymbol{x}(t)+\boldsymbol{P}(t)\boldsymbol{B}(t)\boldsymbol{R}^{-1}(t)\boldsymbol{B}^{\mathrm{T}}(t)\boldsymbol{g}(t)-\dot{\boldsymbol{g}}(t)$$
$$=[-\boldsymbol{C}^{\mathrm{T}}(t)\boldsymbol{Q}(t)\boldsymbol{C}(t)-\boldsymbol{A}^{\mathrm{T}}(t)\boldsymbol{P}(t)]\boldsymbol{x}(t)+\boldsymbol{A}^{\mathrm{T}}(t)\boldsymbol{g}(t)+\boldsymbol{C}^{\mathrm{T}}(t)\boldsymbol{Q}(t)\boldsymbol{y}_{\mathrm{r}}(t) \tag{6-56}$$

式(6-56)在 $t\in[t_0,t_f]$ 的任何时刻，对任何状态 $\boldsymbol{x}(t)$ 及任何理想输出 $\boldsymbol{y}_r(t)$ 均应成立，故等式两端对应项应该相等，于是证得式(6-42)和式(6-44)成立。

在式(6-51)中，令 $t=t_f$，并与横截条件式(6-50)相比，可知边界条件式(6-43)和式(6-45)成立。

因为 $\boldsymbol{P}(t)$ 及 $\boldsymbol{g}(t)$ 均可解，所以将式(6-51)代入式(6-47)，证得最优控制表达式(6-41)成立。

将式(6-41)代入系统状态空间表达式(6-39)中的状态方程，可得最优系统闭环式(6-46)。因系统式(6-46)满足极大值原理的必要条件，故其在已知初始条件下的解，必为最优曲线 $\boldsymbol{x}^*(t)$。

对上述定理的结论，做一说明：

(1)定理6-5和定理6-3中的黎卡提方程和边界条件完全相同，表明最优输出跟踪器与最优输出调节器具有相同的反馈结构，而与理想输出 $\boldsymbol{y}_r(t)$无关。也就是说，只要受控系统、性能指标及终端时间一旦给定，则矩阵 $\boldsymbol{P}(t)$随之而定。

(2)定理6-5和定理6-3中的最优输出跟踪器闭环系统与最优输出调节器闭环系统的特征值完全相同，二者的区别仅在于跟踪器中多了一个与伴随向量 $\boldsymbol{g}(t)$有关的输入项，形成了跟踪器中的前馈控制项。

(3)由定理6-5中伴随方程式(6-44)可见，求解伴随向量 $\boldsymbol{g}(t)$需要理想输出 $\boldsymbol{y}_r(t)$的全部信息，从而使输出跟踪器最优控制 $\boldsymbol{u}^*(t)$的现在值与理想输出 $\boldsymbol{y}_r(t)$的将来值有关。在许多工程实际问题中，这往往是做不到的。为了便于设计输出跟踪器，往往假定理想输出 $\boldsymbol{y}_r(t)$的元为典型外作用函数，例如单位阶跃、单位斜坡或单位加速度函数等。

例 6.11　已知一阶系统的状态空间表达式为

$$\dot{x}(t)=ax(t)+u(t)$$
$$y(t)=x(t)$$

控制 $u(t)$不受约束，用 $y_r(t)$表示预期输出，$e(t)=y_r(t)-y(t)=y_{\mathrm{r}}(t)-x(t)$表示误差。试求使性能指标

$$J=\frac{1}{2}fe^2(t_f)+\frac{1}{2}\int_0^{t_f}[qe^2(t)+ru^2(t)]\mathrm{d}t$$

取极小的最优控制 $u^*(t)$。其中，$f\geqslant 0,q>0,r>0$。

解：根据式(6-41)，最优控制为

$$u^*(t)=\frac{1}{r}[g(t)-p(t)x(t)]$$

式中，$p(t)$ 满足一阶黎卡提方程

$$\dot{p}(t)=-2ap(t)+\frac{1}{r}p^2(t)-q$$

$$p(t_f)=f$$

$g(t)$满足一阶线性方程

$$\dot{g}(t)=-\left[a-\frac{1}{r}p(t)\right]g(t)-qy_r(t)$$

$$g(t_f)=fy_r(t_f)$$

最优轨线 $x(t)$满足一阶线性微分方程

$$\dot{x}(t)=\left[a-\frac{1}{r}p(t)\right]x(t)+\frac{1}{r}g(t)$$

图 6－34 为最优跟踪系统在 $\boldsymbol{y}_r(t)=1$ 时，$a=-1,x(0)=0,f=0,q=1,t_f=1$ 情况下的一组响应曲线。

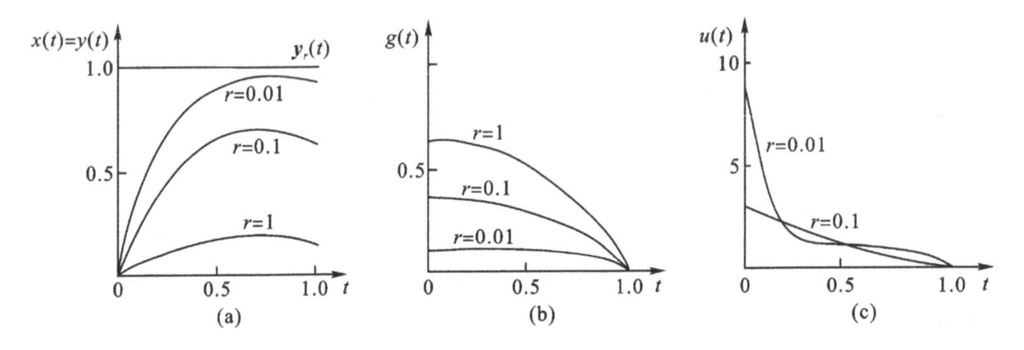

图 6－16　最优跟踪系统响应曲线

图 6－16 (a)表明当 q 一定时，随着 r 减小可提高系统输出的跟踪能力；但由于没有终端指标要求，在接近终端 t_f 时，控制趋于零，跟踪误差又加大。图 6－16 (b)表示伴随量的相应，r 越小，$g(t)$在控制区的开始阶段越平坦，在 t 较小时，$\boldsymbol{g}(t)$可视为常量，但由于 $f=0$，故 $g(t)$随后逐渐开始下降至零。图 6－3(c)为控制 $u(t)$的变化曲线，r 越小表示越不重视消耗能量的大小，$u(t)$变化越大。

6.4.2　无限长时间输出跟踪器

如果终端时刻 $t_f\to\infty$，系统及性能指标中的各矩阵均为常数矩阵，称为无限长时间输出跟踪器。

对于无限长时间输出跟踪器问题，目前还没有严格的一般性求解方法。当理想输出为常值向量时，无限长时间输出跟踪器问题有如下的近似结果，虽然这个结果并不适用于 $t_f\to\infty$的情况，但对一般的工程系统是精确的，有重要的实用价值。

定理 6－6　设完全能控和完全能测的线性定常系统的状态空间表达式为

$$\begin{cases}\dot{\boldsymbol{x}}(t)=\boldsymbol{A}\boldsymbol{x}(t)+\boldsymbol{B}\boldsymbol{u}(t),\boldsymbol{x}(t_0)=\boldsymbol{x}_0\\ \boldsymbol{y}(t)=\boldsymbol{C}\boldsymbol{x}(t)\end{cases}$$

式中，$\boldsymbol{x}(t)$为 n 维状态向量；$\boldsymbol{u}(t)$为 r 维控制向量，且不受约束；$\boldsymbol{y}(t)$为 m 维输出向量$(0<m\leqslant r\leqslant n)$；$\boldsymbol{A}$、$\boldsymbol{B}$、$\boldsymbol{C}$ 分别是 $n\times n$、$n\times r$、$m\times n$ 维的常数矩阵；输出误差向量 $\boldsymbol{e}(t)=\boldsymbol{y}_r(t)-\boldsymbol{y}(t)$；

$\boldsymbol{y}_r(t)$为 m 维理想输出向量。

性能指标为

$$J=\frac{1}{2}\int_0^{\infty}[\boldsymbol{e}^{\mathrm{T}}(t)\boldsymbol{Q}\boldsymbol{e}(t)+\boldsymbol{u}^{\mathrm{T}}(t)\boldsymbol{R}\boldsymbol{u}(t)]\mathrm{d}t \tag{6-57}$$

式中:$\boldsymbol{Q}$ 为正定的 $m\times m$ 维对称常数矩阵;$\boldsymbol{R}$ 为正定 $r\times r$ 维对称常数矩阵。

则使性能指标式(6-57)极小的近似最优控制为

$$\boldsymbol{u}^*(t)=-\boldsymbol{R}^{-1}\boldsymbol{B}^{\mathrm{T}}\boldsymbol{P}\boldsymbol{x}(t)+\boldsymbol{R}^{-1}\boldsymbol{B}^{\mathrm{T}}\boldsymbol{g} \tag{6-58}$$

式中,$\boldsymbol{P}$ 对称正定常数矩阵,满足下列黎卡提矩阵代数方程:

$$\boldsymbol{P}\boldsymbol{A}+\boldsymbol{A}^{\mathrm{T}}\boldsymbol{P}-\boldsymbol{P}\boldsymbol{B}\boldsymbol{R}^{-1}\boldsymbol{B}^{\mathrm{T}}\boldsymbol{P}+\boldsymbol{C}^{\mathrm{T}}\boldsymbol{Q}\boldsymbol{C}=0$$

常值伴随向量为

$$\boldsymbol{g}=[\boldsymbol{P}\boldsymbol{B}\boldsymbol{R}^{-1}\boldsymbol{B}^{\mathrm{T}}-\boldsymbol{A}^{\mathrm{T}}]^{-1}\boldsymbol{C}^{\mathrm{T}}\boldsymbol{Q}\boldsymbol{y}_r$$

闭环系统方程

$$\dot{\boldsymbol{x}}(t)=(\boldsymbol{A}-\boldsymbol{B}\boldsymbol{R}^{-1}\boldsymbol{B}^{\mathrm{T}}\boldsymbol{P})\boldsymbol{x}(t)+\boldsymbol{B}\boldsymbol{R}^{-1}\boldsymbol{B}^{\mathrm{T}}\boldsymbol{g}$$

及初始状态 $\boldsymbol{x}(0)=\boldsymbol{x}_0$ 的解,为近似最优曲线 $\boldsymbol{x}^*(t)$。

应当指出,定理 6-6 并没有论证闭环系统的稳定性,因此在实际应用时,需要对闭环系统的渐近稳定性加以检验。

例 6.12　已知系统的状态空间表达式为

$$\begin{cases}\dot{x}_1(t)=x_2(t)\\ \dot{x}_2(t)=-2x_2(t)+u(t)\end{cases}$$

$$y(t)=x_1(t)$$

试求使性能指标

$$J=\frac{1}{2}\int_0^{\infty}[e^2(t)+u^2(t)]\mathrm{d}t$$

取极小的最优控制 $u^*(t)$。其中,$e(t)=y_r(t)\ -(t)$,$y_r(t)=1$。

解:本例为无限时间定常跟踪系统问题。由题意知

$$\boldsymbol{A}=\begin{bmatrix}0 & 1\\ 0 & -2\end{bmatrix},\boldsymbol{B}=\begin{bmatrix}0\\ 1\end{bmatrix},\boldsymbol{C}=[1\quad 0],\boldsymbol{Q}=\boldsymbol{R}=1$$

因为

$$\mathrm{rank}[\boldsymbol{B}\quad \boldsymbol{A}\boldsymbol{B}]=\mathrm{rank}\begin{bmatrix}0 & 1\\ 1 & -2\end{bmatrix}=2$$

$$\mathrm{rank}\begin{bmatrix}\boldsymbol{C}\\ \boldsymbol{C}\boldsymbol{A}\end{bmatrix}=\mathrm{rank}\begin{bmatrix}1 & 0\\ 0 & 1\end{bmatrix}=2$$

则系统完全能控和能测,故最优控制 $\boldsymbol{u}^*(t)$存在。

令 $\boldsymbol{P}=\begin{bmatrix}P_{11} & P_{12}\\ P_{12} & P_{22}\end{bmatrix}$,由黎卡提方程

$$\boldsymbol{P}\boldsymbol{A}+\boldsymbol{A}^{\mathrm{T}}\boldsymbol{P}-\boldsymbol{P}\boldsymbol{B}\boldsymbol{R}^{-1}\boldsymbol{B}^{\mathrm{T}}\boldsymbol{P}+\boldsymbol{C}^{\mathrm{T}}\boldsymbol{Q}\boldsymbol{C}=0$$

得

$$\begin{bmatrix}P_{11} & P_{12}\\P_{12} & P_{22}\end{bmatrix}\begin{bmatrix}0 & 1\\0 & -2\end{bmatrix}+\begin{bmatrix}0 & 0\\1 & -2\end{bmatrix}\begin{bmatrix}P_{11} & P_{12}\\P_{12} & P_{22}\end{bmatrix}$$

$$-\begin{bmatrix}P_{11} & P_{12}\\P_{12} & P_{22}\end{bmatrix}\begin{bmatrix}0\\1\end{bmatrix}\begin{bmatrix}0 & 1\end{bmatrix}\begin{bmatrix}P_{11} & P_{12}\\P_{12} & P_{22}\end{bmatrix}+\begin{bmatrix}1\\0\end{bmatrix}\begin{bmatrix}1 & 0\end{bmatrix}=0$$

整理

$$\begin{bmatrix}0 & P_{11}-2P_{12}\\0 & P_{12}-2P_{22}\end{bmatrix}+\begin{bmatrix}0 & 0\\P_{11}-2P_{12} & P_{12}-2P_{22}\end{bmatrix}-\begin{bmatrix}P_{12}^2 & P_{12}P_{22}\\P_{12}P_{22} & P_{22}^2\end{bmatrix}+\begin{bmatrix}1 & 0\\0 & 0\end{bmatrix}=0$$

得代数方程组

$$-P_{12}^2+1=0$$

$$P_{11}-2P_{12}-P_{12}P_{22}=0$$

$$2P_{12}-4P_{22}-{P_{22}}^2=0$$

得

$$\boldsymbol{P}=\begin{bmatrix}\sqrt{6} & 1\\1 & \sqrt{6}-2\end{bmatrix}>0$$

伴随向量为

$$\begin{aligned}\boldsymbol{g}&=[\boldsymbol{PBR}^{-1}\boldsymbol{B}^{\mathrm{T}}-\boldsymbol{A}^{\mathrm{T}}]^{-1}\boldsymbol{C}^{\mathrm{T}}\boldsymbol{Q}\boldsymbol{y}_{\mathrm{r}}\\&=\left(\begin{bmatrix}\sqrt{6} & 1\\1 & \sqrt{6}-2\end{bmatrix}\begin{bmatrix}0\\1\end{bmatrix}\begin{bmatrix}0 & 1\end{bmatrix}-\begin{bmatrix}0 & 0\\1 & -2\end{bmatrix}\right)^{-1}\begin{bmatrix}1\\0\end{bmatrix}\\&=\left(\begin{bmatrix}0 & 1\\0 & \sqrt{6}-2\end{bmatrix}-\begin{bmatrix}0 & 0\\1 & -2\end{bmatrix}\right)^{-1}\begin{bmatrix}1\\0\end{bmatrix}\\&=\left(\begin{bmatrix}0 & 1\\-1 & \sqrt{6}\end{bmatrix}\right)^{-1}\begin{bmatrix}1\\0\end{bmatrix}=\begin{bmatrix}\sqrt{6} & -1\\1 & 0\end{bmatrix}\begin{bmatrix}1\\0\end{bmatrix}=\begin{bmatrix}\sqrt{6}\\1\end{bmatrix}\end{aligned}$$

最优控制为

$$\begin{aligned}u^*(t)&=-\boldsymbol{R}^{-1}\boldsymbol{B}^{\mathrm{T}}\boldsymbol{P}\boldsymbol{x}(t)+\boldsymbol{R}^{-1}\boldsymbol{B}^{\mathrm{T}}\boldsymbol{g}\\&=-\begin{bmatrix}0 & 1\end{bmatrix}\begin{bmatrix}\sqrt{6} & 1\\1 & -2+\sqrt{6}\end{bmatrix}\boldsymbol{x}(t)+\begin{bmatrix}0 & 1\end{bmatrix}\begin{bmatrix}\sqrt{6}\\1\end{bmatrix}\\&=-\begin{bmatrix}1 & -2+\sqrt{6}\end{bmatrix}\boldsymbol{x}(t)+1\\&=-x_1(t)+(2-\sqrt{6})x_1(t)+1\end{aligned}$$

闭环系统的状态方程为

$$\begin{aligned}\dot{\boldsymbol{x}}(t)&=(\boldsymbol{A}-\boldsymbol{BR}^{-1}\boldsymbol{B}^{\mathrm{T}}\boldsymbol{P})\boldsymbol{x}(t)+\boldsymbol{BR}^{-1}\boldsymbol{B}^{\mathrm{T}}\boldsymbol{g}\\&=\left(\begin{bmatrix}0 & 1\\0 & -2\end{bmatrix}-\begin{bmatrix}0\\1\end{bmatrix}\begin{bmatrix}1 & -2+\sqrt{6}\end{bmatrix}\right)\boldsymbol{x}(t)+\begin{bmatrix}0\\1\end{bmatrix}\\&=\left(\begin{bmatrix}0 & 1\\0 & -2\end{bmatrix}-\begin{bmatrix}0 & 0\\1 & -2+\sqrt{6}\end{bmatrix}\right)\boldsymbol{x}(t)+\begin{bmatrix}0\\1\end{bmatrix}\end{aligned}$$

$$=\begin{bmatrix}0 & 1\\-1 & -\sqrt{6}\end{bmatrix}\boldsymbol{x}(t)+\begin{bmatrix}0\\1\end{bmatrix}$$

系统矩阵为

$$\widetilde{\boldsymbol{A}}=(\boldsymbol{A}-\boldsymbol{B}\boldsymbol{R}^{-1}\boldsymbol{B}^{\mathrm{T}}\boldsymbol{P})=\begin{bmatrix}0 & 1\\-1 & -\sqrt{6}\end{bmatrix}$$

由闭环系统的特征方程

$$\det(\lambda I-\widetilde{\boldsymbol{A}})=\det\begin{bmatrix}\lambda & -1\\1 & \lambda+\sqrt{6}\end{bmatrix}=\lambda^2+\sqrt{6}\lambda+1=0$$

求得闭环系统特征值为 $\lambda_{1,2}=-\frac{\sqrt{6}}{2}\pm\frac{\sqrt{2}}{2}$，故闭环系统渐近稳定。

针对例 6.12 中的问题，可由 MATLAB 求解，代码如下。

```
*************************** Ex6 - 12.mlx **************************
%定义符号型(sym)变量
syms p11 p12 p22 lambd x1(t) x2(t) u(t) y(t) s t;
assume(p11,{'real','positive'});assume(p12,{'real','positive'});assume(p22,{'real','
positive'});
%系统方程和性能指标的各矩阵
A=[0 1;0 -2];B=[0;1];C=[1,0];D=0;
q=1;r=1;yr=1;
x(t)=[x1;x2];
I=eye(2,2);
%判断能控能观
n=max(size(A));
if ((rank([B A * B])==n)&&(rank([C; C * A])==n))
    P=[p11,p12;p12,p22]
end
%求解黎卡提方程
V=B * inv(r) * B';
Q=C' * inv(q) * C;
s=solve(P * A+A' * P-P * V' * P+Q==0);
p11=s.p11;p12=s.p12;p22=s.p22;
P=subs(P)
%求伴随矩阵
g=inv(P * V-A') * C' * q * yr
%最优控制和最优曲线
K=inv(r) * B' * P
L=inv(r) * B' * g
```

```
u=-K*x+L;
u=collect(u,[x1 x2])
eqcl=diff(x,t)==A*x+B*u;
eqcl=collect(eqcl,[x1 x2])
%求系统矩阵及其特征多项式和特征值
A1=A-B*K
eqlmd=det(lambd*I-A1)==0
lambd=solve(eqlmd,lambd)
***************************END***************************
```

程序运行结果：

P =

$$\begin{pmatrix} \sqrt{6} & 1 \\ 1 & \sqrt{6}-2 \end{pmatrix}$$

g =

$$\begin{pmatrix} \sqrt{6} \\ 1 \end{pmatrix}$$

$K = (1 \quad \sqrt{6}-2)$

$L = 1$

$u(t) = -x_1(t)+(2-\sqrt{6})x_2(t)+1$

eqcl(t) =

$$\begin{pmatrix} \frac{\partial}{\partial t}x_1(t)=x_2(t) \\ \frac{\partial}{\partial t}x_2(t)=-x_1(t)+(-\sqrt{6})x_2(t)+1 \end{pmatrix}$$

A1 =

$$\begin{pmatrix} 0 & 1 \\ -1 & -\sqrt{6} \end{pmatrix}$$

$eqlmd = lambd^2+\sqrt{6}lambd+1=0$

lambd =

$$\begin{pmatrix} -\frac{\sqrt{2}}{2}-\frac{\sqrt{6}}{2} \\ \frac{\sqrt{2}}{2}-\frac{\sqrt{6}}{2} \end{pmatrix}$$

可见利用 MATLAB 编程求解所得结果，与手工计算方法的结果一致。

6.4.3 输出跟踪器的设计

利用 MATLAB 中的黎卡提方程求解函数 are( )，也可对输出跟踪器进行设计。

例 6.13　对于例 6.12 中的无限时间定常跟踪系统问题，MATLAB 求解代码如下。

```
*************************** Ex6 - 13.mlx ***************************
%定义符号型(sym)变量
syms x1 x2 u;
%系统方程和性能指标的各矩阵
A=[0 1;0 -2];B=[0;1];C=[1,0];D=0;
q=1;r=1;yr=1;
x=[x1;x2];
%求解黎卡提方程
V=B*inv(r)*B';
Q=C'*inv(q)*C;
P=are(A,V,Q)
%求伴随矩阵
g=inv(P*V-A')*C'*q*yr
%最优控制
K=inv(r)*B'*P
L=inv(r)*B'*g
u=-K*x+L;
u=vpa(u,4)
%求系统矩阵及其特征多项式和特征值
A1=A-B*K
y=poly(A1)
E=roots(y)
%输出跟踪器及原系统输出的阶跃响应曲线
t=0:0.1:10;
figure(1);step(A-B*K,V*g,C,D,1,t);
figure(2);step(A,B,C,D,1,t);
*************************** END ***************************
```

程序运行结果：

```
P =2×2
    2.4495    1.0000
    1.0000    0.4495
g =2×1
    2.4495
    1.0000
K =1×2
    1.0000    0.4495
```

```
L = 1.0000
u =1.0−0.4495x2 −1.0x1
A1 =2×2
            0      1.0000
     −1.0000    −2.4495
y =1×3
   1.0000     2.4495     1.0000
E =2×1
   −1.9319
   −0.5176
```

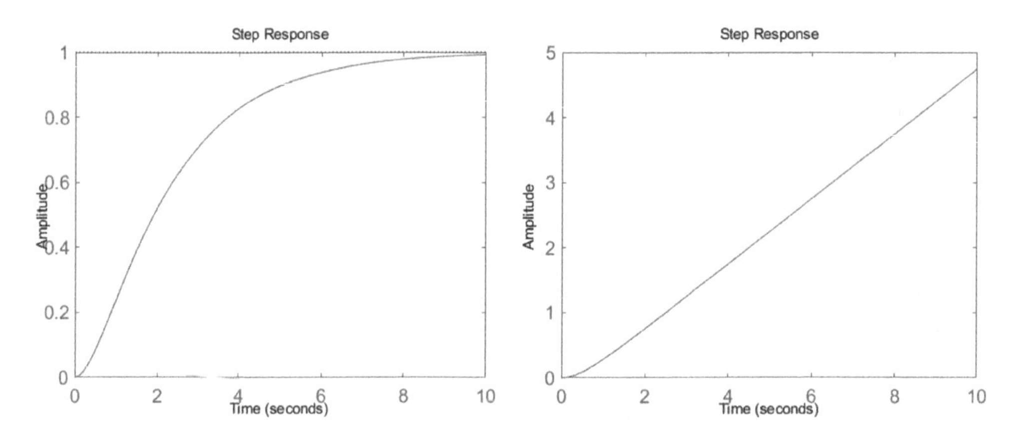

图 6－17　输出反馈后系统的阶跃响应曲线　　　图 6－18　原系统输出的阶跃响应曲线

例 6.14　设一理想化轮船操纵系统，其激励信号 $u(t)$ 到实际航向 $y(t)$ 的传递函数为

$$G(s)=\frac{Y(s)}{U(s)}=\frac{4}{s^2}$$

试设计最优激励信号 $u^*(t)$，使性能指标

$$J=\int_0^\infty \{[y_r(t)-y(t)]^2+u^2(t)\}\mathrm{d}t$$

极小，式中 $y_r(t)=1$ 为理想输出。

解：本例为无限时间定常输出跟踪器问题。

(1)建立状态空间表达式

由传递函数可得

$$\begin{cases}\dot{x}_1(t)=x_2(t)\\ \dot{x}_2(t)=4u(t)\end{cases}$$

$$y(t)=x_1(t)$$

由系统方程和性能指标有

$$\boldsymbol{A}=\begin{bmatrix}0 & 1\\ 0 & 0\end{bmatrix},\boldsymbol{B}=\begin{bmatrix}0\\ 4\end{bmatrix},\boldsymbol{C}=[1\quad 0],\boldsymbol{Q}=\boldsymbol{R}=1$$

(2)MATLAB求解代码如下。

```
**************************Ex6-10.mlx**************************
%定义符号型(sym)变量
syms x1 x2 u;
%系统方程和性能指标的各矩阵
A=[0 1;0 0];B=[0;4];C=[1,0];D=0;
q=2;r=2;yr=1;
%求解黎卡提方程
V=B*inv(r)*B';
Q=C'*inv(q)*C;
P=are(A,V,Q)
%求伴随矩阵
g=inv(P*V-A')*C'*q*yr
%最优控制
K=inv(r)*B'*P
L=inv(r)*B'*g
u=K*x+L
%求系统矩阵的特征多项式和特征值
M=A-B*K
y=poly(M);
E=roots(y)
%输出跟踪器的阶跃响应曲线
t=0:0.1:10;
figure(1);step(A-B*K,V*g,C,D,1,t);
figure(2);step(A,B,C,D,1,t);
**************************END**************************
```

程序运行结果：

```
P =2×2
    0.5000    0.2500
    0.2500    0.2500
g =2×1
    2.0000
    1.0000
K =1×2
    0.5000    0.5000
L = 2.0000
u =
```

$$\frac{x_1}{2}+\frac{x_2}{2}+2$$

```
M =2×2
          0      1.0000
    -2.0000     -2.0000
y =1×3
    1.0000     2.0000     2.0000
E =2×1 complex
    -1.0000 + 1.0000i
    -1.0000 - 1.0000i
```

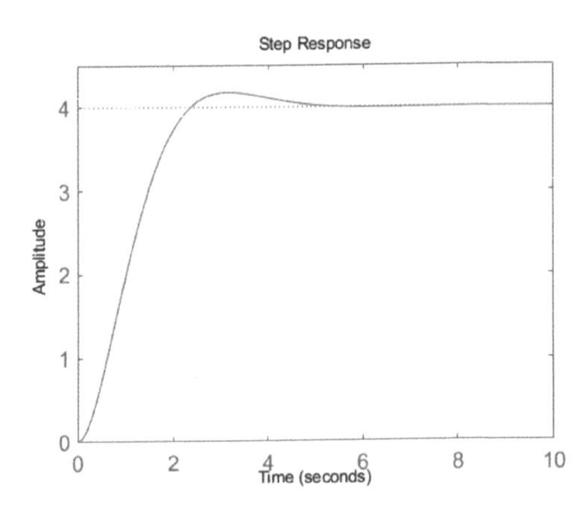

图 6-19　输出跟踪器的阶跃响应曲线

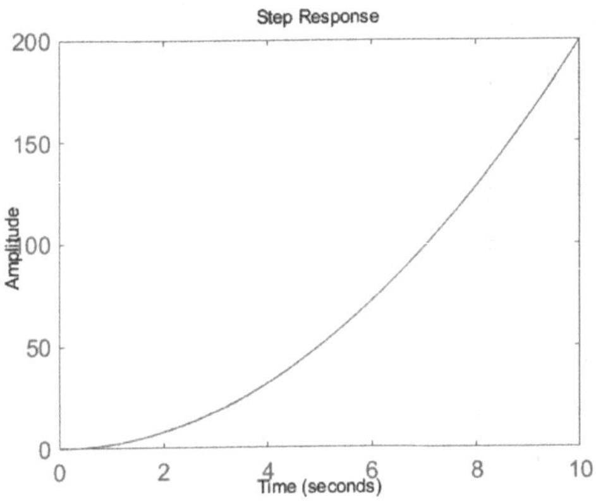

图 6-20　原系统输出的阶跃响应曲线

6.5　离散系统的线性二次型最优控制

设离散系统的状态方程为

$$\begin{cases}\boldsymbol{x}(k+1)=\boldsymbol{A}\boldsymbol{x}(k)+\boldsymbol{B}\boldsymbol{u}(k)\\ \boldsymbol{x}(0)=\boldsymbol{x}_0\end{cases} \tag{6-59}$$

当取状态比例反馈控制 $\boldsymbol{u}(k)=-\boldsymbol{K}\boldsymbol{x}(k)$时，闭环系统为

$$\boldsymbol{x}(k+1)=(\boldsymbol{A}-\boldsymbol{B}\boldsymbol{K})\boldsymbol{x}(k)=\boldsymbol{A}_{\mathrm{C}}\boldsymbol{x}(k) \tag{6-60}$$

式中，$\boldsymbol{x}(k)$、$\boldsymbol{u}(k)$分别为 n 维状态向量和 r 维控制向量。

在此定义对任意的 $\boldsymbol{x}_0$，式(6-60)的解 $\boldsymbol{x}(k)$有界，且

$$\lim_{k\to\infty}\boldsymbol{x}(k)=0$$

则称闭环系统式(6-60)(或称 $\boldsymbol{A}_{\mathrm{c}}$ 矩阵)(全局)渐进稳定。

对于渐进稳定性的判别，不加证明地指出如下命题。

命题 6-1　系统式(6-60)(或称 $\boldsymbol{A}_{\mathrm{c}}$ 矩阵)(全局)渐进稳定⇔$|\lambda(\boldsymbol{A}_C)|<1$⇔对任意的 $\boldsymbol{Q}^{\mathrm{T}}=\boldsymbol{Q}>0$，李雅普诺夫(Lyapunov)方程

$$\boldsymbol{A}_{\mathrm{C}}^{\mathrm{T}}\boldsymbol{P}\boldsymbol{A}_{\mathrm{C}}-\boldsymbol{P}=-\boldsymbol{Q}$$

存在唯一正定解 $P^{T}=P>0$

命题6-2　A_C 渐进稳定的充分条件：存在李雅普诺夫函数 $V[x(k)]$（通常具有能量的意义），常取 $V=x^{T}(k)Px(k)$，它满足

(1)对任意的 $x(k)\neq 0$，$V(x)>0$，正定；

(2)沿系统式(6-57)有 $V[x(k+1)]-V[x(k)]<0$。

推论6-1　对系统式(6-57)，若存在正定阵 $P>0$，使得

$$A_C^{T}PA_C-P<0$$

负定，则系统式(6-57)渐进稳定。

6.5.1　离散定常系统无穷时间的线性二次型最优控制

对于由式(6-54)所描述的离散系统，取目标函数为

$$J=\frac{1}{2}\sum_{k=0}^{\infty}[x^{T}(k)Qx(k)+u^{T}(k)Ru(k)] \tag{6-61}$$

式中，权矩阵 $Q>0$，$R>0$。

定理6-7　线性二次型最优控制问题式(5-60)和式(6-61)的反馈控制 $u^{*}=-Kx(k)$ 使闭环系统矩阵 $A-BK=A_c$ 渐进稳定的充要条件是

$$\begin{aligned}u^{*}(k)&=-R^{-1}B^{T}(I+PBR^{-1}B^{T})^{-1}PAx(k)\\&=-(R+B^{T}PB)^{-1}B^{T}PAx(k)\end{aligned} \tag{6-62}$$

其中，$p^{T}=P>0$ 满足黎卡提方程：

$$\begin{aligned}P&=Q+A^{T}PA-A^{T}PB(R+B^{T}PB)^{-1}B^{T}PA\\&=Q+A^{T}(I+PBR^{-1}B^{T})^{-1}PA\\&=Q+A^{T}(P^{-1}+BR^{-1}B^{T})^{-1}A\end{aligned} \tag{6-63}$$

证明：必要性证法一：离散的最小值原理或欧拉方程。

设

$$H=\frac{1}{2}x^{T}(k)Qx(k)+\frac{1}{2}u^{T}(k)Ru(k)+\lambda^{T}(k+1)[Ax(k)+Bu(k)]$$

控制方程为

$$\frac{\partial H}{\partial u(k)}=0=Ru(k)+B^{T}\lambda(k+1)\Rightarrow u^{*}=-R^{-1}B^{T}\lambda(k+1)$$

正则方程为

$$\begin{cases}\lambda(k)=Qx(k)+A^{T}\lambda(k+1),\\x(k+1)=Ax(k)-BR^{-1}B^{T}\lambda(k+1)\end{cases}$$

令 $\lambda(k+1)=Px(k+1)$ 或 $\lambda(k)=Px(k)$，对任意的 $x(k)$，P 待定，则由状态方程，可得

$$x(k+1)=(I+BR^{-1}B^{T}P)^{-1}Ax(k)$$

故式(6-62)成立。再由伴随方程，对任意的 $x(k)$ 有

$$Px(k)=Qx(k)+A^{T}P(I+BR^{-1}B^{T}P)^{-1}Ax(k)$$

故 $P^{T}=P$ 满足式(6-63)。

下面证明 $P>0$。

事实上，由式(6-63)可推得 $\boldsymbol{u}^*=-\boldsymbol{K}\boldsymbol{x}(k)$ 后的闭环形式的黎卡提方程为

$$\boldsymbol{A}_C{}^{\mathrm{T}}\boldsymbol{P}\boldsymbol{A}_C-\boldsymbol{P}=-\boldsymbol{Q}-\boldsymbol{K}^{\mathrm{T}}\boldsymbol{R}\boldsymbol{K} \tag{6-64}$$

对任意的 $\boldsymbol{x}(k)$ 可得(注意闭环系统方程)

$$\begin{aligned}\boldsymbol{x}^{\mathrm{T}}(k)(\boldsymbol{Q}+\boldsymbol{K}^{\mathrm{T}}\boldsymbol{R}\boldsymbol{K})\boldsymbol{x}(k)&=-\boldsymbol{x}^{\mathrm{T}}(k)\boldsymbol{A}_C{}^{\mathrm{T}}\boldsymbol{P}\boldsymbol{A}_C\boldsymbol{x}(k)+\boldsymbol{x}^{\mathrm{T}}(k)\boldsymbol{P}\boldsymbol{x}(k)\\&=-[\boldsymbol{x}^{\mathrm{T}}(k+1)\boldsymbol{P}\boldsymbol{x}(k+1)-\boldsymbol{x}^{\mathrm{T}}(k)\boldsymbol{P}\boldsymbol{x}(k)]\end{aligned}$$

故

$$\begin{aligned}\frac{1}{2}\sum_{j=k}^{\infty}\boldsymbol{x}^{\mathrm{T}}(j)(\boldsymbol{Q}+\boldsymbol{K}^{\mathrm{T}}\boldsymbol{P}\boldsymbol{K})\boldsymbol{x}(j)&=-\frac{1}{2}\sum_{j=k}^{\infty}[\boldsymbol{x}^{\mathrm{T}}(j+1)\boldsymbol{P}\boldsymbol{x}(j+1)-\boldsymbol{x}^{\mathrm{T}}(j)\boldsymbol{P}\boldsymbol{x}(j)]\\&=\frac{1}{2}\boldsymbol{x}^{\mathrm{T}}(k)\boldsymbol{P}\boldsymbol{x}(k)\end{aligned}$$

由于 $\boldsymbol{Q}>0$，从而对任意的 $\boldsymbol{x}(k)$，$\frac{1}{2}\boldsymbol{x}^{\mathrm{T}}(k)\boldsymbol{P}\boldsymbol{x}(k)>0$，$\boldsymbol{P}>0$。

必要性证法二：用动态规划法的最优值函数的递推方程。

设最优性能指标为

$$J^*[\boldsymbol{x}(k)]=\frac{1}{2}\sum_{j=k}^{\infty}[\boldsymbol{x}^{\mathrm{T}}(j)\boldsymbol{Q}\boldsymbol{x}(j)+\boldsymbol{u}^{\mathrm{T}}(j)\boldsymbol{R}\boldsymbol{u}(j)]$$

递推方程及状态方程为

$$J^*[\boldsymbol{x}(k)]=\min_{\boldsymbol{u}(k)}\left\{\frac{1}{2}\boldsymbol{x}^{\mathrm{T}}(k)\boldsymbol{Q}\boldsymbol{x}(k)+\frac{1}{2}\boldsymbol{u}^{\mathrm{T}}(k)\boldsymbol{R}\boldsymbol{u}(k)+J^*[\boldsymbol{x}(k+1)]\right\}$$

$$\boldsymbol{x}(k+1)=\boldsymbol{A}\boldsymbol{x}(k)+\boldsymbol{B}\boldsymbol{u}(k)$$

令

$$\frac{\partial\left\{\frac{1}{2}\boldsymbol{x}^{\mathrm{T}}(k)\boldsymbol{Q}\boldsymbol{x}(k)+\frac{1}{2}\boldsymbol{u}^{\mathrm{T}}(k)\boldsymbol{R}\boldsymbol{u}(k)+J^*[\boldsymbol{x}(k+1)]\right\}}{\partial\boldsymbol{u}(k)}=0$$

显然

$$\boldsymbol{R}\boldsymbol{u}(k)+\boldsymbol{B}^{\mathrm{T}}\frac{\partial J^*}{\partial\boldsymbol{x}(k+1)}=0$$

$$\boldsymbol{u}^*(k)=-\boldsymbol{R}^{-1}\boldsymbol{B}^{\mathrm{T}}\frac{\partial J^*}{\partial\boldsymbol{x}(k+1)}$$

再令

$$J^*[\boldsymbol{x}(k)]=\frac{1}{2}\boldsymbol{x}^{\mathrm{T}}(k)\boldsymbol{P}\boldsymbol{x}(k)$$

对任意的 $\boldsymbol{x}(k)$，有 $\frac{\partial J^*}{\partial\boldsymbol{x}(k)}=\boldsymbol{P}\boldsymbol{x}(k)$ 时，由状态方程可得

$$\boldsymbol{x}(k+1)=(\boldsymbol{I}+\boldsymbol{B}\boldsymbol{R}^{-1}\boldsymbol{B}^{\mathrm{T}}\boldsymbol{P})^{-1}\boldsymbol{A}\boldsymbol{x}(k)$$

此时，递推方程为

$$\frac{1}{2}\boldsymbol{x}^{\mathrm{T}}(k)\boldsymbol{P}\boldsymbol{x}(k)=\frac{1}{2}\boldsymbol{x}^{\mathrm{T}}(k)\boldsymbol{Q}\boldsymbol{x}(k)+\frac{1}{2}\boldsymbol{x}^{\mathrm{T}}(k+1)\boldsymbol{P}(\boldsymbol{B}\boldsymbol{R}^{-1}\boldsymbol{B}^{\mathrm{T}}\boldsymbol{P}+\boldsymbol{I})\boldsymbol{x}(k+1)$$

再由 $\boldsymbol{x}(k)$ 的任意性及 $\boldsymbol{x}(k+1)$ 的新表达式，即得

$$\boldsymbol{P}=\boldsymbol{Q}+\boldsymbol{A}^{\mathrm{T}}(\boldsymbol{I}+\boldsymbol{B}\boldsymbol{R}^{-1}\boldsymbol{B}^{\mathrm{T}}\boldsymbol{P})^{-\mathrm{T}}\boldsymbol{P}\boldsymbol{A}=\boldsymbol{Q}+\boldsymbol{A}^{\mathrm{T}}(\boldsymbol{I}+\boldsymbol{P}\boldsymbol{B}\boldsymbol{R}^{-1}\boldsymbol{B}^{\mathrm{T}})^{-1}\boldsymbol{P}\boldsymbol{A}$$

下面讨论一下两个必要性证法的一致性问题。当求得

$$u^*(k)=-R^{-1}B^{\mathrm{T}}\frac{\partial J^*}{\partial x(k+1)}$$

后动态规划法的递推方程与状态方程为

$$J^*[x(k+1)]=\frac{1}{2}x^{\mathrm{T}}(k)Qx(k)+\frac{1}{2}\frac{\partial J^{*\mathrm{T}}}{\partial x(k+1)}BR^{-1}B^{\mathrm{T}}\frac{\partial J^*}{\partial x(k+1)}+J^*[x(k+1)]$$

$$x(k+1)=Ax(k)-BR^{-1}B^{\mathrm{T}}\frac{\partial J^*}{\partial x(k+1)}$$

对递推方程求 $x(k)$ 的偏导数并注意状态方程可得

$$\frac{\partial J^*}{\partial x(k)}=Qx(k)+A^{\mathrm{T}}\frac{\partial J^*}{\partial x(k+1)}$$

其中，若视 $\frac{\partial J^*}{\partial x(k)}=\lambda(k)$，显然此式即为证法一中的伴随方程。

充分性：首先证明由式(6-63)所定 $P>0$，代入式(6-62)的 $u^*=-Kx(k)$ 构成的闭环系统矩阵 $A-BK=A_C$ 渐进稳定。事实上，由于 $P>0$，故由 $Q>0$ 及式(6-64)特别是命题6-2的推论可知 A_C 是渐进稳定的。

下面用配方法证明反馈控制式(6-62)$u^*=-K^*x(k)$（其中 $P>0$ 满足式(6-63)的充分性）。事实上，不难由式(6-63)和式(6-59)，推得

$$\begin{aligned}&[u(k)+K^*x(k)]^{\mathrm{T}}(R+B^{\mathrm{T}}PB)[u(k)+K^*x(k)]=\\&u^{\mathrm{T}}(k)Ru(k)+x^{\mathrm{T}}(k)Qx(k)+x^{\mathrm{T}}(k+1)Px(k+1)-x^{\mathrm{T}}(k)Px(k)\end{aligned}\tag{6-65}$$

式中

$$K^*=(R+B^{\mathrm{T}}PB)^{-1}B^{\mathrm{T}}PA$$

取上式 $\frac{1}{2}\sum_{k=0}^{\infty}$，由于 $R+B^{\mathrm{T}}PB>0$(正定)，可知当 $u^*=-Kx(k)$ 时，有

$$J^*=\frac{1}{2}x^{\mathrm{T}}(0)Px(0)$$

充分性得证。

例 6.15　设系统方程为

$$\begin{cases}x_1(k+1)=x_1(k)+x_2(k), & x_1(0)=1\\x_2(k+1)=u(k), & x_2(0)=1\end{cases}$$

求反馈控制 $u^*(k)$，使

$$J=\frac{1}{2}\sum_{k=0}^{\infty}[x_1{}^2(k)+x_2{}^2(k)+u^2(k)]$$

取极小。

解：

$$A=\begin{bmatrix}1&1\\0&0\end{bmatrix},B=\begin{bmatrix}0\\1\end{bmatrix},Q=\begin{bmatrix}1&0\\0&1\end{bmatrix}>0,R=1>0$$

代入黎卡提方程式(6-63)，有

$$\begin{cases}P_{11}-1=P_{12}\\P_{22}-1=P_{12}\\P_{11}-1=P_{11}-\dfrac{P_{12}{}^2}{1+P_{22}}\end{cases}$$

故得 $\boldsymbol{P}=\begin{pmatrix}3 & 2\\2 & 3\end{pmatrix}>0$，从而

$$u^*(t)=-(\boldsymbol{R}+\boldsymbol{B}^{\mathrm{T}}\boldsymbol{PB})^{-1}\boldsymbol{B}^{\mathrm{T}}\boldsymbol{PA}\begin{pmatrix}x_1(k)\\x_2(k)\end{pmatrix}=-\begin{pmatrix}\frac{1}{2} & \frac{1}{2}\end{pmatrix}\begin{bmatrix}x_1(k)\\x_2(k)\end{bmatrix}$$

即

$$\boldsymbol{K}=\begin{pmatrix}\frac{1}{2} & \frac{1}{2}\end{pmatrix}$$

6.5.2 离散时变系统有限时间的线性二次型最优控制

设离散时变系统的状态方程与“性能指标”如下：

$$\begin{cases}\boldsymbol{x}(k+1)=\boldsymbol{A}(k)\boldsymbol{x}(k)+\boldsymbol{B}(k)\boldsymbol{u}(k)\\ \boldsymbol{x}(0)=\boldsymbol{x}_0 \quad i=0,1,\cdots,\boldsymbol{N}-1\end{cases} \tag{6-66}$$

$$J=\frac{1}{2}\boldsymbol{x}^{\mathrm{T}}(\boldsymbol{N})\boldsymbol{F}(\boldsymbol{N})\boldsymbol{x}(\boldsymbol{N})+\frac{1}{2}\sum_{k=0}^{N-1}\left[\boldsymbol{x}^{\mathrm{T}}(k)\boldsymbol{Q}(k)\boldsymbol{x}(k)+\boldsymbol{u}^{\mathrm{T}}(k)\boldsymbol{R}(k)\boldsymbol{u}(k)\right] \tag{6-67}$$

式中，权矩阵 $\boldsymbol{F}\geqslant 0,\boldsymbol{Q}\geqslant 0,\boldsymbol{R}>0$。

定理 6-8 反馈控制 $\boldsymbol{u}^*(k)=-\boldsymbol{K}(k)\boldsymbol{x}(k)$ 满足式(6-66)且使式(6-67)取极小的充要条件是

$$\begin{aligned}\boldsymbol{u}^*(k)&=-\boldsymbol{R}^{-1}(k)\boldsymbol{B}^{\mathrm{T}}(k)\boldsymbol{P}(k+1)\left[\boldsymbol{I}+\boldsymbol{B}(k)\boldsymbol{R}^{-1}(k)\boldsymbol{B}^{\mathrm{T}}(k)\boldsymbol{P}(k+1)\right]^{-1}\boldsymbol{A}(k)\boldsymbol{x}(k)\\&=-\left[\boldsymbol{R}(k)+\boldsymbol{B}^{\mathrm{T}}(k)\boldsymbol{P}(k+1)\boldsymbol{B}(k)\right]^{-1}\boldsymbol{B}^{\mathrm{T}}(k)\boldsymbol{P}(k+1)\boldsymbol{A}(k)\boldsymbol{x}(k)\end{aligned} \tag{6-68}$$

式中，$\boldsymbol{P}^{\mathrm{T}}(k)=\boldsymbol{P}(k)>0$ 满足黎卡提差分方程：

$$\begin{cases}\boldsymbol{P}(k)=\boldsymbol{Q}(k)+\boldsymbol{A}^{\mathrm{T}}(k)\boldsymbol{M}(k)\boldsymbol{A}(k)\\ \boldsymbol{M}(k)=\boldsymbol{P}(k+1)-\boldsymbol{P}(k+1)\boldsymbol{B}(k)\left[\boldsymbol{B}^{\mathrm{T}}(k)\boldsymbol{P}(k+1)\boldsymbol{B}(k)+\boldsymbol{R}(k)\right]^{-1}\boldsymbol{B}(k)\boldsymbol{P}(k+1)\\ \boldsymbol{P}(N)=\boldsymbol{F}(N)\end{cases} \tag{6-69}$$

证明：必要性证法一：离散的最小值原理或欧拉方程。

设

$$\boldsymbol{H}(k)=\frac{1}{2}\boldsymbol{x}^{\mathrm{T}}(k)\boldsymbol{Q}(k)\boldsymbol{x}(k)+\frac{1}{2}\boldsymbol{u}^{\mathrm{T}}(k)\boldsymbol{R}(k)\boldsymbol{u}(k)+\boldsymbol{\lambda}(k+1)\left[\boldsymbol{A}(k)\boldsymbol{x}(k)+\boldsymbol{B}(k)\boldsymbol{u}(k)\right]$$

由控制方程

$$\frac{\partial H(k)}{\partial \boldsymbol{u}(k)}=0$$

得

$$\boldsymbol{R}(k)\boldsymbol{u}(k)+\boldsymbol{B}^{\mathrm{T}}(k)\boldsymbol{\lambda}(k+1)=0$$

$$\boldsymbol{u}^*(k)=-\boldsymbol{R}^{-1}(k)\boldsymbol{B}^{\mathrm{T}}(k)\boldsymbol{\lambda}(k+1)$$

伴随方程为

$$\begin{cases}\boldsymbol{\lambda}(k)=\boldsymbol{Q}(k)\boldsymbol{x}(k)+\boldsymbol{A}^{\mathrm{T}}(k)\boldsymbol{\lambda}(k+1)\\ \boldsymbol{\lambda}(N)=\boldsymbol{F}(N)\boldsymbol{x}(N)\end{cases}$$

状态方程为

$$\boldsymbol{x}(k+1)=\boldsymbol{A}(k)\boldsymbol{x}(k)-\boldsymbol{B}(k)\boldsymbol{R}^{-1}(k)\boldsymbol{B}^{\mathrm{T}}(k)\boldsymbol{\lambda}(k+1)$$

令 $\boldsymbol{\lambda}(k+1)=\boldsymbol{P}(k+1)\boldsymbol{x}(k+1)$ 或 $\boldsymbol{A}(k)=\boldsymbol{P}(k)\boldsymbol{x}(k)$，对任意的 $\boldsymbol{x}(k)$，$\boldsymbol{P}(k)$ 待定，则由状态方程、伴随方程可得 $\boldsymbol{P}(k)$ 满足式(6-69)且式(6-68)也成立。

必要性证法二：用动态规划法的最优值函数的递推方程。

设

$$J_{N-k}^{*}[\boldsymbol{x}(k)]=\frac{1}{2}\sum_{j=k}^{N-1}[\boldsymbol{x}^{\mathrm{T}}(j)\boldsymbol{Q}(j)\boldsymbol{x}(j)+\boldsymbol{u}^{\mathrm{T}}(j)\boldsymbol{R}(j)\boldsymbol{u}(j)]$$

显然

$$J_{0}^{*}[\boldsymbol{x}(N)]=\frac{1}{2}\boldsymbol{x}^{\mathrm{T}}(N)\boldsymbol{F}(N)\boldsymbol{x}(N)$$

递推方程以及状态方程为

$$J_{N-k}^{*}[\boldsymbol{x}(k)]=\min_{\boldsymbol{u}(k)}\left\{\frac{1}{2}\boldsymbol{x}^{\mathrm{T}}(k)\boldsymbol{Q}(k)\boldsymbol{x}(k)+\frac{1}{2}\boldsymbol{u}^{\mathrm{T}}(k)\boldsymbol{R}(k)\boldsymbol{u}(k)+J_{N-k-1}^{*}[\boldsymbol{x}(k+1)]\right\}$$

$$\boldsymbol{x}(k+1)=\boldsymbol{A}(k)\boldsymbol{x}(k)+\boldsymbol{B}(k)\boldsymbol{u}(k)$$

令

$$\frac{\partial\left\{\frac{1}{2}\boldsymbol{x}^{\mathrm{T}}(k)\boldsymbol{Q}(k)\boldsymbol{x}(k)+\frac{1}{2}\boldsymbol{u}^{\mathrm{T}}(k)\boldsymbol{R}(k)\boldsymbol{u}(k)+J_{N-k-1}^{*}[\boldsymbol{x}(k+1)]\right\}}{\partial\boldsymbol{u}(k)}=0$$

显然

$$\boldsymbol{R}(k)\boldsymbol{u}(k)+\boldsymbol{B}^{\mathrm{T}}\frac{\partial J_{N-k-1}^{*}}{\partial\boldsymbol{x}(k+1)}=0$$

$$\boldsymbol{u}^{*}(k)=-\boldsymbol{R}^{-1}(k)\boldsymbol{B}^{\mathrm{T}}(k)\frac{\partial J_{N-k-1}^{*}}{\partial\boldsymbol{x}(k+1)}$$

下面略去 $J_{N-k}^{*}[\boldsymbol{x}(k)]$ 的下脚标"$N-k$"以及 $\boldsymbol{A}$、$\boldsymbol{B}$、$\boldsymbol{Q}$、$\boldsymbol{F}$、$\boldsymbol{R}$ 内的"(k)"。从而递推方程与动态方程为

$$J_{N-k}^{*}[\boldsymbol{x}(k)]=\frac{1}{2}\boldsymbol{x}^{\mathrm{T}}(k)\boldsymbol{Q}\boldsymbol{x}(k)+\frac{1}{2}\frac{\partial J_{N-k-1}^{*}}{\partial\boldsymbol{x}(k+1)}\boldsymbol{B}\boldsymbol{R}^{-1}\boldsymbol{B}^{\mathrm{T}}\frac{\partial J_{N-k-1}^{*}}{\partial\boldsymbol{x}(k+1)}+J_{N-k}^{*}[\boldsymbol{x}(k+1)]$$

$$\boldsymbol{x}(k+1)=\boldsymbol{A}\boldsymbol{x}(k)-\boldsymbol{B}\boldsymbol{R}^{-1}\boldsymbol{B}^{\mathrm{T}}\frac{\partial J_{N-k-1}^{*}}{\partial\boldsymbol{x}(k+1)}$$

对递推方程求 $\boldsymbol{x}(k)$ 的偏导数并注意状态方程，可得

$$\frac{\partial J^{*}}{\partial\boldsymbol{x}(k)}=\boldsymbol{Q}\boldsymbol{x}(k)+\boldsymbol{A}^{\mathrm{T}}\frac{\partial J^{*}}{\partial\boldsymbol{x}(k+1)}$$

$$\boldsymbol{x}(k+1)=\boldsymbol{A}\boldsymbol{x}(k)-\boldsymbol{B}\boldsymbol{R}^{-1}\boldsymbol{B}^{\mathrm{T}}\frac{\partial J^{*}}{\partial\boldsymbol{x}(k+1)} \tag{6-70}$$

令

$$J_{N-k}^{*}[\boldsymbol{x}(k)]=\frac{1}{2}\boldsymbol{x}^{\mathrm{T}}(k)\boldsymbol{P}(k)\boldsymbol{x}(k) \tag{6-71}$$

式(6-70)和式(6-71)给出的新的递推方程与状态方程为，对任意的 $\boldsymbol{x}(k)$，有

$$\boldsymbol{P}(k)\boldsymbol{x}(k)=\boldsymbol{Q}\boldsymbol{x}(k)+\boldsymbol{A}^{\mathrm{T}}\boldsymbol{P}(k+1)\boldsymbol{x}(k+1)$$

$$\boldsymbol{x}(k+1)=\boldsymbol{A}\boldsymbol{x}(k)-\boldsymbol{B}\boldsymbol{R}^{-1}\boldsymbol{B}^{\mathrm{T}}\boldsymbol{P}(k+1)\boldsymbol{x}(k+1)$$

$$\Rightarrow\boldsymbol{x}(k+1)=[\boldsymbol{I}+\boldsymbol{B}\boldsymbol{R}^{-1}\boldsymbol{B}^{\mathrm{T}}\boldsymbol{P}(k+1)]^{-1}\boldsymbol{A}\boldsymbol{x}(k)$$

从而有

$$\boldsymbol{P}(k)=\boldsymbol{Q}+\boldsymbol{A}^{\mathrm{T}}\boldsymbol{P}(k+1)[\boldsymbol{I}+\boldsymbol{B}\boldsymbol{R}^{-1}\boldsymbol{B}^{\mathrm{T}}\boldsymbol{P}(k+1)]^{-1}\boldsymbol{A}$$

根据矩阵求逆公式变换即得证 $\boldsymbol{P}=\boldsymbol{P}^{\mathrm{T}}$ 满足式(6-64)，又因为对任意的 $\boldsymbol{x}(k)$，有

$$J_{N-k}^{*}[\boldsymbol{x}(k)]=\frac{1}{2}\boldsymbol{x}^{\mathrm{T}}(k)\boldsymbol{P}(k)\boldsymbol{x}(k)$$

可知 $\boldsymbol{P}\geqslant 0$

充分性：下面用配方法证明反馈控制式(6-68)满足式(6-69)的充分性。事实上，不难

由式(6-69)和式(6-66)，推得

$$\begin{aligned}&[\boldsymbol{u}(k)+\boldsymbol{K}^{*}(k)\boldsymbol{x}(k)]^{\mathrm{T}}[\boldsymbol{R}(k)+\boldsymbol{B}^{\mathrm{T}}(k)\boldsymbol{P}(k+1)\boldsymbol{B}(k)][\boldsymbol{u}(k)+\boldsymbol{K}^{*}(k)\boldsymbol{x}(k)]\\&=\boldsymbol{u}^{\mathrm{T}}(k)\boldsymbol{R}(k)\boldsymbol{u}(k)+\boldsymbol{x}^{\mathrm{T}}(k)\boldsymbol{Q}(k)\boldsymbol{x}(k)+\boldsymbol{x}^{\mathrm{T}}(k+1)\boldsymbol{P}(k+1)\boldsymbol{x}(k+1)-\boldsymbol{x}^{\mathrm{T}}(k)\boldsymbol{P}(k)\boldsymbol{x}(k)\end{aligned}\tag{6-72}$$

式中

$$\boldsymbol{K}^{*}(k)=[\boldsymbol{R}(k)+\boldsymbol{B}^{\mathrm{T}}(k)\boldsymbol{P}(k+1)\boldsymbol{B}(k)]^{-1}\boldsymbol{B}^{\mathrm{T}}(k)\boldsymbol{P}(k+1)\boldsymbol{A}(k)$$

由于 $\boldsymbol{R}(k)+\boldsymbol{B}^{\mathrm{T}}(k)\boldsymbol{P}(k+1)\boldsymbol{B}(k)>0$(正定)，可知当 $\boldsymbol{u}^{*}(k)=-\boldsymbol{K}^{*}(k)\boldsymbol{x}(k)$ 时，

$$J^{*}=\frac{1}{2}\boldsymbol{x}^{\mathrm{T}}(0)\boldsymbol{P}(0)\boldsymbol{x}(0)$$

充分性得证。

6.5.3 离散系统的线性二次型最优控制器的设计

MATLAB 的控制系统工具箱中也提供了完整的解决离散线性二次型最优控制的函数，函数 dgry( )用于求解线性二次型输出调节器问题及相关的黎卡提方程，它的调用格式为

$$[\boldsymbol{K},\boldsymbol{P},\boldsymbol{r}]=\mathrm{dqry}(\boldsymbol{A},\boldsymbol{B},\boldsymbol{Q},\boldsymbol{R})$$

式中：矩阵 $\boldsymbol{A}$、$\boldsymbol{B}$、$\boldsymbol{Q}$、$\boldsymbol{R}$ 的意义是相当明显的；$\boldsymbol{K}$ 为输出反馈矩阵；$\boldsymbol{P}$ 为黎卡提方程解，$\boldsymbol{r}$ 为特征值。

针对例 6.15 其 MATLAB 程序 Ex6-15.mlx 清单如下。

```
*************************** %Ex6-15.mlx***************************
A=[1 1;0 0]; B=[0;1];
Q=[1 0;0 1]; R=1;
[K,P]=dlqr(A,B,Q,R)
*************************** END***************************
```

运行结果：

```
K=
    0.5000    0.5000
P=
    3.0000    2.0000
    2.0000    3.0000
```

可见用 MANTLAB 语言编程求解，也可得到如下结果。

$$u^{*}(t)=-0.5x_1(t)-0.5x_2(t)$$

习 题

6-1 已知系统的状态方程为

$$\dot{x}=x+u,\quad x(t_0)=x_0$$

求使

$$J=\frac{1}{2}\int_{t_0}^{T}(2x^2+u^2)\mathrm{d}t$$

取极小的最优控制 $u^*(t)$。

6-2 已知系统的状态方程为

$$\dot{x}(t)=u(t),\quad x(1)=3$$

求使

$$J=x^2(5)+\frac{1}{2}\int_{1}^{5}u^2\mathrm{d}t$$

取极小的最优控制 $u^*(t)$。

6-3 已知系统的状态方程为

$$\dot{x}=-\frac{1}{2}x+u,\quad x(0)=2$$

求使

$$J=5x^2(1)+\frac{1}{2}\int_{0}^{1}(2x^2+u^2)\mathrm{d}t$$

取极小的最优控制 $u^*(t)$。

6-4 已知系统的状态方程及初始条件分别为

$$\begin{cases}\dot{x}(t)=u_1(t)+u_2(t)\\ x(0)=1\end{cases}$$

求使

$$J=\int_{0}^{\infty}[x^2(t)+u_1^2(t)+u_2^2(t)]\mathrm{d}t$$

取极小的最优控制 $\boldsymbol{u}^*(t)$。

6-5 已知系统的状态方程为

$$\begin{cases}\dot{x}_1(t)=x_2(t)\\ \dot{x}_2(t)=u(t)\end{cases}$$

性能指标为

$$J=\frac{1}{2}\int_{0}^{\infty}[x_1^2(t)+qx_2^2(t)+ru^2(t)]\mathrm{d}t,(q>0,r>0)$$

(1)求使 J 取极小的最优控制 $u^*(t)$,并绘出最优闭环系统的结构图。

(2)求使闭环系统的特征值(极点)为(−2,−2)的 q、r。

6-6 已知二阶系统状态方程及初始条件分别为

$$\dot{x}=\begin{bmatrix}0 & 1\\0 & -1\end{bmatrix}x+\begin{bmatrix}0\\1\end{bmatrix}u,\begin{bmatrix}x_1(0)\\x_2(0)\end{bmatrix}=\begin{bmatrix}1\\0\end{bmatrix}$$

求使性能指标

$$J=\int_0^{\infty}(\boldsymbol{x}^{\mathrm{T}}Qx+u^2)\mathrm{d}t$$

取极小值的最优控制 $u^*(t)$，并定出反馈增益矩阵 $\boldsymbol{K}$ 及性能指标 J^*。已知 $\boldsymbol{Q}=\begin{bmatrix}1 & 0\\0 & \mu\end{bmatrix}$，$\mu>0$。

6-7 已知系统的状态空间表达式为

$$\begin{cases}\dot{x}_1(t)=x_2(t)+u(t)\\\dot{x}_2(t)=\beta u(t)\end{cases}$$

$$y(t)=x_1(t)$$

求使性能指标

$$J=\frac{1}{2}\int_0^{\infty}[y^2(t)+ru^2(t)]\mathrm{d}t$$

取极小的最优控制 $u^*(t)$。

6-8 已知系统的状态空间表达式为

$$\dot{\boldsymbol{x}}(t)=\begin{bmatrix}0 & 1\\0 & 0\end{bmatrix}\boldsymbol{x}(t)+\begin{bmatrix}0\\1\end{bmatrix}u(t),\boldsymbol{x}(0)=\begin{bmatrix}x_{10}\\x_{20}\end{bmatrix}$$

$$y(t)=[1\quad 0]\boldsymbol{x}(t)$$

性能指标为

$$J=\int_0^{\infty}\{[y_r(t)-y(t)]^2+u^2(t)\}\mathrm{d}t$$

给定的预期输出 $y_r(t)=1\ (t\geqslant 0)$，试确定 J 为最小时的最优控制 $u^*(t)$。

6-9 离散系统状态方程为

$$\begin{cases}x(k+1)=x(k)+\alpha u(k)\\x(0)=1\end{cases}$$

求反馈控制 $u^*(0),u^*(1),\cdots,u^*(9)$，使

$$J=\frac{1}{2}\sum_{k=0}^{9}u^2(k)$$

取极小。

最优控制理论在实际工程中的应用

第 7 章

7.1 变分法在温度控制系统设计中的应用

在现代社会中，温度控制不仅应用于工业设计、工程建设等方面，也体现在日常生活中，如供暖、制冷等，以便改善人们的生活质量。本项目基于变分方法，解决室内温度控制系统耗能的最小化问题。

7.1.1 温度控制系统描述

室内温度定义为 $\theta(t)$，外部温度视为常值 θ_a，加热速率定义为 $u(t)$。现在通过温度控制系统将室内温度提高 10℃。

温度控制系统可用如下动力学方程描述：

$$\dot{\theta}(t)=-a(\theta(t)-\theta_a)+bu(t) \tag{7-1}$$

式中，参数 a，b 取决于室内与外界环境隔绝程度等因素。

将状态定义为

$$x(t)=\theta(t)-\theta_a \tag{7-2}$$

状态方程改写为

$$\dot{x}=-ax+bu \tag{7-3}$$

给定

$$x(0)=0,x(t_f)=10 \tag{7-4}$$

性能指标定义为

$$J=t_f+\frac{1}{2}\int_0^{t_f}u^2(t)\mathrm{d}t \tag{7-5}$$

本问题为终端时刻 t_f 自由，使用尽可能少的能量，从初始温度达到给定的控制温度。

7.1.2 变分法求解温度控制问题

设定 $a=0.03535$，$b=1$，环境温度为 $\theta_a=15$℃。构造哈密顿函数

$$H=L+\lambda^{\mathrm{T}}f=\frac{1}{2}u^2(t)+\lambda(t)[-ax+bu] \tag{7-6}$$

由伴随方程有

$$\dot{\lambda}=-\frac{\partial H}{\partial x}=a\lambda,\lambda(t)=c_1\mathrm{e}^{at} \tag{7-7}$$

状态方程为

$$\dot{x}=-\frac{\partial H}{\partial \lambda}=-ax+bu \tag{7-8}$$

控制方程为

$$\frac{\partial H}{\partial u}=u+b\lambda=0 \tag{7-9}$$

得到

$$u(t)=-b\lambda(t) \tag{7-10}$$

由终端横截条件有

$$H(t_f)=-\frac{\partial \Phi}{\partial t_f}=-\frac{\partial t_f}{\partial t_f}=-1 \tag{7-11}$$

将式(7-10)代入式(7-11)有

$$\frac{1}{2}[-b\lambda(t_f)]^2+\lambda(t_f)[-ax(t_f)-b^2\lambda(t_f)]=-1$$

代入已知参数和终端状态并整理

$$\lambda^2(t_f)+0.707\lambda(t_f)-2=0$$

解得 $\lambda_1(t_f)=1.104$，$\lambda_2(t_f)=-1.811$。

将式(7-10)代入状态方程有

$$\dot{x}=-ax-b^2\lambda(t) \tag{7-12}$$

若已知终态 $\lambda(t_f)$，则 $\lambda(t)$ 可表示为

$$\lambda(t)=\mathrm{e}^{a(t-t_f)}\lambda(t_f) \tag{7-13}$$

将式(7-13)代入(7-12)，可得

$$\dot{x}=-ax-b^2\lambda(t_f)\mathrm{e}^{a(t-t_f)} \tag{7-14}$$

由拉普拉斯变换可得

$$X(s)=\frac{x(0)}{s+a}-\frac{b^2\lambda(t_f)\mathrm{e}^{-at_f}}{(s+a)(s-a)}=\frac{x(0)}{s+a}-\frac{1}{2}\frac{b^2}{a}\lambda(t_f)\mathrm{e}^{-at_f}\left(\frac{-1}{s+a}+\frac{1}{s-a}\right) \tag{7-15}$$

解出

$$x(t)=x(0)\mathrm{e}^{-at}-\frac{b^2}{2a}\lambda(t_f)\mathrm{e}^{-at_f}(\mathrm{e}^{at}-\mathrm{e}^{-at}) \tag{7-16}$$

由式(7-16)有

$$x(t_f)=x(0)\mathrm{e}^{-at_f}-\frac{b^2}{2a}\lambda(t_f)(1-\mathrm{e}^{-2at_f}) \tag{7-17}$$

将给定初态及终态代入式(7-17)，解得

$$\lambda(t_f)=-\frac{20a}{b^2(1-\mathrm{e}^{-2at_f})} \tag{7-18}$$

由给定的参数、解出的 $\lambda(t_f)$ 值及式(7-18)，可解出最优终端时刻为

$$t_{f1}=-6.999\ \mathrm{s}(舍)t_{f2}=7.000\ \mathrm{s}。$$

因为 t_{f1} 是由 $\lambda_1(t_f)$ 计算而来，因此 $\lambda_1(t_f)$ 不是本例的解，应舍去。

将式(7-18)代入(7-13)，可得最优伴随曲线

$$\lambda^*(t)=-\frac{10a\mathrm{e}^{at}}{b^2\sinh at_f} \tag{7-19}$$

将式(7-19)代入式(7-10)，可得最优控制

$$u^*(t)=\frac{10ae^{at}}{b\sinh at_f}\quad 0\leqslant t\leqslant t_f$$

将式(7-18)代入式(7-16)，可得最优状态

$$x^*(t)=10\frac{\sinh at}{\sinh at_f}$$

在 $t=t_f$ 时，$x^*(t_f)=10$ 与给定值相同，说明最优控制系统有效。

7.1.3 仿真验证

本项目的 MATLAB 程序代码如下。

```
**************************** Ex7-1.mlx ****************************
%定义符号型(sym)变量
syms x(t) u(t) a b lamd(t) lamdeq(t) x0 tf tf2 tf21 tf22 k ut utf xtf xt xtf2 c1 c2 lamdt lamdtf
%哈密顿函数
H(t)=0.5*u(t)^2+lamd(t)*(-1*a*x(t)+b*u(t))
%伴随方程
eq1(t)=diff(lamd,t)==-1*diff(H,x(t))
%状态方程
eq2(t)=diff(x,t)==diff(H(t),lamd(t))
%控制方程
eq3(t)=diff(H,u(t))==0
%由控制方程求 u(t)表达式
eq4(t)=u(t)==subs(solve(subs(eq3(t),u,ut)),ut,u)
%最优终端时刻的横截条件
eq5=H(tf)==-1
co1=a==0.03535
co2=b==1
co3=x(tf)==10
eq42=subs(eq4,t,tf)
jie1=[eq5,eq42,co1,co2,co3];
syms lamdtf utf xtf
jie1=subs(jie1,{lamd(tf),u(tf),x(tf)},{lamdtf,utf,xtf});
[lamdtf,utf,xtf,aa,bb]=solve(jie1,lamdtf,utf,xtf,a,b);
digits(4);
lamdtf=vpa(subs(lamdtf))
syms lamdtf2 %为了和上述 lamdtf 的计算结果值分开,重新对 lamdtf 进行命名
eq6=lamd(tf)==lamdtf2
eq7=lamd(t)==subs(dsolve(eq1(t),eq6),tf,tf2)
eq7=subs(eq7,lamd(t),lamdt)
```

```
eq4(t)=subs(eq4(t),{lamd(t),u(t)},{lamdt,ut})
jie2=[eq7,eq4(t)]
[ut,lamdt]=solve(jie2,ut,lamdt)
eq2(t)=subs(eq2(t),u(t),ut)
co4=x(0)==x0
eq8=x(t)==collect(dsolve(eq2(t),co4),lamdtf2) % 多项式合并成以 lamdtf2 为
自变量的多项式
eq10=subs(eq8,t,tf2)
% 根据上述 lamdtf 的解,解出最优终端时刻 tf
eq10=subs(eq10,x(tf2),xtf2)
eq11=subs(eq10,{xtf2,x0},{10,0})
eq13=lamdtf2==solve(eq11,lamdtf2)
eq12=subs(eq11,{lamdtf2},{lamdtf})
eq121=tf21==solve(eq12(1),tf2);
jie2=[eq121,co1,co2];
digits(4);
[tf21,aa,bb]=solve(jie2,tf21,a,b)
eq122=tf22==solve(eq12(2),tf2);
jie3=[eq122,co1,co2];
digits(4);
[tf22,aa,bb]=solve(jie3,tf22,a,b)
tf=[tf21,tf22] % 时刻为非负值,舍去负值
tf=tf22
eq14=solve(eq11,lamdtf2)
lamdt=subs(eq7,lamdtf2,eq14)
ut=subs(eq4)
x=subs(eq8,{lamdtf2,x0},{eq14,0})
% 验证
prove=subs(x,{t,tf2,a,b},{tf,tf,0.03535,1})
*************************** END ***************************
```

程序运行结果：

lamdtf =

$$\begin{pmatrix} 1.104 \\ -1.811 \end{pmatrix}$$

eq8 =

$$x(\mathrm{t})=\left(\frac{b^2\mathrm{e}^{-at}\mathrm{e}^{-a\mathrm{tf}_2}}{2a}-\frac{b^2\mathrm{e}^{2at-a\mathrm{tf}_2}\mathrm{e}^{-at}}{2a}\right)\mathrm{lamdtf}_2+x_0\mathrm{e}^{-at}$$

eq10 =

$$x(\mathrm{tf}_2)=x_0\mathrm{e}^{-a\mathrm{tf}_2}-\mathrm{lamdtf}_2\left(\frac{b^2}{2a}-\frac{b^2\mathrm{e}^{-2a\mathrm{tf}_2}}{2a}\right)$$

tf =(−6.999　7.0)

lamdt =

$$\text{lamdt} = -\frac{20a\mathrm{e}^{at}\mathrm{e}^{a\mathrm{tf}_2}}{b^2\mathrm{e}^{2a\mathrm{tf}_2}-b^2}$$

ut(t) =

$$-b\text{lamdtf}_2\mathrm{e}^{at-a}\mathrm{e}^{\mathrm{tf}_2}=\left(-b\text{lamdt}=\frac{20ab\mathrm{e}^{at}\mathrm{e}^{a\mathrm{tf}_2}}{b^2\mathrm{e}^{2a\mathrm{tf}_2}-b^2}\right)$$

x =

$$x(\mathrm{t})=-\frac{20a\mathrm{e}^{2a\mathrm{tf}_2}\left(\frac{b^2\mathrm{e}^{-a\mathrm{t}}\mathrm{e}^{-a\mathrm{tf}_2}}{2a}-\frac{b^2\mathrm{e}^{2at-a\mathrm{tf}_2}\mathrm{e}^{-at}}{2a}\right)}{b^2\mathrm{e}^{2a\mathrm{tf}_2}-b^2}$$

prove $=x(7.0)=10.0$

7.2　极小值原理在机械手转台最短时间控制中的应用

机械手是现代工业装配现场应用最广泛的自动化机械之一。机械手装配速度直接影响着整个生产过程的效率,其工作效率的提高对于生产效率的提高具有重要作用,设计合理的机械手控制方案将有效提高机械手的工作效率。本项目利用极小值原理设计最优控制律来实现机械手转台的最短时间控制。

7.2.1　机械手转台控制系统描述

三自由度机械手的结构如图 7-1 所示,可以看出机械手是通过伸出去的机械臂夹持重物,并通过底座回转产生竖直方向的上升和下降运动。机械手夹持固定质量的重物后,其简化模型如图 7-2 所示。

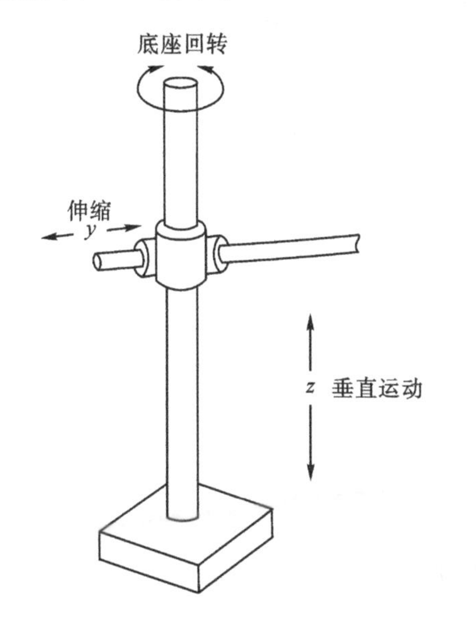

图 7-1　三自由度机械手结构图

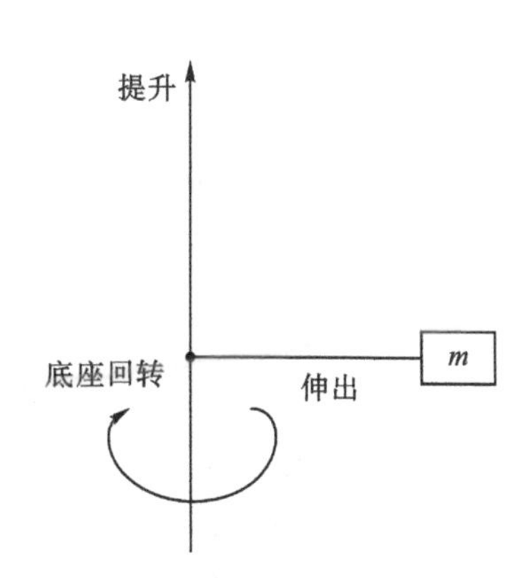

图 7-2　机械手夹持重物后的简化模型

设机械手转动惯量为 I，横杆夹持重物质量为 m，并假设加持重物后横杆长度与纵杆高度不再变化，最大回转力矩为 M_{max}，质心初始柱面坐标为 (θ_0, y_0, z_0)，目标坐标为 (θ_1, y_0, z_0)，初始速度与到达目标坐标的速度均为 0。

运动方程如下：

$$\ddot{\theta}(I+my_0{}^2)=M \tag{7-20}$$

令 $\theta=x_1$，$\dot{\theta}=x_2$，则

$$\dot{x}_1=x_2$$

$$\dot{x}_2=\frac{M}{I+my_0{}^2} \tag{7-21}$$

初始条件

$$x_1(t_0)=\theta_0, x_2(t_0)=0 \tag{7-22}$$

终端条件

$$x_1(t_f)=\theta_1, x_2(t_f)=0 \tag{7-23}$$

控制约束

$$\left|\frac{M}{I+my_0^2}\right| \leqslant \left|\frac{M_{max}}{I+my_0^2}\right| \tag{7-24}$$

性能指标

$$J=\int_{t_0}^{t_f} dt \tag{7-25}$$

7.2.2　极小值原理求解机械手最短时间控制问题

构造哈密顿函数

$$H=F+\lambda^T f=1+\lambda_1(t)x_2(t)+\lambda_2(t)\frac{M}{I+my_0^2} \tag{7-26}$$

最优控制为

$$M=-\text{sgn}[\lambda_2(t)]M_{max} \tag{7-27}$$

由伴随方程有

$$\dot{\lambda}_1=0,\quad \lambda_1(t)=c_1$$

$$\dot{\lambda}_2=-\lambda_1,\ \lambda_2=-c_1 t+c_2 \tag{7-28}$$

当 $M=M_{max}$ 时，由式(7-21)解得

$$x_2(t)=\frac{M_{max}}{I+my_0^2}t+x_{20}$$

$$x_1(t)=\frac{M_{max}}{2(I+my_0^2)}t^2+x_{20}t+x_{10} \tag{7-29}$$

式中，x_{10}，x_{20} 为 x_1，x_2 的初始值。

在解 $\{x_1(t), x_2(t)\}$ 中，消去 t，求得相应的最优曲线方程为

$$x_1(t)=\frac{I+my_0^2}{2M_{max}}x_2{}^2(t)+\left[x_{10}-\frac{I+my_0^2}{2M_{max}}x_{20}\right] \tag{7-30}$$

当 $M=-M_{max}$ 时，解得

$$x_2(t)=-\frac{M_{max}}{I+my_0^2}t+x_{20}$$

$$x_1(t)=-\frac{M_{max}}{2(I+my_0^2)}t^2+x_{20}t+x_{10} \tag{7-31}$$

可得相应的最优曲线方程为

$$x_1(t)=-\frac{I+my_0^2}{2M_{max}}x_2^2(t)+\left[x_{10}+\frac{I+my_0^2}{2M_{max}}x_{20}\right] \tag{7-32}$$

根据不同(x_{10},x_{20})可在相平面上得到不同的最优曲线如图 7-3 所示。

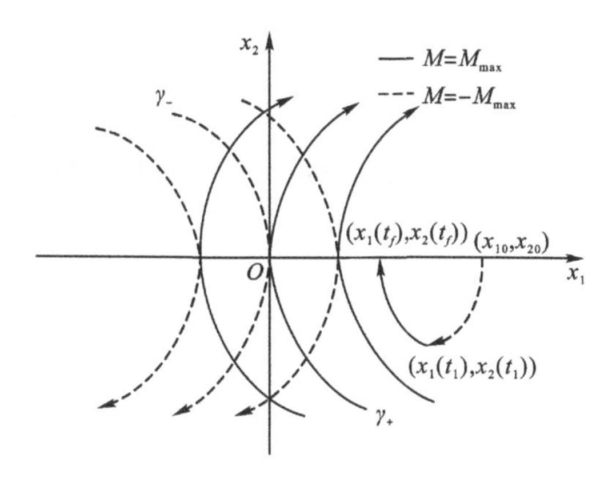

图 7-3　最短时间相轨迹

由式初始条件式(7-22)与式(7-32)可求得切换状态 $(x_1(t_1),x_2(t_1))$

$$x_1(t_1)=-\frac{I+my_0^2}{2M_{max}}x_2{}^2(t_1)+\left[x_{10}+\frac{I+my_0^2}{2M_{max}}x_{20}{}^2\right]=-\frac{I+my_0^2}{2M_{max}}x_2^2(t_1)+\theta_0 \tag{7-33}$$

由终端条件式(7-23)与式(7-30)可求得切换状态 $(x_1(t_1),x_2(t_1))$

$$x_1(t_1)=\frac{I+my_0^2}{2M_{max}}x_2^2(t_1)+\left[x_1(t_f)-\frac{I+my_0^2}{2M_{max}}x_2^2(t_f)\right]=\frac{I+my_0^2}{2M_{max}}x_2^2(t_1)+\theta_1 \tag{7-34}$$

由式(7-23)与式(7-30)解得

$$x_1(t_1)=\frac{\theta_0+\theta_1}{2},x_2(t_1)=-\sqrt{\frac{(\theta_0-\theta_1)M_{max}}{I+my_0^2}} \tag{7-35}$$

又由式(7-31)及初始条件式(7-22)，得

$$x_1(t_1)=-\frac{M_{max}}{2(I+my_0^2)}t_1^2+x_{20}t_1+x_{10}=-\frac{M_{max}}{2(I+my_0^2)}t_1^2+\theta_0 \tag{7-36}$$

将式(7-35)代入式(7-36)可得

$$t_1=\sqrt{\frac{(\theta_0-\theta_1)(I+my_0^2)}{M_{max}}} \tag{7-37}$$

又由式(7-29)及式(7-35)可得

$$x_1(t_f)=\frac{M_{max}}{2(I+my_0^2)}(t_f-t_1)^2-\sqrt{\frac{(\theta_0-\theta_1)M_{max}}{I+my_0^2}}(t_f-t_1)+\frac{\theta_0+\theta_1}{2}=\theta_1 \tag{7-38}$$

解得

$$t_f=2\sqrt{\frac{(\theta_0-\theta_1)(I+my_0^2)}{M_{\max}}} \tag{7-39}$$

控制输入为

$$M=\begin{cases}-M_{\max},0\leqslant t\leqslant\sqrt{\dfrac{(\theta_0-\theta_1)(I+my_0^2)}{M_{\max}}}\\ M_{\max},\sqrt{\dfrac{(\theta_0-\theta_1)(I+my_0^2)}{M_{\max}}}\leqslant t\leqslant 2\sqrt{\dfrac{(\theta_0-\theta_1)(I+my_0^2)}{M_{\max}}}\end{cases} \tag{7-40}$$

7.2.3　仿真验证

假设$(I+my_0^2)=1$，$M_{\max}=1$，$\theta_0=1$，$\theta_1=0$，则$\ddot{\theta}=M$，可由 MATLAB/Simulink 环境下仿真求解，仿真结构图如图 7-4 所示。控制输入、输出角速度、输出角度分别如图 7-5、图 7-6和图 7-7 所示。

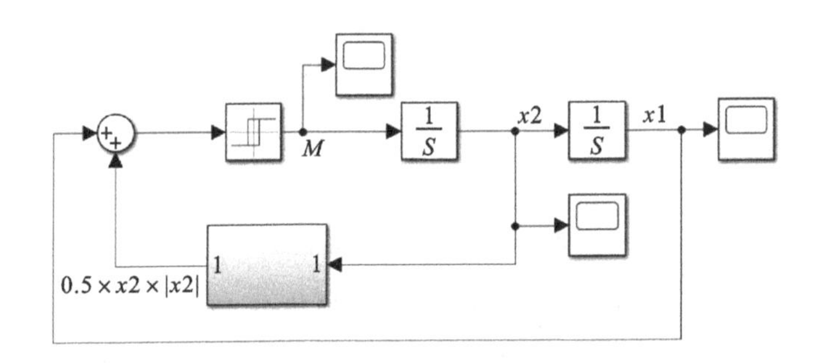

图 7-4　Simulink 仿真结构图

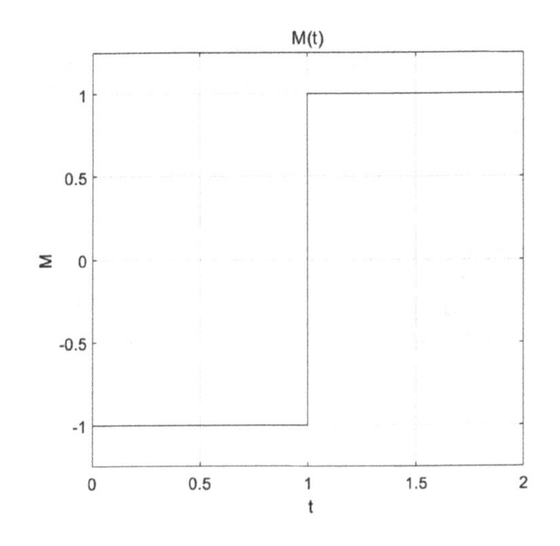

图 7-5　输入信号曲线

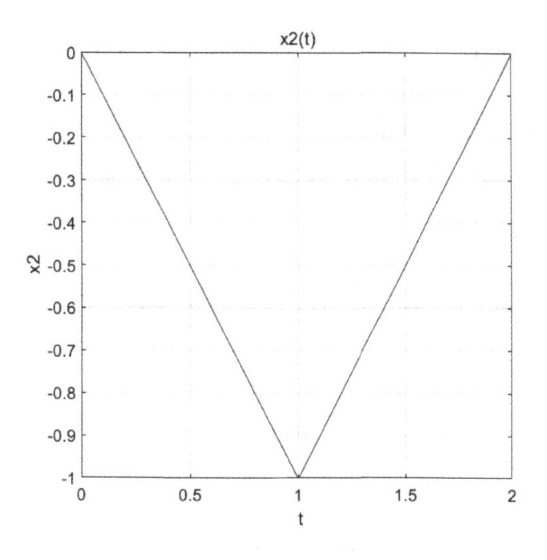

图 7-6 输出角速度曲线

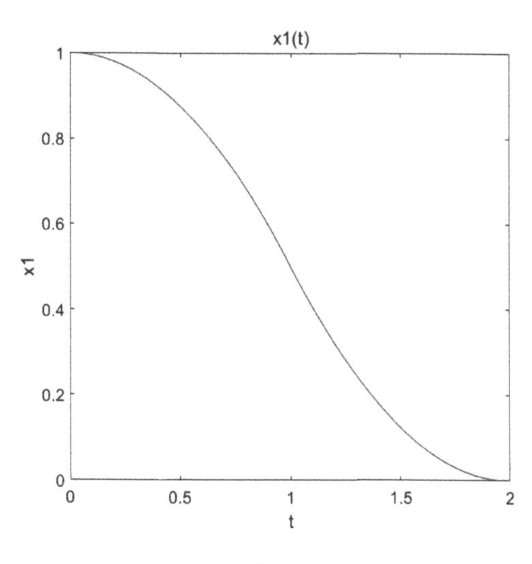

图 7-7 输出角度曲线

7.3 动态规划在热交换器最优设计中的应用

在实际的化工生产、科学实验中常存在热量传递问题。为了调节和控制物料的温度，对于需要加热的物料，常用一种热流体来供给热量；需要冷却的物料，又常用一种冷流体来吸收它的热量。这种传热过程称为热交换。工业中换热方法主要有混合式换热、蓄热式换热和间壁式换热三种。前两种换热方式在实际操作过程中会发生流体混合，而间壁式换热中冷热流体不相混合，故该换热方法在生产中应用最为广泛。

本项目要解决问题的对象——三级热交换器即采用间壁式换热。在每一级对流体进行不同温度阶段的逐级换热，以实现最终目标。

7.3.1　热交换器系统描述

从经济效益等各方面出发，三级热交换器在具体的加热过程中，需要考虑如何在原料最省的条件下实现换热目的，因此考虑采用最优控制策略使加热时的热交换面积最小。三级热交换系统示意图如图 7-3 所示。

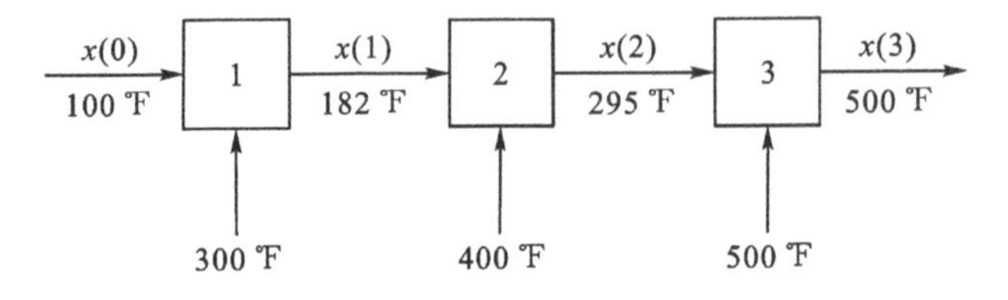

图 7-8　三级热交换系统示意图

要求使用动态规划方法进行设计，使原有温度为 100 ℉①的油流经热交换器逐级加热后，在第三级热交换器的出口油温达到 500 ℉。用动态规划法求各级热交换器的热交换面积的最佳分配方案，使热交换器的总热交换面积为最小。

根据热交换器的热平衡方程建立数学模型如下：

状态方程

$$x(k)=\frac{x(k-1)+R_kT_ku(k-1)}{1+R_ku(k-1)},R_k=\frac{K_k}{WC_p} \tag{7-41}$$

由式(7-41)可得

$$u(k-1)=\frac{x(k)-x(k-1)}{R_k(T_k-x(k))} \tag{7-42}$$

性能指标

$$J=\sum_{k=1}^{3}u(k-1) \tag{7-43}$$

式中，$x(k)$为流出第 k 个热交换器的油温(℉)；$u(k-1)$为第 k 个热交换器的热交换面积(m^2)；K_k为第 k 个热交换器的传热系数($W\cdot m^{-2}\cdot ℉^{-1}$)；$W$ 为油的流速(kg/h)；C_p 为油的比热($W\cdot h\cdot kg^{-1}\cdot ℉^{-1}$)；$T_k$ 为进入第 k 个热交换器的热载体温度(℉)。

设计给定数据：$x(0)=100$ ℉、$x(3)=500$ ℉；$T_1=300$ ℉、$T_2=400$ ℉、$T_3=600$ ℉；$WC_p=10^5\ W\cdot ℉^{-1}$；$K_1=120\ W\cdot m^{-2}\cdot ℉^{-1}$、$K_2=80\ W\cdot m^{-2}\cdot ℉^{-1}$、$K_3=W\cdot m^{-2}\cdot ℉^{-1}$。

7.3.2　动态规划法求解交换面积分配策略

设 J_j^* 表示由 j 个热交换器组成的热交换系统的最小总热交换面积。应用动态规划递推方程，有

$$J_j^*[x(N-j)]=\min_{u(N-j)}\{L[x(N-j),u(N-j),N-j]+J_{j-1}^*[x(N-j+1)]\}\quad j=1,2,\cdots,N-1,N$$

当 $j=1$ 且考虑给定的系统状态方程时，则有

① 摄氏度(℃)=[华氏度(℉)−32]·1.8；华氏度(℉)=32+摄氏度(℃)×1.8

$$J_1^*[x(N-1)]=\min_{u(N-1)}\{u(N-1)\}=\min_{u(N-1)}\frac{x(N)-x(N-1)}{R_N[T_N-x(N)]}=\frac{x(N)-x(N-1)}{\frac{K_N}{WC_P}[T_N-x(N)]} \tag{7-44}$$

将给定数据代入式(7-44),有

$$J_1^*[x(2)]=\min_{u(2)}\{u(2)\}=\min_{u(2)}\frac{500-x(2)}{\frac{40}{10^5}(600-500)}=25\times[500-x(2)] \tag{7-45}$$

当 $j=2$ 时有

$$J_2^*[x(1)]=\min_{u(1)}\{u(1)+J_1^*[x(2)]\}=\min_{u(1)}\left\{u(1)+25\times\left[500-\frac{x(1)+80\times10^{-5}\times400u(1)}{1+80\times10^{-5}\times u(1)}\right]\right\} \tag{7-46}$$

由于 $u(k)$ 不受约束,故令

$$\frac{\partial J\{\cdot\}}{\partial u(1)}=1+25\times\left[500-\frac{x(1)+80\times10^{-5}\times400u(1)}{1+80\times10^{-5}\times u(1)}\right]=0$$

求得 $u(1)$ 最优解为

$$u^*(1)=25\times\sqrt{50}\times\sqrt{400-x(1)}-1250$$

将 $u^*(1)$ 值代入式(7-46),有

$$J_2^*[x(1)]=1250+250\times\sqrt{2}\times\sqrt{400-x(1)} \tag{7-47}$$

当 $j=3$ 时有

$$\begin{aligned}J_3^*[x(0)]&=\min_{u(0)}\{u(0)+J_2^*[x(1)]\}\\&=\min_{u(0)}\{u(0)+1250+250\times\sqrt{2}\times\sqrt{400-x(1)}\}\\&=\min_{u(0)}\left\{u(0)+1250+250\times\sqrt{2}\times\sqrt{400-\frac{100+120\times10^{-5}\times300u(0)}{1+120\times10^{-5}\times u(0)}}\right\}\end{aligned} \tag{7-48}$$

对 $u(0)$ 求导,并令其等于 0,可求得 $u(0)$ 的最优解为

$$u^*(0)=579$$

将 $u^*(0)$ 值代入式(7-48)中,可得

$$J_3^*[x(0)]=J_3^*[100]=7049$$

将已知数据代入系统的状态方程,可得

$$x^*(1)=\frac{100+\frac{120}{10^5}\times300u(0)}{1+\frac{120}{10^5}u(0)}=\frac{100+\frac{120}{10^5}\times300\times579}{1+\frac{120}{10^5}\times579}=182$$

所以

$$u^*(1)=25\times\sqrt{50}\times\sqrt{400-182}-1250=1360$$

同理,将已知数据代入系统的状态方程,可得

$$x^*(2)=\frac{182+\frac{80}{10^5}\times400u(1)}{1+\frac{80}{10^5}u(1)}=\frac{182+\frac{80}{10^5}\times400\times1360}{1+\frac{80}{10^5}\times1360}=296$$

由于 $J_3^*[x(1)]=7049$ 为由三个热交换器组成的热交换系统的最小总热交换面积，所以

$$u^*(2)=J_3^*[x(0)]-u^*(1)-u^*(0)=5110$$

由此可见，三个热交换器的最佳热交换面积分别为

$$u^*(0)=579\ \mathrm{m}^2$$

$$u^*(1)=1360\ \mathrm{m}^2$$

$$u^*(2)=5110\ \mathrm{m}^2$$

流出各个热交换器的油温分别为

$$x(0)=100\ ^\circ\mathrm{F}$$

$$x(1)=182\ ^\circ\mathrm{F}$$

$$x(2)=296\ ^\circ\mathrm{F}$$

$$x(3)=500\ ^\circ\mathrm{F}$$

动态规划是把多级决策问题化成多个单级决策问题来求解的，因为单级问题比多级问题容易处理。动态规划的基础是最优性原理，即在多级最优决策中，不管初始状态是什么，余下的决策对此状态必定构成最优决策。根据这个原理，动态规划解决多级决策问题，特别是离散系统的最优控制问题，是从最后一级开始倒向计算的。

7.3.3 仿真验证

本项目的 MATLAB 程序代码如下。

```
**************************** Ex7 - 3.mlx ****************************
%定义符号型(sym)变量
定义符号型(sym)变量
syms  x0 x1 x2 x3 u0 u1 u2 J1 J2 J3 eq;
%N=3
x=[x0 x1 x2 x3]; x(1)=100;x(4)=500;
u=[u0 u1 u2];
J=[J1 0 0 0];
T=[0 300,400,600];
K=[0 120,80,40];
R=K./10^5;
a(4)=x(4);
%逆向迭代求解
for i=3:-1:1
    u(i)=(x(i+1)-x(i))/(R(i+1)*(T(i+1)-x(i+1)));
    J(i)=u(i)+J(i+1);
    if i==1
        J(i)=subs(J(i),u1,eq_u1(2));
```

```
        eq(i)=diff(J(i),u0)==0;
        digits(6);
        u(i)=max(vpa(solve(eq(i))));
        break
    end
    x(i)=(x(i-1)+R(i)*T(i)*u(i-1))/(1+R(i)*u(i-1));
    J(i)=subs(J(i),{x1,x2},{x(2),x(3)});
    if i==2
        eq(i)=diff(J(i),u1)==0;
        eq_u1=solve(eq(i),u1);
    end
end
%正向顺序求出
for i=1:1:3
    digits(6);
    if i==1
      J(i)=vpa(subs(J(i),u0,u(1)));
    end
    if i==2
      x(i)=vpa(subs(x(i),u0,u(1)));
      u(i)=vpa(subs(eq_u1(2),u0,u(1)));
    end
    if i==3
      x(i)=vpa(subs(x(i),{u1,x1},{u(2),x(2)}));
      u(i)=vpa(subs(u(3),x2,x(3)));
    end
end
%输入结果如下:
minJ=J(1)
u
x
***************************END***************************
```

程序运行结果:

minJ =

7049.25

u =(579.307　1357.97　5109.97)

x =(100　182.018　295.601　500)

7.4 线性二次型最优控制在单级倒立摆系统控制中的应用

倒立摆系统的控制问题可以表述为，给小车底座施加一个外力 F，使小车停留在预定的位置，并使摆杆不倒下，即不超过一个预先定义好的垂直偏离角度范围。

在忽略了空气阻力、各种摩擦之后，可将单级倒立摆系统简化为由小车和匀质杆组成的系统，其结构简图如图 7－4 所示。其中：M 为小车质量；l 为摆杆的半长；s 为小车的位移；θ 为摆杆与垂直方向的夹角；F 为作用在小车上外力；mg 为摆杆所受的重力；N 和 P 分别为摆杆与小车之间相互作用力的水平和垂直方向的分量。

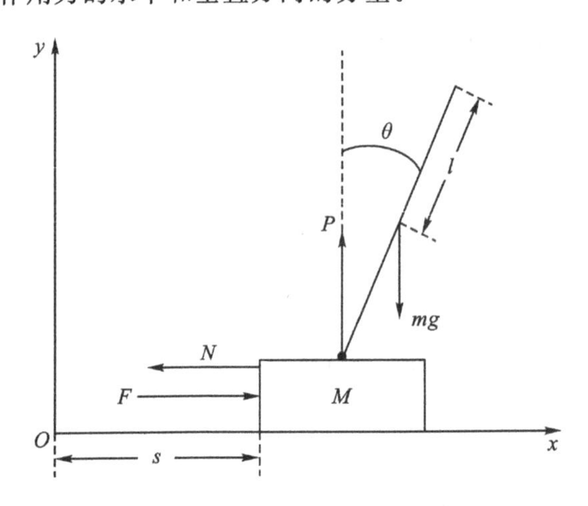

图 7－9　单级倒立摆系统结构简图

系统的控制目标：产生合适的控制 u，使得摆杆和小车在某一给定的初始条件下，能够迅速地恢复到平衡位置，即 $\theta=0$，$s=0$。

7.4.1 单级倒立摆系统描述

通过牛顿动力学方法分别建立摆杆围绕其质心的转动运动方程、摆杆质心的水平运动方程、摆杆质心的垂直运动方程和小车的运动方程为

$$\begin{cases} M\ddot{s}+N=F \\ N=m\ddot{s}+ml\ddot{\theta}\cos\theta-ml\dot{\theta}^2\sin\theta \\ P-mg=-ml\ddot{\theta}\sin\theta-ml\dot{\theta}^2\cos\theta \\ Pl\sin\theta-Nl\cos\theta=I\ddot{\theta} \end{cases} \tag{7-49}$$

式中，I 为摆杆的转动惯量。

对式(7－49)进行整理，可得到单级倒立摆系统的运动方程为

$$\begin{cases} (M+m)\ddot{s}+ml\ddot{\theta}\cos\theta-ml\dot{\theta}^2\sin\theta=F \\ (I+ml^2)\ddot{\theta}+ml\ddot{s}\cos\theta-mgl\sin\theta=0 \end{cases} \tag{7-50}$$

考虑到摆杆在设定点 $\theta=0$ 附近做微小振动，对式(7－42)进行局部线性化，即用 $\cos\theta\approx$

$1, \sin\theta \approx \theta$ 做近似处理后，可得

$$\begin{cases}(M+m)\ddot{s}+ml\ddot{\theta}=F \\ (I+ml^2)\ddot{\theta}+ml\ddot{s}-mgl\theta=0\end{cases} \tag{7-51}$$

因为 $I=\frac{1}{3}ml^2$，将其代入式(751)，可得倒立摆系统的运动方程为

$$\begin{cases}\ddot{s}=\frac{-3mg}{4M+m}\theta+\frac{4}{4M+m}F \\ \ddot{\theta}=\frac{3(M+m)g}{(4M+m)l}\theta+\frac{-3}{(4M+m)l}F\end{cases} \tag{7-52}$$

假设单级倒立摆的输入 u 为作用于小车上的外力 F，输出 $\boldsymbol{y}=[y_1, y_2]$ 分别为小车位置 s 和摆杆与垂直方向的夹角 θ。状态变量 $\boldsymbol{x}=[x_1, x_2, x_3, x_4]$ 分别为小车位移 s、小车速度 $\dot{S}$、摆杆与垂直方向的夹角 θ 以及角速度 $\dot{\theta}$，建立系统的状态空间方程

$$\dot{\boldsymbol{x}}=\begin{bmatrix}\dot{x}_1\\ \dot{x}_2\\ \dot{x}_3\\ \dot{x}_4\end{bmatrix}=\begin{bmatrix}0 & 1 & 0 & 0\\ 0 & 0 & \frac{-3mg}{4M+m} & 0\\ 0 & 0 & 0 & 1\\ 0 & 0 & \frac{3(M+m)g}{(4M+m)l} & 0\end{bmatrix}\begin{bmatrix}x_1\\ x_2\\ x_3\\ x_4\end{bmatrix}+\begin{bmatrix}0\\ \frac{4}{4M+m}\\ 0\\ \frac{-3}{(4M+m)l}\end{bmatrix}u$$

$$\boldsymbol{y}=\begin{bmatrix}y_1\\ y_2\end{bmatrix}=\begin{bmatrix}1 & 0 & 0 & 0\\ 0 & 0 & 1 & 0\end{bmatrix}\begin{bmatrix}x_1\\ x_2\\ x_3\\ x_4\end{bmatrix} \tag{7-53}$$

设某型倒立摆系统的 $M=900/1000$，$m=150/1000$，$l=0.5$，$g=9.8$，将各参数代入方程式(7-53)，可得倒立摆的状态空间表达式：

$$\begin{cases}\dot{\boldsymbol{x}}(t)=\boldsymbol{A}\boldsymbol{x}(t)+\boldsymbol{B}u(t)\\ \boldsymbol{y}(t)=\boldsymbol{C}\boldsymbol{x}(t)+\boldsymbol{D}u(t)\end{cases} \tag{7-54}$$

式中

$$\boldsymbol{A}=\begin{bmatrix}0 & 1 & 0 & 0\\ 0 & 0 & -1.1760 & 0\\ 0 & 0 & 0 & 1\\ 0 & 0 & 16.4640 & 0\end{bmatrix}, \boldsymbol{B}=\begin{bmatrix}0\\ 1.0667\\ 0\\ -1.6000\end{bmatrix}, \boldsymbol{C}=\begin{bmatrix}1 & 0 & 0 & 0\\ 0 & 0 & 1 & 0\end{bmatrix}, \boldsymbol{D}=\begin{bmatrix}0\\ 0\end{bmatrix}$$

7.4.2　线性二次型最优控制器设计

针对倒立摆系统的状态空间方程式(7-46)，通过确定最优控制量 $\boldsymbol{u}(t)=-\boldsymbol{K}\boldsymbol{x}(t)$ 的矩阵 $\boldsymbol{K}$，使闭环系统渐进稳定，同时使线性二次型最优控制指标式(7-47)达到最小。

$$J=\int_0^{\infty}[\boldsymbol{x}^{\mathrm{T}}(t)\boldsymbol{Q}\boldsymbol{x}(t)+\boldsymbol{u}^{\mathrm{T}}(t)\boldsymbol{R}\boldsymbol{u}(t)] \tag{7-55}$$

式中，加权矩阵 $\boldsymbol{Q}$ 和 $\boldsymbol{R}$ 是用来平衡状态变量和输入向量的权重；$\boldsymbol{Q}$ 为正定(或半正定)矩阵；

$\boldsymbol{R}$ 为正定矩阵。

针对倒立摆系统的平衡问题,可引入全状态反馈,如图 7-5 所示。$\boldsymbol{E}$ 是施加在小车上的阶跃输入。当给系统施加阶跃输入时,找出满足系统性能要求的反馈增益矩阵 $\boldsymbol{K}$,使在其作用下将系统由初始状态驱动到零平衡状态。

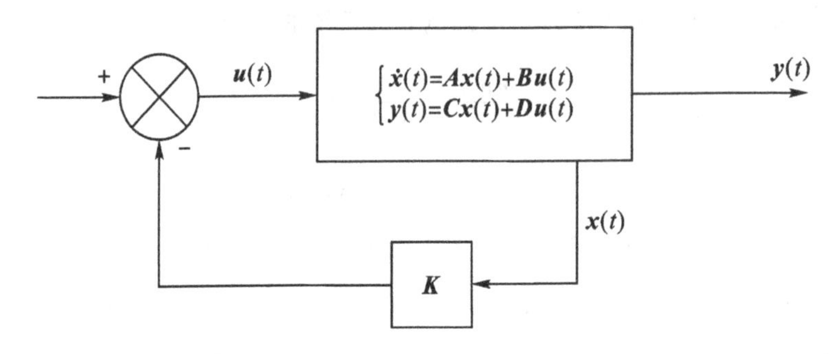

图 7-10 状态反馈框图

如果该系统受到外界干扰而偏离零状态,应施加怎样的控制 $\boldsymbol{u}^*$,才能使系统回到零状态附近并同时满足 J 达到最小,那么这时的 $\boldsymbol{u}^*$ 就称为最优控制。由最优控制理论可知,使 J 取得最小值的最优控制律为

$$\boldsymbol{u}^* = -\boldsymbol{R}^{-1}\boldsymbol{B}^{\mathrm{T}}\boldsymbol{P}\boldsymbol{x}(t) = -\boldsymbol{K}\boldsymbol{x}(t) \tag{7-56}$$

式中,$\boldsymbol{P}$ 是黎卡提方程的解;$\boldsymbol{K}$ 是线性最优反馈增益矩阵。这时求解黎卡提代数方程

$$\boldsymbol{PA}=\boldsymbol{A}^{\mathrm{T}}\boldsymbol{P}-\boldsymbol{PBR}^{-1}\boldsymbol{B}^{\mathrm{T}}\boldsymbol{P}+\boldsymbol{Q}=\boldsymbol{0} \tag{7-57}$$

就可获得 $\boldsymbol{P}$ 值以及最优反馈增益矩阵 $\boldsymbol{K}$ 值,即

$$\boldsymbol{K}=\boldsymbol{R}^{-1}\boldsymbol{B}^{\mathrm{T}}\boldsymbol{P}$$

7.4.3 仿真验证

令加权矩阵

$$\boldsymbol{Q}=\mathrm{diag}(q_{11},0,q_{33},0)$$

式中,q_{11}是小车位置的权重;q_{33}是摆杆偏离垂直方向的角度的权重。

当 $\boldsymbol{R}=1, q_{11}=1, w_{33}=1$ 时,采用线性二次型最优控制(LQR)方法实现倒立摆控制的 MATLAB 程序如下。

```
*************************** Ex7-4.mlx***************************
%给定系统参数
M=900/1000;l=0.5;m=150/1000;g=9.8;N=4
%系统空间表达式
A=[0 1 0 0;0 0 -3*m*g/(4*M+m) 0;0 0 0 1;0 0 3*(M+m)*g/(l*(4*M+m)) 0]
B=[0;4/(4*M+m);0;-3/(l*(4*M+m))]
C=[1 0 0 0;0 0 1 0]
D=[0;0]
%检测系统能控性和能观测性
```

```
Uc=ctrb(A,B);
Vo=obsv(A,C);
if (rank(Uc)==N&&rank(Vo)==N)
    disp('系统可控可观');
end
%给定Q,R的初始参数值
w11=1;w33=1;
%w11=10000;w33=500;
Q=[w11 0 0 0;0 0 0 0;0 0 w33 0;0 0 0 0];
%Q=diag([w11,0,w33,0]);
R=1;
%求解黎卡提方程
[K,P,r]=lqr(A,B,Q,R)
%闭环系统阶跃响应
Ac=[(A-B*K)]
Bc=[B];
Cc=[C];
Dc=[D];
T=0:0.001:10;
E=0.8*ones(size(T));  %给定阶跃输入
figure(1);
[Y,X]=lsim(Ac,Bc,Cc,Dc,E,T);
plot(T,Y(:,1),'-k',T,Y(:,2),'--r');
set(gca,'fontsize',16);
%set(gca,'xtick',0:1:5); % w11=10000;w33=500时
legend('小车位置','摆杆角度','Location','SouthEast');
xlabel('Time(sec)');
ylabel('Response');
grid;
*************************** END ***************************
```

程序运行结果：

```
K =1×4
   -1.0000   -1.9489   -28.9013   -7.2401
P =4×4
    1.9489    1.8991     7.2401    1.8911
    1.8991    2.9624    12.2191    3.1930
    7.2401   12.2191   103.4557   26.2094
```

```
    1.8911     3.1930    26.2094     6.6537
r =4×1 complex
  -0.6911 + 0.6860i
  -0.6911 - 0.6860i
  -4.0615 + 0.1972i
  -4.0615 - 0.1972i
```

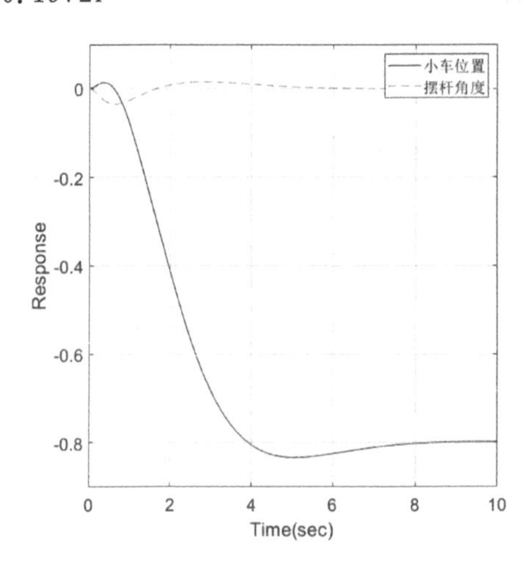

图 7-11　随机加权阶跃响应曲线

通过改变 Q 矩阵中的非零元素 w_{11} 和 w_{33} 来调节控制器以得到期望的响应。经过多次调整参数，并对结果进行分析发现，在 Q 矩阵中，增加 w_{11} 能使稳定时间和上升时间变短，并可以使摆杆的角度变化减小。若将以上程序中的 w_{11} 和 w_{33} 值修改为 $w_{11}=10000$，$w_{33}=500$ 时，再次执行上述程序，可得如下结果和如图 7-7 所示的阶跃响应。

```
K =1×4
  -100.0000   -66.3216 -225.8189   -58.3190
P =4×4
10³×
    6.6322     2.1993     5.8319     1.5287
    2.1993     0.8635     2.3391     0.6171
    5.8319     2.3391     6.5217     1.7006
    1.5287     0.6171     1.7006     0.4479
r =4×1 complex
  -3.6914 + 0.6026i
  -3.6914 - 0.6026i
  -7.5923 + 7.3785i
  -7.5923 - 7.3785i
```

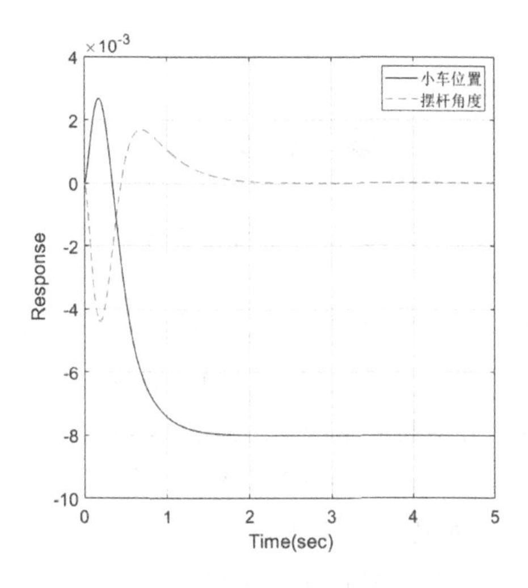

图 7－12　**优化加权阶跃响应曲线**

由两次试验结果可以看出，构成的闭环系统的四个极点均位于 s 平面的左半部，因而系统都是稳定的。比较图 7－10 和图 7－11 可以看出，采用优化加权后，系统的响应速度变快，超调量变小，系统到达平衡状态的时间明显缩短。

采用 LQR 方法对倒立摆进行最优控制，系统的稳定性和快速性都很理想，该方案设计简单，实现起来比较容易。

参考文献

[1] 胡寿松，王执铨，胡维礼．最优控制理论与系统（第3版）[M]．北京：科学出版社，2017.

[2] 李国勇．最优控制理论与应用[M]．北京：国防工业出版社，2008.

[3] 谢学书．最优控制——理论与应用[M]．北京：清华大学出版社，1986.

[4] 王青．最优控制：理论、方法与应用[M]．北京：高等教育出版社，2011.

[5] 刘妹琴，徐炳吉．最优控制方法与MATLAB实现[M]．北京：科学出版社，2019.

[6] 吴臻，刘杨，王海洋．现代最优控制简明教程[M]．北京：高等教育出版社，2017.

[7] 吴受章．最优控制理论与应用[M]．北京：机械工业出版社，2008.

[8] 钟宜生．最优控制[M]．北京：清华大学出版社，2015.

[9] 张杰，王飞跃．最优控制：数学理论与智能方法（上册）[M]．北京：清华大学出版社，2017.

[10] 格姆克列里兹著．姚允龙，尤云程译．最优控制理论基础[M]．上海：复旦大学出版社，1988.

[11] 吕显瑞，黄庆道．最优控制理论基础[M]．北京：科学出版社，2008.

[12] 雍炯敏，楼红卫．最优控制理论简明教程[M]．北京：高等教育出版社，2006.

[13] 张洪钺，王清．最优控制理论与应用[M]．北京：高等教育出版社，2006.

[14] 李传江，马广富．最优控制[M]．北京：科学出版社，2011.

[15] 薛定宇．反馈控制系统设计与分析——MATLAB语音应用[M]．北京：清华大学出版社，2000.